거미 현미경 도감

An Identification Guide To Korean Spiders By Microscopy

한국 생물 목록 16
Checklist Of Organisms In Korea 16

거미 현미경 도감
An Identification Guide To Korean Spiders By Microscopy

펴 낸 날 | 2015년 8월 24일 초판 1쇄
엮 은 이 | 백운기, 정상우, 민홍기, 안승락, 최용근, 유정선
펴 낸 이 | 조영권
만 든 이 | 노인향
꾸 민 이 | 강대현

펴 낸 곳 | **자연과생태**
주소_서울 마포구 신수로 25-32, 101(구수동)
전화_02)701-7345-6 팩스_02)701-7347
홈페이지_www.econature.co.kr
등록_제2007-000217호

ISBN 978-89-97429-56-1   96490

백운기, 정상우, 민홍기, 안승락, 최용근, 유정선 ⓒ 2015

한국 생물 목록 16
Checklist Of Organisms In Korea 16

거미 현미경 도감

An Identification Guide To Korean Spiders By Microscopy

엮음 백운기, 정상우, 민홍기, 안승락, 최용근, 유정선

자연과생태

거미는 절지동물문(phylum Arthropoda) 거미강(class Arachnida)에 속하는 분류군으로, 곤충강(class Insecta)과 더불어 절지동물의 쌍벽을 이루는 무리입니다. 4억 년 가까운 오랜 세월 동안 진화해 온 동물로 독특한 생김새와 사냥 습성을 지녔지만, 이런 특징 때문에 두려워하거나 혐오스럽게 여기는 사람이 많은 것도 사실입니다.

거미는 우리 주변 어디에서나 볼 수 있고, 인류와 매우 밀접한 관계를 맺고 있습니다. "거미는 곤충처럼 화려한 존재는 되지 못하나, 그 다채로운 생김새나 생활습성 등에 놀라운 사실이 적지 않고, 해충의 구제 및 그밖에 여러 면에서 인간에게 많은 노움을 주고 있는 익충이다."라는 남궁준 선생의 말은 이러한 거미의 특징을 잘 표현하고 있습니다.

거미는 전 세계적으로 4만 5,000종 가량이 알려져 있어 생물다양성 측면에서도 큰 분류군입니다. 국내에는 약 726종이 보고되어 있으며, 특별한 환경에 서식하거나 아직 제대로 연구되지 못한 미소종, 특히 미개척 상황에 있는 북한산 등을 고려하면 아직 밝혀지지 않은 거미가 300여 종 이상일 것으로 예상됩니다.

이처럼 인류와 아주 가까우며, 생물다양성 및 생태학적으로 큰 의미를 갖고 있는 동물인데도 이들에 대한 학술적인 연구는 남궁준 선생처럼 소수 연구자들에 의해서만 진행되어 왔습니다. 강원도 홍천에서 태어난 남궁준 선생은 60여 년 동안 거미와 동굴생물을 연구했습니다. 그 결과 땅거미과(Atypidae)의 한라땅거미(*Atypus quelpartensis* Namkung)를 비롯해 거미 신종 7종을 발견했으며, 거미에 대한 다양한 저서와 논문을 발표했습니다.

　국립중앙과학관에서는 생전에 선생께서 수집하고, 정리했던 자료를 바탕으로 구축된 '국가자연사연구종합정보시스템(NARIS)'의 데이터들을 기초로 해, 국내 거미 연구에 기여하고 대중이 활용할 수 있는 자료를 재구성하기로 했습니다. 그 결과물인 이 책이 평생을 거미 연구에 전념한 남궁준 선생을 기리고, 거미에 대한 관심과 저변을 넓히는 데 작은 역할을 하길 기대합니다.

2015년 8월 엮은이 일동

남궁준(南宮焌, 1920~2013)

약력

- 1920년 강원도 홍천 출생
- 중학교 교사(35년간 근무)
- 60년 동안 거미 및 동굴생물 연구
- 한국곤충학회 및 한국동굴보존협회 이사
- 한국거미연구소 및 한국동굴환경학회 고문
- 삼척세계동굴박람회 자문위원

업적

- 1961년 제7회 전국과학전람회에서 거미 연구로 대통령상 수상
- 1979년 「한국산 논거미의 연구」, 서울대 출판부
- 1987년 「한국의 동굴」, 아카데미 출판
- 1987년 「강원도의 자연동굴과 동물상」, 한국자연보존협회 강원도 지부
- 1993년 「한국의 자연탐험 14」, 거미, 웅진출판
- 1994년 「한국의 자연탐험 70」, 동굴의 세계, 웅진출판
- 2001년 「한국의 거미」, 교학사(과학기술부 인증 우수도서)
- 2002년 거미 및 동굴생물 표본 약 10만 점(국립중앙과학관 기증)
- 2013년 거미 표본 약 1만 2,000점, 책, 논문, 사진 등 3,700여 점 유품(국립중앙과학관 기증)

이 책은 故 남궁준 선생께서 기증한 거미 표본 및 자료를 바탕으로 만들었습니다.

차례

일러두기

- 한국산 거미 39과 193속 411종을 수록했다.
- 기술된 내용은 국립중앙과학관에서 서비스 중인 국가자연사연구종합정보시스템(NARIS)에 구축된 거미 정보를 바탕으로 작성했으며, 그 정보는 남궁준 선생이 생전에 작성한 것이다.
- 과(科) 계열은 근래 추세에 따라 Norman I. Platnick의 〈The World Spider Catalog〉(2000)에 준해 배열했다.
- 학명은 가능한 최신 것을 채용했고, 국명은 남궁준 선생의 기록(남궁 등, 2009)을 따랐다.
- 종을 동정하는 데 있어 외부 형태나 무늬, 색채로만 식별이 어려운 종이 많으므로 성숙한 암컷의 생식기(외부와 내부), 수컷의 교접기관(더듬이다리) 같은 구조적 특징을 면밀히 대조했다.
- 본문 각 종의 설명에서는 암컷의 특징 위주로 기술했으며, 수컷의 경우는 암컷과의 차이가 현저한 점만 기술했다. 학명, 동종이명, 몸길이, 형태, 생태, 서식지, 국내외 분포 등을 함께 수록했다.
- 참고문헌에는 동종이명에 관한 문헌이 포함되어 있다.
- 이 책의 내용은 국가생명연구자원통합시스템(KOBIS, http://kobis.re.kr)과 연동되어 있다.

거미의 형태 및 용어 설명

거미(등면)

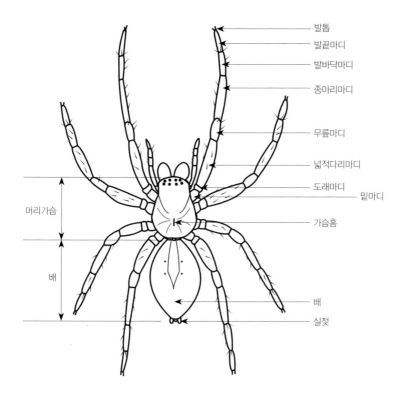

발톱
발끝마디
발바닥마디
종아리마디

무릎마디

넓적다리마디

도래마디 — 밑마디

가슴홈

머리가슴

배

배
실젖

가슴홈(median furrow) 가운데홈이라고도 하며, 가슴 중앙부에 있는 오목한 홈으로, 세로홈, 가로홈, 움푹한 점홈, 불분명한 홈 등이 있다.
머리가슴(cephalothorax) 머리와 가슴이 융합된 것으로 앞몸(prosoma)이라고도 하며, 등 쪽을 배갑, 배 쪽을 가슴판이라고 한다.
배(abdomen): 머리가슴과 연결된 몸이 뒷부분으로 타운형, 원통형, 구형의 형태를 하고 있다.
실젖(spinneret): 일반적으로 앞실젖, 가운데실젖, 뒷실젖 3쌍으로 되어 있으며, 거미 줄을 배출하는 기관이다.

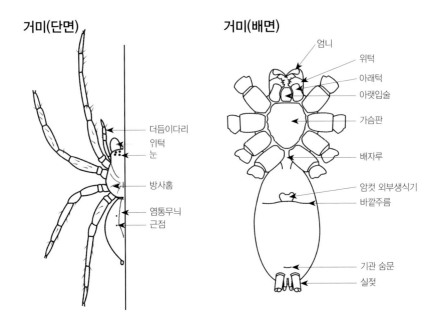

거미(단면)

- 더듬이다리
- 위턱
- 눈
- 방사홈
- 염통무늬
- 근점

거미(배면)

- 엄니
- 위턱
- 아래턱
- 아랫입술
- 가슴판
- 배자루
- 암컷 외부생식기
- 바깥주름
- 기관 숨문
- 실젖

가슴판(sternum) 머리가슴의 배면쪽 판으로 종에 따라 염통, 방패, 삼각형 등 다양한 형태를 하고 있으며, 표면 또한 볼록한 것, 편평한 것, 털이 나 있는 것과 없는 것 등 다양한 형태와 구조를 하고 있다.

기관 숨문(tracheal spiracle) 일반적으로 실젖의 앞쪽에 위치하지만, 종에 따라 실젖과 밥통홈의 중간에 있는 경우도 있다. 개수도 종에 따라 1개부터 1쌍, 2쌍인 것도 있다.

눈(eye) 모두 홑눈이며, 일반적으로 8개(종에 따라 6개, 4개, 2개의 눈도 있음)의 눈이 앞줄눈과 뒷줄눈의 2열로 배열되나, 눈줄의 굴곡상태에 따라 3열 또는 4열로 보이기도 한다.

더듬이다리(palp) 다리와 유사한 형태로 1쌍으로 구성되며, 암컷의 끝마디는 단순한 모양이고, 수컷의 끝마디는 불룩하며, 성숙하면 복잡한 교접 기관으로 분화된다.

방사홈(radial forrow) 가슴홈 부근에서 방사상으로 뻗은 2~3쌍의 홈줄이다.

배자루(pedicel) 일반적으로 배의 돌출부에 가려져 관찰이 어렵지만 배의 내장기관과 머리가슴을 연결한다.

아래턱(endite) 더듬이다리의 밑마디가 납작해진 부분으로 좌우가 서로 평행한것으로 턱 앞쪽 안쪽으로 털다발과 작은 톱니가 있어 먹이를 씹거나 더듬이다리나 다리 등의 청소를 하는데 쓰인다. 아래턱이 벌어진 상태나 길이와 너비 등은 분류할 수 있는 형태적 특징이 된다.

아랫입술(labium) 가슴판의 앞쪽과 이어져 있으며, 혀모양부터, 삼각형, 사각형 및 오각형 등 다양한 형태를 하고 있다.

염통무늬(cardiac pattern) 일반적으로 거미의 배등면에서 앞쪽 중앙부부터 세로로 뻗어있는 좁은 무늬를 지칭한다.

암컷 외부생식기(epigynum) 수컷은 단순한 작은 구멍 형태를 보이고 암컷은 종에 따라 복잡한 분화가 나타난다.

위턱(chelicera) 큰턱이라고도 하며, 밑마디와 엄니로 구성된다. 엄니는 독액이 분비되는 기관으로 먹이사냥에 중요한 역할을 한다.

배(abdomen) 머리가슴과 연결된 몸이 뒷부분으로 타운형, 원통형, 구형의 형태를 하고 있다.

거미(수컷, 암컷)

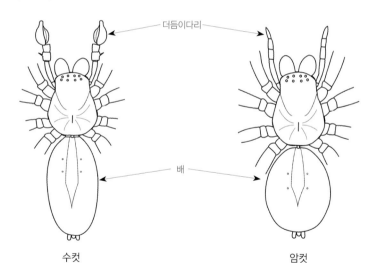

수컷   암컷

수컷(male) 더듬이다리의 끝마디가 부풀어 있고, 성숙하면 복잡한 교접 기관으로 분화 · 발달한다. 배는 길쭉하고 다리가 긴 편이다.

암컷(female) 더듬이다리의 끝마디가 단순하게 가늘어지고, 배는 대체적으로 통통한 편이다.

거미(수컷:교접기관, 실젖)

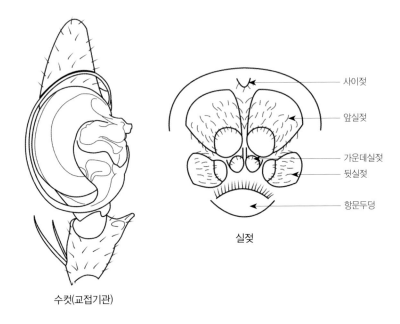

수컷(교접기관)

가운데실젖(median spinnerets) 실젖 가운데 중앙에 있는 젖으로 대개 1마디로 되어 있으며, 크기가 가장 작고, 앞뒤 실젖에 가려져 잘 보이지 않을 때도 있다.

뒷실젖(posterior spinnerets) 실젖 가운데 가장 뒷부분에 위치한 한쌍의 실젖으로 2~4마디로 구성된다.

사이젖(colulus) 혀꼴돌기라고도 하며, 앞실젖의 앞쪽에 있는 작은 돌기로 거미줄은 나오지 않는다.

앞실젖(anterior spinnerets) 실젖 가운데 가장 앞부분에 위치한 한쌍의 실젖으로 2개의 마디로 구성된다. 일반적으로 실젖 가운데 크기가 가장 크다.

항문두덩(anal tubercle) 배의 뒤끝쪽에 있는 1개의 혹으로, 끝마디에 다수의 긴 털이 환형으로 나있다.

거미 분류체계

1.
원실젖거미아목 (Mygalomorphae)

　A. 홑생식기류 (Haplogynae)

1	땅거미과	Atypidae
2	실거미과	Sicariidae
3	가죽거미과	Scytodidae
4	잔나비거미과	Leptonetidae
5	유령거미과	Pholcidae
6	공주거미과	Segestriidae
7	알거미과	Oonopidae

2.
새실젖거미아목 (Araneomorphae)

　B. 겹생식기류 (Entelegynae)

　a. 세발톱무리 (Trionycha)

8	해방거미과	Mimetidae
9	주홍거미과	Eresidae
10	티끌거미과	Oecobiidae
11	응달거미과	Uloboridae
12	굴아기거미과	Nesticidae
13	꼬마거미과	Theridiidae
14	알망거미과	Theridiosomatidae
15	도토리거미과	Anapidae
16	깨알거미과	Mysmenidae
17	접시거미과	Linyphiidae
18	갈거미과	Tetragnathidae
19	무당거미과	Nephilidae
20	왕거미과	Araneidae
21	늑대거미과	Lycosidae
22	닷거미과	Pisauridae
23	스라소니거미과	Oxyopidae
24	풀거미과	Agelenidae
25	굴뚝거미과	Cybaeidae
26	갯가게거미과	Desidae
27	외줄거미과	Hahniidae
28	잎거미과	Dictynidae
29	비탈거미과	Amaurobiidae

　b. 두발톱무리 (Dionycha)

30	자갈거미과	Titanoecidae
31	정선거미과	Zoropsidae
32	너구리거미과	Ctenidae
33	팔공거미과	Anyphaenidae
34	밭고랑거미과	Liocranidae
35	염낭거미과	Clubionidae
36	장수어리염낭거미과	Miturgidae
37	코리나거미과	Corinnidae
38	홀거미과	Trochanteriidae
39	수리거미과	Gnaphosidae
40	오소리거미과	Zoridae
41	겹거미과	Selenopidae
42	농발거미과	Sparassidae
43	새우게거미과	Philodromidae
44	게거미과	Thomisidae
45	깡충거미과	Salticidae

한국산 거미목 과 검색표(남궁준, 2003)

- 위턱은 밑마디가 앞쪽을 향해 수평으로 돌출하고, 엄니는 상하로 움직이며, 책허파가 2쌍 있다. ─────────────── 원실젖거미아목 Mygalomorphae (I)
- 위턱은 밑마디가 아래쪽을 향해 수직으로 돌출하고, 엄니는 좌우로 움직이며, 책허파가 1쌍 있다. ─────────────── 새실젖거미아목 Araneomorohae (II)

(I) 원실젖거미아목(Mygalomorphae)
- 실젖이 2쌍이다. ───────────────── 문닫이거미류(한국에 없음)
- 실젖이 3쌍이다. ──────────────────── 땅거미과(Atypidae)

(II) 새실젖거미아목(Araneomorohae)
- 눈은 6개, 일반적으로 암컷 생식기의 구조가 단순하다.
  ────────────────────────── 홑생식기류 Haplogynae (A)
- 눈은 8개이고, 대체로 암컷 생식기의 구조가 복잡하다.
  ────────────────────────── 겹생식기류 Entelegynae (B)

A. 홑생식기류(Haplogynae)
(01) 눈은 2개씩 세 집단을 이룬다. ──────────────────── (03)
  - 눈은 세 집단을 이루지 않는다. ────────────────── (02)

(02) 앞줄눈 4개, 뒷줄눈 2개로 두 집단을 이룬다. ───── 잔나비거미과(Leptonetidae)
  - 앞줄눈 2개, 뒷줄눈 4개가 밀집적이다. ──────── 알거미과(Oonopidae)
  - 앞줄눈 2개, 뒷줄눈 4개가 앞으로 트인 타원형을 이룬다.
    ────────────────────────── 돼지거미과(Dysderidae)
  - 눈은 3개씩 좌우로 두 집단을 이루거나 작은 앞가운데눈 2개가 있다.
    ────────────────────────── 유령거미과(Pholcidae)

(03) 배갑이 편평하고, 가슴홈이 깊으며, 넷째다리 밑마디는 근접한다.
    ────────────────────────── 실거미과(Sicariidae)

- 배갑 뒤쪽이 매우 높고, 가슴홈이 분명치 않으며, 넷째다리 밑마디 사이는 넓게 떨어진다. ──────────────── 가죽거미과(Scytodidae)
- 배갑 뒤쪽이 융기하지 않고, 등면에 별다른 무늬가 없으며, 넷째다리만 뒤로 뻗고 나머지는 모두 앞쪽을 향한다. ─────── 공주거미과(Segestriidae)

B. 겹쌍식기류(Entelegynae)

(04) 실젖 앞쪽에 체판이 없다. ──────────────────── (10)
- 실젖 앞쪽에 체판이 있다. ────────────────── (05)

(05) 눈 8개가 3열(4-2-2)을 이루고, 머리 너비가 넓고 융기한다.
──────────────────────── 주홍거미과(Eresidae)
- 눈 8개가 2열로 늘어선다. ──────────────── (06)

(06) 항문 두덩에 긴 털술이 환상으로 둘러 났다. ────── 티끌거미과(Oecobiidae)
- 항문 두덩에 환상의 털술이 없다. ──────────── (07)

(07) 가슴홈이 세로로 서 있다. ──────────────── (08)
- 가슴홈이 보이지 않는다. ───────────── 응달거미과(Uloboridae)

(08) 발끝마디에 귀털이나 가시털이 없다. ─────── 잎거미과(Dictynidae)

(09) 넷째 발바닥마디 윗면에 빗털이 1열 늘어선다. ────── 자갈거미과(Titanoecidae)
- 넷째 발바닥마디 위에 빗털이 2열 또는 체판과 빗털이 없다.
───────────────────── 비탈거미과(Amaurobiidae)
cf.가게거미과(Coelotidae)

(10) 발톱이 2개다. ────────────────── 두발톱 무리(23)
- 발톱이 3개다. ───────────────── 세발톱 무리(11)

세발톱 무리(Trionycha)

(11) 실젖의 배열이 정상적이다. ──────────────── (12)

17

- 실젖 6개가 가로로 1열을 형성한다. ──────────── 외줄거미과(Hahniidae)

(12) 눈 8개가 2-2-2-2로 4열을 이룬다. ────────── 스라소니거미과(Oxyopidae)
 - 눈 8개가 4-2-2로 3열을 이룬다. ──────────── 늑대거미과(Lycosidae)
 - 눈 8개가 4-4로 2열이나 뒷줄눈의 후곡도가 커서 3열처럼 보인다.
   ──────────────────────── 닷거미과(Pisauridae)
 - 눈 8기가 앞줄눈과 뒷줄눈 2열로 되어 있다. ──────── (13)

(13) 뒤 가운데눈이 크고 서로 접해 있다. ─────────── 도토리거미과(Anapidae)
 - 뒤 가운데눈이 분리되어 있다. ───────────────── (14)

(14) 앞다리 종아리마디와 발바닥마디에 매우 긴 가시털이 줄지어 있다.
   ──────────────────────── 해방거미과(Mimetidae)
 - 앞다리 종아리마디와 발바닥마디에 매우 긴 가시털 줄이 없다.
   ──────────────────────────────── (15)

(15) 넷째 발끝마디에 톱니빗털이 없다. ──────────── (17)
 - 넷째 발끝마디 아래쪽에 톱니빗털이 줄지어 있다. ────── (16)

(16) 아랫입술 끝이 부풀지 않고 등면 센털보다 톱니빗털이 길다.
   ──────────────────────── 꼬마거미과(Theridiidae)
(05) 아랫입술 앞끝이 부풀어 있고, 등면 센털이 톱니빗털보다 길지 않다.
   ──────────────────────── 굴아기거미과(Nesticidae)

(17) 발끝마디의 길이가 발바닥마디보다 길다. 가장 작은 거미로, 몸길이 1㎜ 내외
   ──────────────────────── 깨알거미과(Mysmenidae)
 - 발끝마디의 길이가 발바닥마디보다 짧다. ──────── (18)

(18) 가슴판 뒤끝의 너비가 넓고 절단형이다. ──────── 알망거미과(Theridiosomatidae)
 - 가슴판 뒤끝의 너비가 좁다. ──────────────── (19)

(19) 사이젖이 없거나 흔적만 있다. ······································· (22)
- 사이젖이 있다. ·· (20)

(20) 사이젖이 막상이고 너비가 넓다. ··················· 갯가게거미과(Desidae)
- 사이젖은 보통이고, 이마 높이가 가운데눈 네모꼴의 높이보다 크거나 같다.
·· 접시거미과(Linyphiidae)
- 이마 높이가 가운데눈 네모꼴의 높이보다 작다. ···················· (21)

(21) 위턱은 평행하고, 아래턱은 짧은 편이다. ············· 왕거미과(Araneidae)
- 위턱이 길고 좌우로 넓으며, 아래턱이 길다. ····· 갈거미과(Tetragnathidae)
                                            cf.무당거미과(Nephilidae)

(22) 뒷실젖이 앞실젖보다 길지 않고 그 끝마디가 밑마디에 비해 매우 짧다.
·· 굴뚝거미과(Cybaeidae)
- 뒷실젖이 앞실젖보다 길고 끝마디가 날씬한 편이다.
·· 풀거미과(Agelenidae)

두발톱 무리(Dionycha)
(23) 체판과 빗털이 있다. ······························· 정선거미과(Zoropsidae)
- 체판이나 빗털이 없다. ······································· (24)

(24) 배갑은 직사각형으로 앞가운데눈이 거대하며, 다리가 튼튼하고 짧은 편이다.
·· 깡충거미과(Salticidae)
- 배갑은 머리쪽이 좁고 눈이 그 앞쪽에 배열한다. ···················· (25)

(25) 다리가 좌우로 뻗는다(옆걸음질형). ······························· (32)
- 다리가 앞뒤로 뻗는다(앞걸음질형). ······························· (26)

(26) 뒷줄눈이 미소하게 후곡 또는 전곡해 2열을 이룬다. ·············· (28)
- 뒷줄눈이 강하게 후곡해 3열을 이룬다. ······························· (27)

(27) 눈이 2-4-2로 3열이다(뒷두덩니 3개 이상). ┈┈┈┈ 너구리거미과(Ctenidae)
- 눈이 4-2-2로 3열이다(뒷두덩니 2개). ┈┈┈┈┈ 오소리거미과(Zoridae)

(28) 앞실젖이 원통형이며, 좌우가 넓게 떨어져 있다. ┈┈ 수리거미과(Gnaphosidae)
- 실젖이 원통형이나 앞실젖이 근접해 있다(실젖 끝쪽이 가늘다). ┈┈┈ (29)

(29) 기관숨문이 실젖 훨씬 앞쪽에 있다. ┈┈┈┈┈ 팔공거미과(Anyphaenidae)
- 기관숨문이 실젖 바로 앞쪽에 있다. ┈┈┈┈┈┈┈┈┈┈ (30)

(30) 뒷실젖 말단이 둥글고 작아 때로는 분명치 않다. ┈┈┈ 코리나거미과(Corinnidae)
- 뒷실젖 말단이 둥글고 분명하다. ┈┈┈┈┈┈┈┈┈┈┈ (31)

(31) 뒷눈줄의 너비가 큰 편으로 가슴 너비의 1/2 이상이고, 아랫입술 길이도 아래턱
의 1/2 이상이다. ┈┈┈┈┈┈┈┈┈ 염낭거미과(Clubionidae)
cf.장수어리염낭거미과(Miturgidae)

- 뒷눈줄의 너비가 가슴 너비의 1/2 미만이고, 아랫입술 길이도 아래턱의 1/2 미
만이다. ┈┈┈┈┈┈┈┈┈ 밭고랑거미과(Liocranidae)

(32) 앞줄눈 6개, 뒷줄눈 2개, 몸이 편평하다. ┈┈┈┈ 겹거미과(Selenopidae)
- 앞뒷줄눈이 각각 4개씩이다. ┈┈┈┈┈┈┈┈┈┈┈ (33)

(33) 가슴판 뒤끝의 너비가 매우 넓다(몸이 가장 납작한 편이다).
┈┈┈┈┈┈┈┈┈┈┈┈┈┈ 홑거미과(Trochanteriidae)
- 가슴판 뒤끝의 너비가 좁다. ┈┈┈┈┈┈┈┈┈┈┈┈ (34)

(34) 아래턱이 평행하고, 몸이 그리 납작하지 않다. ┈┈┈ 농발거미과(Sparassidae)
- 아래턱이 앞쪽으로 근접한다. ┈┈┈┈┈┈┈┈┈┈┈ (35)

(35) 앞다리가 뒷다리보다 길고 앞 옆눈이 매우 큰 편이다. ┈┈┈ 게거미과(Thomisidae)
- 다리의 길이가 거의 같으며, 앞줄눈의 크기도 거의 같다.
┈┈┈┈┈┈┈┈┈┈┈┈┈ 새우게거미과(Philodromidae)

땅거미과
Atypidae

한국땅거미

Atypus coreanus Kim, 1985

- *Atypus coreanus* Kim, 1985: p. 2; Namkung, 2003: p. 25.
- *Atypus donggukensis* Kim and Kim, 1996: p. 58.

몸길이 암컷 18mm 내외
　　　수컷 10mm 내외
서식지 논밭, 산
국내 분포 경기(한국 고유종)

주요 형질 등갑은 어두운 황갈색이며 사각형이다. 배는 볼록하고 갸름한 달걀 모양이며 아랫면은 회갈색이나. 배 윗면에는 작은 반점이 흩어져 있고, 수컷은 등판 무늬가 크고 암갈색을 띤다. 수컷의 삽입기는 바늘 끝처럼 뾰족하다.
행동 습성 낮은 산이나 작은 나무, 도랑, 뚝 등에 주머니 모양 그물을 비스듬히 불규칙하게 내밀어 설치한다.

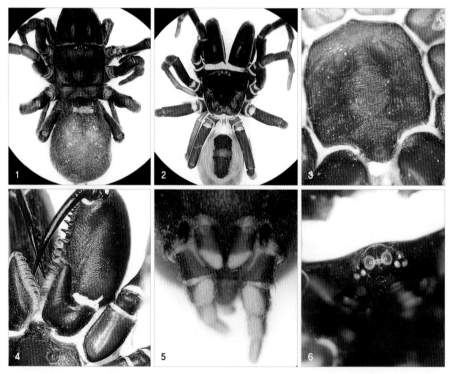

1 등면(암컷) **2** 등면(수컷) **3** 가슴판(수컷) **4** 위턱(수컷) **5** 실젖(수컷) **6** 눈 배열

한라땅거미
Atypus quelpartensis Namkung, 2001

● *Atypus quelpartensis* Namkung, 2001: p. 27.

몸길이 암컷 18mm 내외
　　　　수컷 14mm 내외
서식지 산
국내 분포 제주(한국 고유종)

주요 형질 등갑은 어두운 적갈색이며 길이가 너비보다 크고 앞변이 뒷변보다 큰 사다리꼴이다. 눈두덩이는 높게 솟았다. 배는 암갈색으로 갸름한 달걀 모양이며 윗면 앞쪽에 황백색 반원처럼 생긴 등줄무늬가 있다. 수컷은 몸이 다소 검고 생식기의 삽입기는 작고 짧으며 지시기의 아랫부분이 잘록하다.
행동 습성 비교적 어둡고 습기가 많은 산림의 암석 아랫면에 주머니 모양 집을 짓고 있으나 땅 위로 드러나지는 않는다.

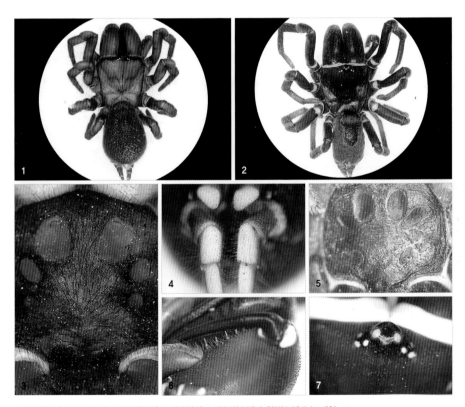

1 등면(암컷) **2** 등면(수컷) **3** 가슴판(암컷) **4** 실젖(암컷) **5** 가슴판(수컷) **6** 위턱(수컷) **7** 눈 배열

고운땅거미

Calommata signata Karsch, 1879

- *Calommata signata* Karsch, 1879: p. 60; Namkung, 2003: p. 28.
- *Calommata signatum* Paik, 1978: p. 169.

몸길이 암컷 15~18mm, 수컷 6~8mm
서식지 풀밭, 산
국내 분포 충북, 전남, 제주, 서울
국외 분포 일본, 중국, 대만

주요 형질 등갑은 황갈색이며 긴 사각형으로 가슴홈이 깊게 파였다. 위턱이 강하고, 그 끝에 적갈색 털이 빽빽하다. 배는 긴 달걀 모양이며 윗면 앞쪽에 반원처럼 생긴 노란색 무늬가 있다. 수컷은 몸빛깔이 검고, 더듬이다리와 다리가 모두 길다. 암컷의 내부 생식기에 있는 수정낭은 버섯 모양으로 솟았다.

행동 습성 산의 풀밭, 비탈 등 비교적 건조한 곳에 수직으로 주머니 모양 집을 지으며, 땅 위로 튀어나온 부분은 없다.

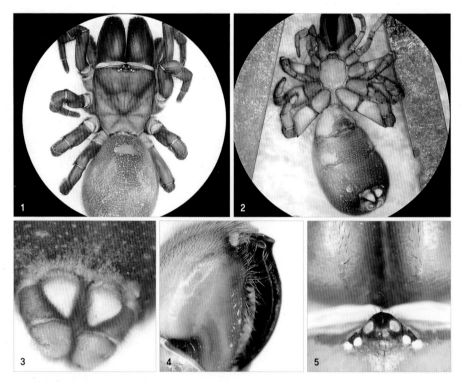

1 등면(암컷) **2** 배면(암컷) **3** 실젖(암컷) **4** 위턱(암컷) **5** 눈 배열

가죽거미과
Scytodidae

검정가죽거미

Dictis striatipes L. Koch, 1872

● *Dictis striatipes* L. Koch, 1872: p. 295; Namkung, 2003: p. 33. Scytodes striatipes Namkung, 2001: p. 33.

몸길이 암컷 5~8㎜, 수컷 5~8㎜
서식지 인가
국내 분포 충북
국외 분포 중국, 오스트레일리아

주요 형질 배갑은 자갈색이며 뒤쪽이 솟았고 가슴홈이 없다. 개체에 따라 색깔에 차이가 있어 황갈색 바탕에 암갈색 줄무늬가 있는 것도 있다. 가슴판은 긴 달걀 모양이며 뒤끝이 둥글다. 다리는 가는 편이며 황갈색 바탕에 윗면을 가로지르는 가늘고 검은 줄무늬가 있다. 배는 암갈색에서 얼룩진 황갈색까지 차이가 있으며 검고 원뿔형인 사이젖이 있다.
행동 습성 창고 속, 마루 밑 등 어두운 곳에서 생활하나 최근에는 매우 희귀하다.

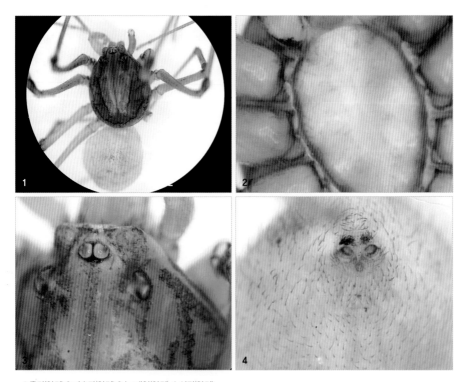

1 등면(암컷) **2** 가슴판(암컷) **3** 눈 배열(암컷) **4** 실젖(암컷)

아롱가죽거미
Scytodes thoracica (Latreille, 1802)

- *Aranea thoracica* Latreille, 1802: p. 56.
- *Scytodes thoracica* Paik, 1978e: p. 221; Kim and Cho, 2002: p. 61.

몸길이 암컷 5~7㎜, 수컷 4~6㎜
서식지 인가
국내 분포 경기, 강원, 충북, 경북, 제주
국외 분포 전북구, 태평양

주요 형질 배갑은 볼록한 공 모양이고 황갈색 바탕에 복잡한 암갈색 무늬가 짝을 지어 있다. 배도 공 모양이며 황갈색 바탕에 흑갈색 지그재그 무늬가 얼룩져 있다. 다리는 연약한 편이고 흑갈색 고리무늬가 있다.

행동 습성 집이나 창고 등 어두침침한 곳에 살며 알을 입에 물고 다닌다. 끈끈한 액을 뱉어서 먹이를 잡는다. 1년 내내 성체를 볼 수 있으나 매우 희귀하다.

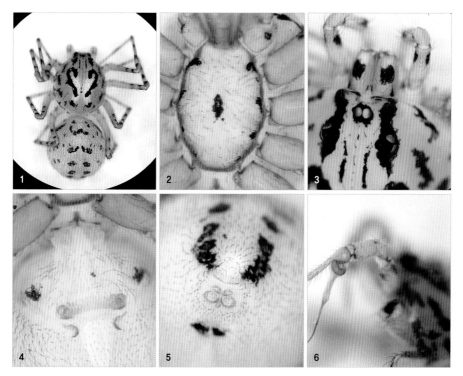

1 등면(암컷) **2** 가슴판(암컷) **3** 눈 배열(암컷) **4** 외부생식기(암컷) **5** 실젖(암컷) **6** 더듬이다리(수컷)

잔나비거미과
Leptonetidae

고려잔나비거미

Leptoneta coreana Paik and Namkung, 1969

● *Leptoneta coreana* Paik and Namkung in Paik et al., 1969: p. 799; Namkung, 2003: p. 35.

몸길이 암컷 2.5㎜ 내외
　　　　수컷 2.6㎜ 내외
서식지 동굴
국내 분포 경북(한국 고유종)

주요 형질 등갑은 갈색이고 달걀 모양이며 눈 6개가 잘 발달했다. 다리는 담갈색이며, 배는 황갈색이고 갸름한 달걀 모양이다. 암컷의 생식기는 부풀었고 옆면에 개구부가 보인다. 수컷 더듬이다리 종아리마디 윗면에 큰 돌기가 있다.
행동 습성 동굴 바닥의 돌 밑이나 바위벽 틈에 산다. 촘촘한 그물을 만들며 1년 내내 성체를 관찰할 수 있다.

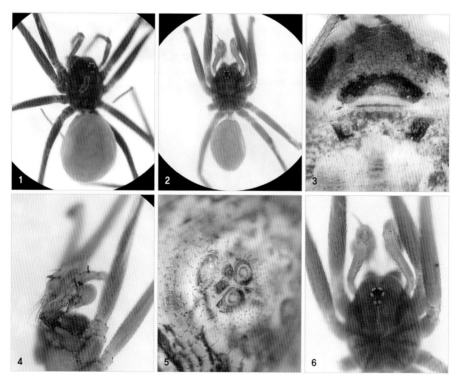

1 등면(암컷) **2** 등면(수컷) **3** 외부생식기(암컷) **4** 더듬이다리(수컷) **5** 실젖 **6** 눈 배열

와흘잔나비거미

Leptoneta waheulgulensis Namkung, 1991

● *Leptoneta waheulgulensis* Namkung, 1991: p. 30; 2003: p. 39.

몸길이 암컷과 수컷 2mm 내외
서식지 동굴
국내 분포 제주(한국 고유종)

주요 형질 등갑은 황갈색이며 달걀 모양이고 가슴홈, 목홈, 방사홈 등이 희미하다. 암컷의 생식기는 부풀어 있고 몸속 수정낭이 보인다. 수컷 더듬이다리 종아리마디 끝쪽에 숟가락 모양 돌기가 있고, 넓적다리에 빗살 모양 긴 가시털 10여 개가 줄지어 있다.
행동 습성 동굴 속 돌무더기 틈이나 썩은 나무 아래 등에 얇은 천막 모양 그물을 친다.

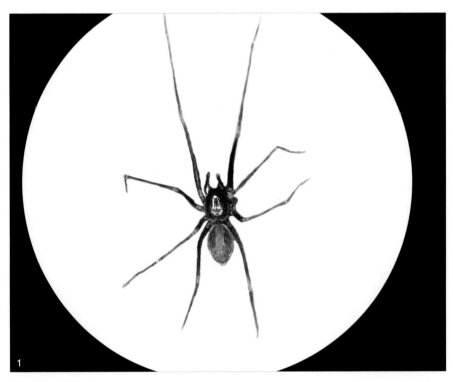

1 등면(암컷)

호계잔나비거미

Leptoneta hogyegulensis Paik and Namkung, 1969

- *Leptoneta hogyegulensis* Paik and Namkung in Paik et al., 1969: p. 803; Namkung, 2003: p. 36.

몸길이 암컷과 수컷 2.5mm 내외
서식지 동굴
국내 분포 경북(한국 고유종)

주요 형질 등갑은 갈색이며 갸름한 달걀 모양이고 목홈, 방사홈이 뚜렷하다. 배도 갸름한 달걀 모양이며 밝은 회색이다.
행동 습성 동굴 바닥의 돌 밑이나 벽 틈, 바위 등에 얇은 천막 모양으로 그물을 치고 그 아래에 거꾸로 매달려 있다.

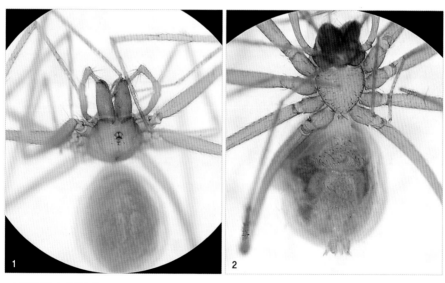

1 등면(암컷) 2 배면(암컷)

환선잔나비거미

Leptoneta hwanseonensis Namkung, 1987

● *Leptoneta hwanseonensis* Namkung, 1987: p. 86; Lee et al., 2004: p. 98.

몸길이 암컷과 수컷 2.4mm 내외
서식지 동굴
국내 분포 강원(한국 고유종)

주요 형질 등갑은 갈색이며 달걀 모양이고 목홈, 방사홈이 희미하다. 다리는 황갈색이며 첫째다리 넓적다리마디 윗면에 큰 가시털이 있다. 배는 황백색이며 달걀 모양이다. 수컷 더듬이다리 넓적다리마디 윗면에 큰 가시털이 있고, 더듬이다리 종아리마디에는 날카로운 가시돌기가 2개 있다.

행동 습성 동굴 안에서만 살며 동굴 바닥 점토층의 갈라진 틈이나 돌 밑 등에 촘촘하고 넓은 천 모양 그물을 치며 그 아래에 거꾸로 매달려 있다.

1 등면(암컷) **2** 더듬이다리(수컷) **3** 눈 배열(수컷) **4** 가슴판(수컷)

유령거미과
Pholcidae

관악유령거미

Pholcus kwanaksanensis Namkung and Kim, 1990

- *Pholcus kwanaksanensis* Namkung and Kim, 1990: p. 132; Namkung, 2001: p. 46; 2003: p. 48; Lee and Kim, 2003: p. 110.

몸길이 암컷과 수컷 6mm 내외
서식지 산림
국내 분포 경기(한국 고유종)

주요 형질 등갑은 담갈색이며 너비가 넓은 편이고 가슴 부분에 정중선으로 갈라지는 회갈색 얼룩무늬가 있다. 다리는 길며 황갈색 바탕에 암갈색 고리무늬가 있다. 수컷의 더듬이다리 도래마디 돌기는 한쪽으로 길게 뻗어 있다. 배는 긴 타원형이며 담황색이고 회갈색 점무늬가 많이 흩어져 있다. 행동 습성 바위 밑 공간에 모양이 불규칙한 그물을 만들고 거꾸로 매달려 있으며 성숙기는 5~8월이다.

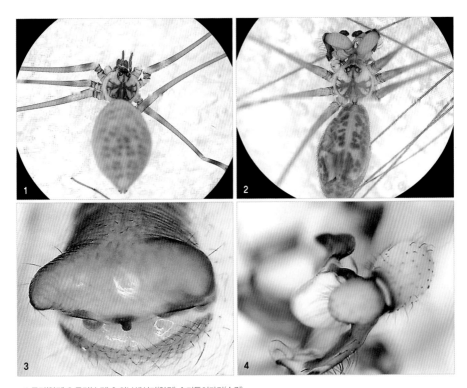

1 등면(암컷) **2** 등면(수컷) **3** 외부생식기(암컷) **4** 더듬이다리(수컷)

대륙유령거미
Pholcus opilionoides (Schrank, 1781)

- Aranea opilionoides Schrank, 1781: p. 530.
- Pholcus opilionoides Paik, 1978: p. 225; Namkung, 2001: p. 42; 2003: p. 44; Lee and Kim, 2003: p. 112.

몸길이 암컷 5~6㎜, 수컷 4~5㎜
서식지 인가, 들판, 산림
국내 분포 경기, 강원, 충북, 전남, 경북, 제주
국외 분포 일본, 중국, 러시아

주요 형질 등갑은 황백색이며 가슴 가운데에 있는 암갈색 세로무늬로 좌우가 뚜렷이 갈라진다. 다리는 황갈색이며 가늘고 암갈색 고리무늬가 있다. 배는 황백색 달걀 모양이다. 암컷의 생식기는 적갈색이며 가로로 넓게 뻗은 삼각형이다.
행동 습성 들판, 산, 집 주변에서 흔히 보인다. 모양이 불규칙한 그물을 만들고 7~9월에 관찰된다.

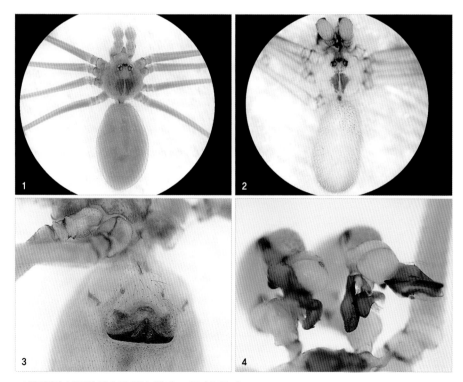

1 등면(암컷) 2 등면(수컷) 3 외부생식기(암컷) 4 더듬이다리(수컷)

목이유령거미

Pholcus acutulus Paik, 1978

● *Pholcus acutulus* Paik, 1978: p. 121; Namkung, 2001: p. 47; 2003: p. 49; Lee and Kim, 2003: p. 106.

몸길이 암컷이 5mm 내외
　　　수컷 6mm 내외
서식지 들판, 산
국내 분포 강원, 충북(한국 고유종)

주요 형질 등갑은 담갈색이며 가슴 전체에 가운데가 갈라진 복잡한 회갈색 무늬가 있다. 다리는 갈색이며 넓적다리마디와 종아리마디에 노란색 고리무늬가 있다. 배는 긴 달걀 모양이며 황백색 바탕에 회갈색 얼룩무늬가 흩어져 있다.

행동 습성 산, 들의 바위 밑에서 발견되나 수가 많지 않다. 6~9월에 관찰된다.

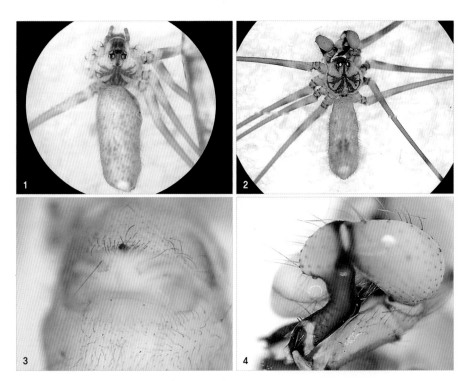

1 등면(암컷) **2** 등면(수컷) **3** 외부생식기(암컷) **4** 더듬이다리(수컷)

부채유령거미

Pholcus crassus Paik, 1978

- *Pholcus crassus* Paik, 1978: p. 119; Namkung, 2001: p. 48; 2003: p. 50; Lee and Kim, 2003: p. 107.

몸길이 암컷 5.2㎜ 내외
수컷 5.7㎜ 내외
서식지 산림
국내 분포 경기, 강원, 충북, 전남,
경북(한국 고유종)

주요 형질 등갑에는 가운데에서 좌우로 갈라지는 복잡한 갈색 무늬가 있다. 다리가 매우 길며 넓적다리마디와 종아리마디에 노란색 고리무늬가 있다. 배는 긴 타원형이며 회황색 바탕에 회갈색 점무늬가 흩어져 있다.
행동 습성 산지성으로 바위 밑이나 돌담 벽면, 동굴 입구 등에서 발견된다. 5~8월에 주로 관찰된다.

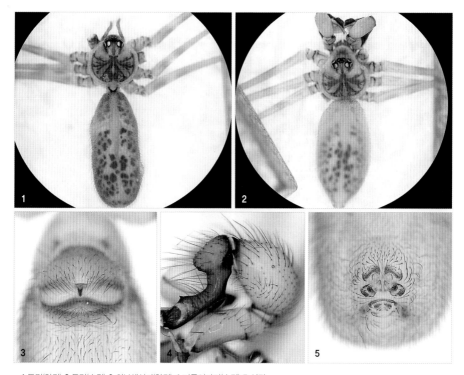

1 등면(암컷) **2** 등면(수컷) **3** 외부생식기(암컷) **4** 더듬이다리(수컷) **5** 실젖

산유령거미

Pholcus crypticolens Bösenberg and Stand, 1906

● *Pholcus crypticolens* Bösenberg and Strand, 1906: p. 127; Paik, 1978: p. 223; Namkung, 2001: p. 44; 2003: p. 46; Lee and Kim, 2003: p. 108.

몸길이 암컷 5~6mm, 수컷 4~5mm
서식지 산림
국내 분포 경기, 강원, 충남, 충북, 전남, 경남, 경북, 제주
국외 분포 일본, 중국, 러시아

주요 형질 등갑은 편평하지만 머리쪽이 약간 솟아올랐다. 가슴 전체에 어둡고 복잡한 갈색 얼룩무늬가 있으며 가운데선에 의해 둘로 나뉜다. 다리가 매우 길고 가늘다. 더듬이다리와 다리는 연노랑 색을 띤 갈색이고 암갈색 얼룩무늬와 센털이 있다. 배는 노란빛을 띤 갈색으로 긴 달걀 모양이며 가운데에 세로로 암갈색 무늬가 있다.

행동 습성 산비탈, 바위 밑, 동굴 입구 등 어두운 곳에 모양이 불규칙한 그물을 만든다. 위험한 곤충이 다가오면 그물을 심하게 흔들어 자신이 있는 곳을 알아차리지 못하도록 한다. 주로 5~8월에 관찰된다.

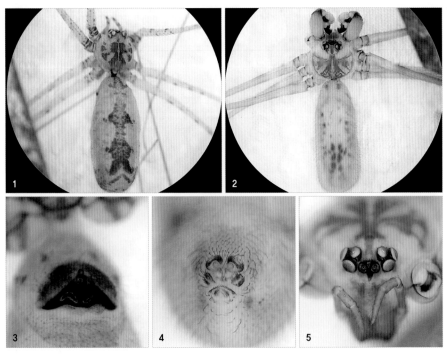

1 등면(암컷) **2** 등면(수컷) **3** 외부생식기(암컷) **4** 실젖 **5** 눈 배열(암컷)

속리유령거미

Pholcus sokkrisanensis Paik, 1978

- *Pholcus sokkrisanensis* Paik, 1978: p. 122; Namkung, 2001: p. 49; 2003: p. 51; Lee and Kim, 2003: p. 115.

몸길이 암컷과 수컷 5.5mm 내외
서식지 산림
국내 분포 경기, 충북, 경남, 경북
(한국 고유종)

주요 형질 등갑은 길이와 너비가 거의 같고 연노랑 바탕에 잿빛을 띤 복잡한 갈색 무늬가 있다. 다리는 갈색이며 넓적다리마디와 종아리마디에 노란 고리무늬가 있고 앞다리가 가장 길다. 수컷의 더듬이다리 도래마디에 있는 돌기는 끝이 2갈래로 갈라졌다. 배는 긴 타원형이며 회황색이고 가운데에 회갈색 무늬가 뻗어 있다.

행동 습성 산지성으로 바위 밑이나 돌 담벼락 사이 등에서 5~8월에 관찰된다.

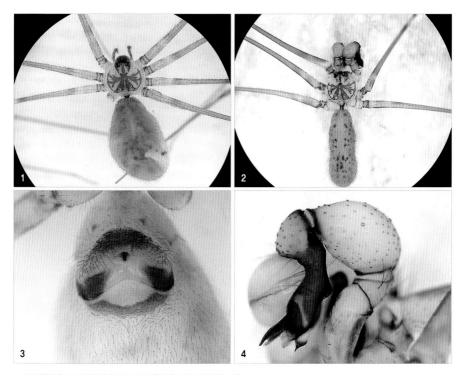

1 등면(암컷) 2 등면(수컷) 3 외부생식기(암컷) 4 더듬이다리(수컷)

엄지유령거미

Pholcus extumidus Paik, 1978

● *Pholcus extumidus* Paik, 1978: p. 123; Namkung, 2001: p. 45; 2003: p. 47; Lee and Kim, 2003: p. 109.

몸길이 암컷 5~6㎜, 수컷 6~6.5㎜
서식지 논밭, 상가, 계곡, 농굴, 산
국내 분포 경기, 강원, 충남, 충북,
전남, 전북, 경남, 경북(한국 고유종)

주요 형질 배갑은 황갈색이고 방사띠무늬가 있으며 원형이
다. 배갑의 가운데홈, 목홈, 방사홈은 뚜렷하다. 배는 황갈
색이고 염통무늬와 점무늬가 있다. 다리에는 고리무늬가
있고 발톱은 3개다.
행동 습성 산이나 들판의 키 작은 나무나 수풀 또는 동굴의
입구나 바위틈 등에 불규칙한 그물을 친다.

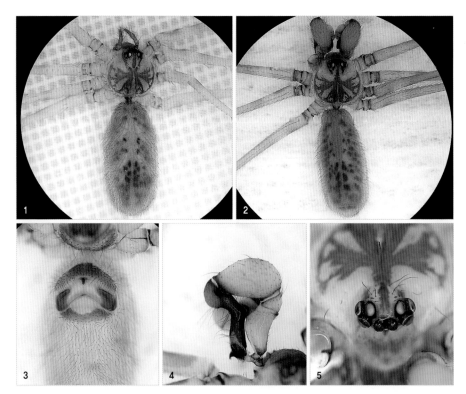

1 등면(암컷) **2** 등면(수컷) **3** 외부생식기(암컷) **4** 더듬이다리(수컷) **5** 눈 배열

집유령거미

Pholcus phalangioides (Fuesslin, 1775)

- *Aranea phalangoides* Fuesslin, 1775: p. 9.
- *Pholcus phalangioides* Paik, 1978: p. 227; Lee and Kim, 2003: p. 113.

몸길이 암컷 8~10㎜, 수컷 7~8㎜
서식지 인가
국내 분포 경북, 제주
국외 분포 일본, 중국, 러시아, 유럽

주요 형질 등갑은 편평한 원 모양이며 황백색이고 가슴 가운데 암갈색 무늬는 갈라지지 않는다. 다리는 황갈색으로 크고 길며 고리무늬는 없다. 배는 황백색이며 긴 달걀 모양이고 별다른 무늬가 없다. 암컷의 생식기는 적갈색이며 너비가 넓다.

행동 습성 창고나 지은 지 오래된 집에서 관찰할 수 있다. 다락, 천장 밑 등에 모양이 불규칙한 그물을 만든다. 자극을 받으면 온몸을 강렬하게 흔든다. 성숙기는 5~10월이다.

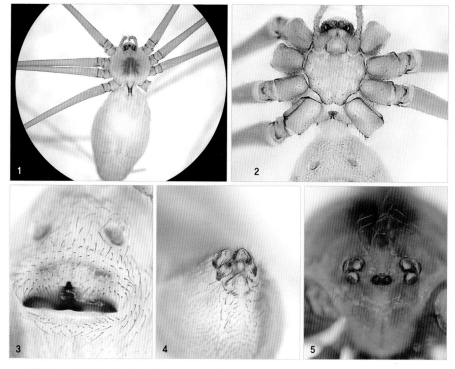

1 등면(암컷) **2** 배면(암컷) **3** 외부생식기(암컷) **4** 실젖 **5** 눈 배열(수컷)

공주거미과
Segestriidae

섬공주거미

Ariadna insulicola Yaginuma, 1967

● *Ariadna insulicola* Yaginuma, 1967: p. 103; Namkung, 1985: p. 57.

몸길이 암컷 10~15㎜, 수컷 7~8㎜
서식지 섬, 바닷가
국내 분포 경북, 제주
국외 분포 일본, 중국

주요 형질 배갑은 적갈색이며 갈색 방사홈과 가슴홈이 있다. 뒤 가운데눈은 앞, 뒤, 가운데눈의 접촉부와 일직선상에 있다. 배는 자갈색이며 갸름한 달걀 모양이고 세로 하트무늬와 밝은 '八' 자 무늬 3~4쌍이 있다.
행동 습성 밭두렁이나 돌 밑에서 보이며 배회성이다.

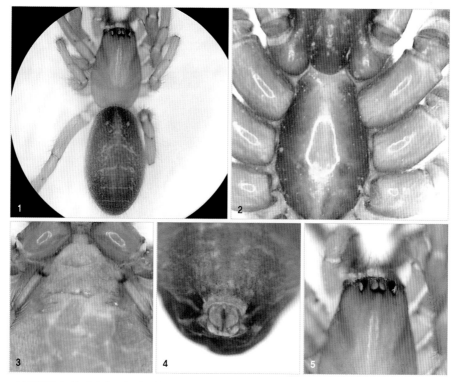

1 등면(암컷) **2** 가슴판(암컷) **3** 외부생식기(암컷) **4** 실젖(암컷) **5** 눈 배열(암컷)

알거미과
Oonopidae

진드기거미

Gamasomorpha cataphracta Karsch, 1881

- *Gamasomorpha cataphracta* Karsch, 1881: p. 40; Namkung, 2003: p. 57.

몸길이 암컷 2.5~3mm, 수컷 2.5~3mm
서식지 풀밭, 산
국내 분포 서울
국외 분포 대만, 일본, 필리핀

주요 형질 등갑은 암갈색 달걀 모양이고 가운데가 밝으며 작은 돌기 여러 개가 흩어져 있다. 가슴판은 갈색이며 방패 모양이고 등갑과 연결되는 부분은 키틴질화 되어 있다. 배는 넓적한 타원형으로 키틴질화 된 갈색이고 옆면은 황백색 막으로 되어 있다.
행동 습성 나무껍질 속에 주머니 모양 집을 만들고 겨울을 난다.

1

1 등면(임컷)

해방거미과
Mimetidae

민해방거미
Ero koreana Paik, 1967

● *Ero koreana* Paik, 1967: p. 188; 1978: p. 286; Namkung, 2001: p. 58; 2003: p. 60.

몸길이 암컷 5~5.6mm
서식지 산림
국내 분포 경기, 경북, 제주
국외 분포 일본, 중국, 러시아

주요 형질 등갑은 황갈색이며 볼록하고 가장자리 금과 눈 부위에서 가슴홈으로 이어지는 암갈색 무늬가 있다. 다리는 갈색이며 앞다리 발바닥마디와 종아리마디에 독특한 가시털이 줄지어 있다. 배는 긴 달걀 모양이며 회황색 바탕에 윗면과 양 옆면에 복잡한 검은 무늬가 있고, 사마귀 모양 돌기가 많으나 혹처럼 생긴 융기는 없다.

행동 습성 산지성으로 풀숲이나 키 작은 나무의 나뭇잎 사이를 돌아다니며 먹이를 사냥하고, 다른 거미줄에 침입해 그 주인을 잡아먹기도 한다. 6~8월에 관찰된다.

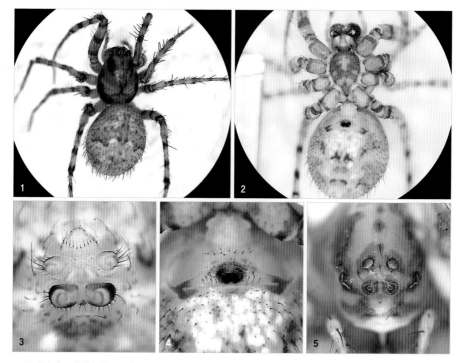

1 등면(암컷) **2** 배면(암컷) **3** 실젖(암컷) **4** 외부생식기(암깃) **5** 눈 배열(암컷)

뿔해방거미

Ero japonica Bösenberg and Strand, 1906

● *Ero japonica* Bösenberg and Strand, 1906: p. 245; Namkung, 1964: p. 36; Namkung, 2001: p. 57; 2003: p. 59.

몸길이 암컷 4~4.5㎜, 수컷 3~3.2㎜
서식지 산림
국내 분포 경기, 강원, 충북, 경북, 제주
국외 분포 일본, 중국, 러시아

주요 형질 등갑은 황갈색이며 양 가장자리 선과 눈 부위에서 가슴홈에 이르는 무늬는 암갈색을 띤다. 다리는 황갈색이며 검은 고리무늬가 있고 앞다리 종아리마디와 발바닥마디에 빗살 모양 긴 가시털이 늘어선다. 배는 황갈색이며 뒤쪽 양 옆에 원뿔형 돌기가 1쌍 있다.
행동 습성 그물을 만들지 않고 산의 풀숲이나 키 작은 나무 사이를 돌아다닌다. 다른 거미의 그물에 침입해 주인 거미를 공격해 잡아먹는다. 성숙기는 6~9월이고 알주머니는 황갈색 망태기 모양이며 나뭇가지에 매달아 놓는다.

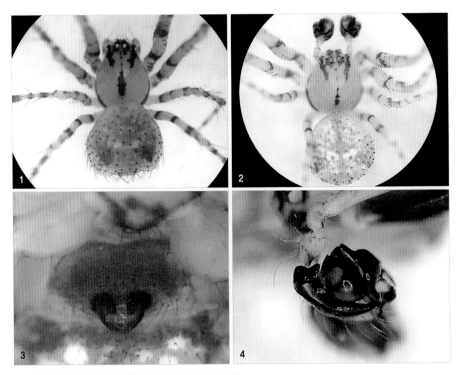

1 등면(암컷) 2 등면(수컷) 3 외부생식기(암컷) 4 더듬이다리(수컷)

큰해방거미

Mimetus testaceus Yaginuma, 1960

● *Mimetus testaceus* Yaginuma, 1960: p. 3 (appendix); Paik 1978: p. 289; Namkung 2001: p. 60; 2003: p. 62.

몸길이 암컷 5.5~6㎜, 수컷 4~5.2㎜
서식지 풀밭, 들판, 산림
국내 분포 경기, 강원, 충남, 충북,
경북, 제주
국외 분포 일본, 중국

주요 형질 등갑은 황갈색이며 눈 부위에서 가슴홈에 이르기까지 복잡한 암갈색 무늬가 있고 긴 센털이 드문드문 있다. 다리는 황갈색이며 암갈색 무늬가 흩어져 있고 종아리마디와 발바닥마디에 크고 넓은 가시털이 있다. 배는 뒤쪽이 약간 넓은 마름모꼴로 윗면에 복잡한 검은색 무늬가 있고 전체에 가시털 같은 센털이 흩어져 있다.
행동 습성 들판, 풀밭, 산 등의 풀숲 사이를 돌아다니며 다른 거미들을 습격해 잡아먹는다. 성숙기는 5~9월이고 전국에 널리 분포한다.

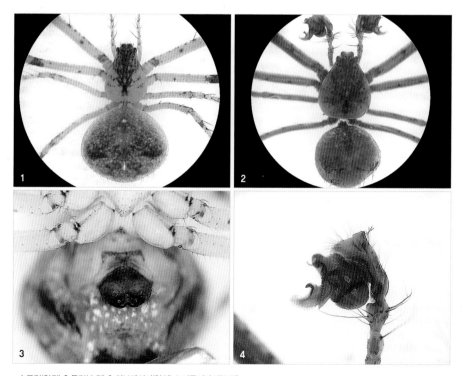

1 등면(암컷) 2 등면(수컷) 3 외부생식기(암컷) 4 더듬이다리(수컷)

주홍거미과
Eresidae

주홍거미

Eresus kollari Rossi, 1846

- *Eresus kollari* Rossi, 1846: p. 17.
- *Eresus niger* Paik, 1978: p. 179.

몸길이 암컷 9~16mm, 수컷 8~12mm
서식지 풀밭, 산림
국내 분포 강원, 충남, 충북, 전북
국외 분포 중국, 러시아, 유럽

주요 형질 암컷의 몸은 전체적으로 검다. 수컷 머리는 검은 색이며 배 윗면은 주홍색이고 둥근 검은 무늬가 2~3쌍 있다. 다리는 짧고 굵으며 각 마디 끝에 흰 털이 있다.
행동 습성 야산, 풀밭의 비교적 건조한 곳에 있는 키 작은 나무나 풀뿌리 밑에 땅굴을 파고 촘촘하고 빽빽한 천막 모양 그물을 친다. 전국 각지에 널리 분포하지만 눈에 잘 띄지 않는다.

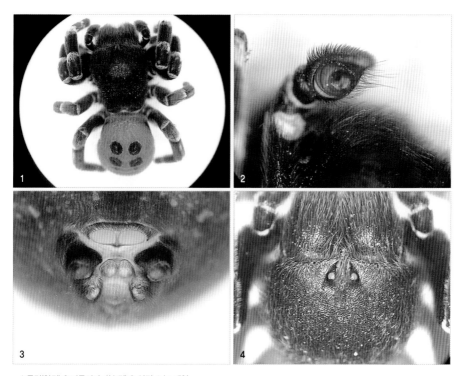

1 등면(암컷) 2 더듬이다리(수컷) 3 실젖 4 눈 배열

티끌거미과
Oecobiidae

남녘납거미

Uroctea compactilis L. Koch, 1878

● *Uroctea compactilis* L. Koch, 1878: p. 749; Kim and Cho, 2002: p. 62.

몸길이 암컷 8~10㎜, 수컷 6~7㎜
서식지 인가
국내 분포 경기, 전남, 전북, 경남,
경북, 제주
국외 분포 일본, 중국

주요 형질 등갑은 편평한 반원 모양이고 갈색이며 눈 주위
가 검다. 다리는 담갈색 바탕에 검은 털이 있다. 배는 편평
하고 긴 타원형이며 윗면은 검은색 바탕에 고리 모양으로
연결되는 흰색 무늬가 있으나 개체마다 달라 무늬가 잘린
것, 무늬가 없어진 것 등이 있다.
행동 습성 집 벽면, 창고 속, 나무 등에 편평한 흰색 집을
만들며 먹이가 신호줄을 건드리면 쫓아와 잡는다. 남부 지
역에서 1년 내내 관찰할 수 있다. 알 낳는 시기는 일정하지
않다.

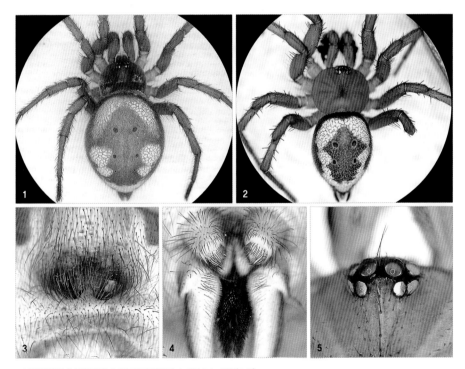

1 등면(암컷) **2** 등면(수컷) **3** 외부생식기(암컷) **4** 실젖 **5** 눈 배열(수컷)

대륙납거미

Uroctea lesserti Schenkel, 1936

- *Uroctea lesserti* Schenkel, 1936: p. 266; Namkung, 2001: p. 65; 2003: p. 67.
- *Uroctea limbata* Namkung, 1964: p. 37 (♀ misidentified); Paik, 1978: p. 299.

몸길이 암컷 8~10㎜, 수컷 5~6㎜
서식지 인가
국내 분포 경기, 강원, 충남, 충북, 경북
국외 분포 중국, 러시아

주요 형질 등갑은 갈색이며 편평한 반원 모양이다. 배는 뒤끝이 뾰족한 달걀 모양이며 검은색 바탕에 흰색 무늬가 3~4쌍 있다. 항문 두덩은 2마디로 크게 튀어나왔으며 털 다발이 둥근 고리 모양으로 늘어선다.

행동 습성 집 안팎 벽면이나 창고 속, 천장 등에 둥글고 넓적한 집을 만들고 그 안에 숨어 있다가 벌레가 신호줄을 건드리면 뛰어나와 잡아먹는다. 1년 내내 관찰할 수 있다.

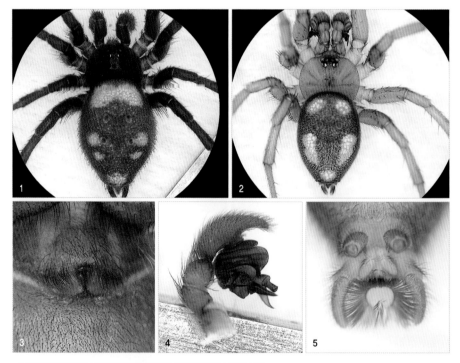

1 등면(암컷) 2 등면(수컷) 3 외부생식기(암컷) 4 더듬이다리(수컷) 5 실젖

응달거미과
Uloboridae

부채거미

Hyptiotes affinis Bösenberg and Strand, 1906

● *Hyptiotes affinis* Bösenberg and Strand, 1906: p. 108; Namkung, 2003: p. 70.

몸길이 암컷 4~5mm, 수컷 4~4.5mm
서식지 산림
국내 분포 경기, 강원, 충북, 전남,
경북, 제주
국외 분포 일본, 중국

주요 형질 등갑은 오각형이나 뒷부분이 배에 덮여 삼각형
처럼 보인다. 다리는 굵고 넷째다리 발바닥마디 윗면 전체
에 빗털 줄이 있다. 배는 연한 황갈색이며 흰색, 흑갈색 무
늬가 있다. 배 윗면 가운데가 높이 솟아올랐으며 가슴판을
눌러 덮는다.
행동 습성 산의 풀숲 다소 어두운 곳이나 키 작은 나무 사이
에 긴 삼각형으로 부채그물을 만든다. 그물의 한쪽 끝에서 움
직이지 않고 벌레가 다가오는 것을 기다린다. 그물에 먹이를
거미줄로 단단히 묶어 머리에 얹고 집으로 돌아와 천천히 먹
는다. 성숙기는 8~10월이다.

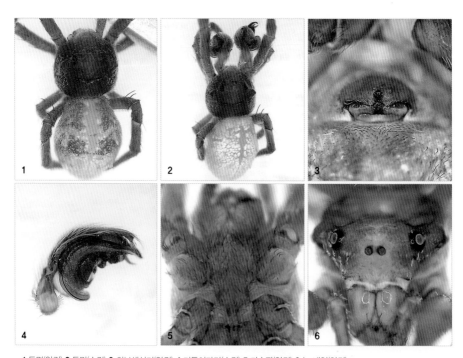

1 등면(암컷) **2** 등면(수컷) **3** 외부생식기(암컷) **4** 더듬이다리(수컷) **5** 가슴판(암컷) **6** 눈 배열(암컷)

손짓거미

Miagrammopes orientalis Bösenberg and Strand, 1906

● *Miagrammopes orientalis* Bösenberg and Strand, 1906: p. 109; Kim and Cho, 2002: p. 240.

몸길이 암컷 12~15mm, 수컷 5~6mm
서식지 들판, 산림
국내 분포 경기, 강원, 충북, 전남, 경남, 경북
국외 분포 일본, 중국

주요 형질 등갑은 회갈색이며 원통형으로 길고 앞끝이 약간 뾰족한 편이다. 눈은 4개이며 모두 검은색이고 가슴판은 검고 세로로 길다. 다리는 암갈색으로 첫째다리는 굵고 길며, 발목마디와 종아리마디 끝에 검은빛을 띤 갈색 털이 있다. 배는 황갈색이며 긴 원통형이고, 윗면 양 옆으로 회백색 토막무늬가 3쌍 있다.

행동 습성 산과 들의 키 작은 나무나 풀숲 사이에 긴 외줄 그물을 치고 끝쪽에 매달려 지낸다. 기다란 첫째 다리를 느릿느릿 움직이는 모습이 마치 손짓하는 것처럼 보여서 손짓거미라고 부른다. 6~8월에 관찰된다.

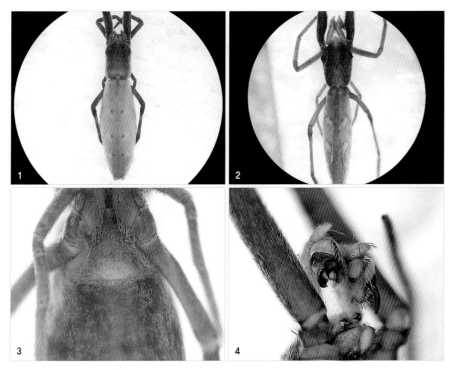

1 등면(암컷) 2 등면(수컷) 3 외부생식기(암컷) 4 더듬이다리(수컷)

북응달거미

Octonoba yesoensis (Saito, 1934)

- *Argyrodes yesoensis* Saito, 1934: p. 303.
- *Octonoba yesoensis* Kim and Lee 1999: p. 12; Namkung, 2001: p. 73; 2003: p. 75.
- *Uloborus yesoensis* Namkung et al., 1971: p. 50.

몸길이 암컷 4.5~6㎜, 수컷 4~5㎜
서식지 풀밭, 동굴, 산림
국내 분포 경기, 강원, 충남, 충북
국외 분포 일본, 중국, 러시아, 이란

주요 형질 몸은 흐린 갈색에서 검은색까지 개체마다 차이가 있다. 다리는 황갈색이며 암갈색 고리무늬가 있다. 배 윗면 앞쪽이 매우 높다.

행동 습성 산, 풀밭, 벼랑, 동굴 등 어두침침한 곳에 수평으로 둥글게 그물을 만든다. 가운데에 소용돌이 모양 또는 띠줄 모양으로 숨은 띠가 있다. 5~7월에 관찰된다.

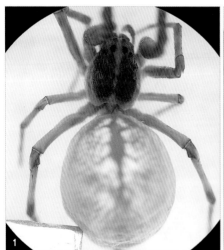 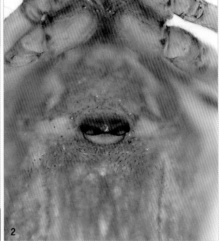

1 등면(암컷) 2 외부생식기(암컷)

울도웅달거미

Octonoba varians (Bösenberg and Strand, 1906)

- *Uloborus varians* Bösenberg and Strand, 1906: p. 102.
- *Octonoba varians* Kim and Lee, 1999: p. 11; Namkung, 2001: p. 72; 2003: p. 74.

몸길이 암컷 4~6mm, 수컷 4~5mm
서식지 들판, 냇가, 산림
국내 분포 경기, 충남, 충북, 경북, 제주
국외 분포 일본, 중국

주요 형질 등갑은 달걀 모양이며 황갈색 바탕에 폭넓은 암갈색 세로무늬가 1쌍 있고, 가슴 뒤쪽에 앞이 열린 말굽 모양 검은색 무늬가 있다. 배는 황갈색이며 한가운데 부분을 가로지르는 검은 줄무늬 양 옆면에 흰 반점이 4~5쌍 있으나 개체마다 검은색, 담갈색 등으로 차이가 있다.

행동 습성 산, 들판, 냇가, 동굴 입구 등에 소용돌이 모양 흰색 띠가 2개 있는 둥근 그물을 수평으로 만든다. 성숙기는 5~8월이다.

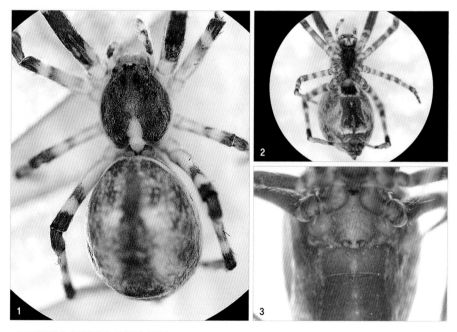

1 등면(암컷) **2** 배면(암컷) **3** 외부생식기(암컷)

꼽추웅달거미
Octonoba sybotides (Bösenberg and Strand, 1906)

● *Uloborus sybotides* Bösenberg and Strand, 1906: p. 104.

몸길이 암컷 4~5.5㎜
　　　 수컷 3.5~4.5㎜
서식지 과수원, 논밭, 동굴, 산
국내 분포 경기, 강원, 충남, 충북,
전남, 전북, 경남, 경북, 제주
국외 분포 일본, 중국

주요 형질 배갑은 암갈색이며 무늬가 없고 달걀 모양이다. 배갑의 가운데홈은 뚜렷하고 목홈과 방사홈은 뚜렷하지 않다. 다리에는 고리무늬가 있고 발톱은 3개다. 배는 회갈색이며 고리무늬가 있다.
행동 습성 서식처 내의 어두운 장소에 원형 그물을 치며 중앙에 소용돌이 모양의 띠를 만든다.

1 등면(암컷) 2 등면(수컷) 3 배면(암컷) 4 실젖 5 눈 배열

중국응달거미

Octonoba sinensis (Simon, 1880)

- *Uloborus sinensis* Simon, 1880: p. 111.
- *Octonoba sinensis* Kim and Lee, 1999: p. 10; Namkung, 2001: p. 70; 2003: p. 72; Kim and Cho, 2002: p. 249; Kim et al., 2008: p. 67.

몸길이 암컷 4~5.5mm
　　　　수컷 3.5~4.5mm
서식지 인가
국내 분포 경기, 강원, 충남, 충북, 전남, 경남, 경북, 제주
국외 분포 일본, 중국, 북아메리카

주요 형질 등갑은 암갈색이나 가슴 가장자리와 가운데 부분 뒤쪽은 흰색이다. 다리는 황갈색이며 검은색 고리무늬가 있다. 배 윗면 앞쪽이 높고 한가운데에 세로무늬가 있으나 개체마다 차이가 있다. 수컷이 암컷보다 몸집이 작으며 배 윗면의 높이 솟아오른 부분도 뚜렷하지 않다.

행동 습성 집 안, 창고 속이나 처마 밑 등 침침한 곳에 둥글게 그물을 만들며 중앙의 소용돌이 모양의 흰색 띠줄에 붙어 있다.

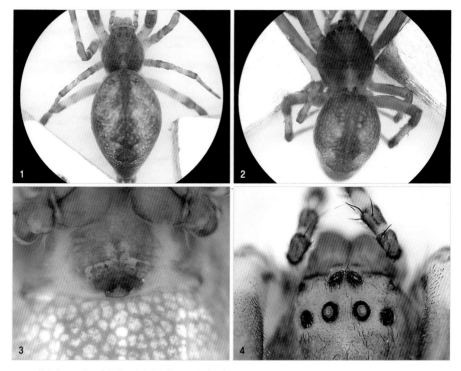

1 등면(암컷) 2 등면(수컷) 3 외부생식기(암컷) 4 눈 배열(암컷)

왕관응달거미

Philoponella prominens (Bösenberg and Strand, 1906)

- *Uloborus prominens* Bösenberg and Strand, 1906: p. 106; Paik, 1978: p. 193.
- *Philoponella prominens* Kim and Lee, 1999: p. 13; Namkung, 2001: p. 74; 2003: p. 76; Kim and Cho, 2002: p. 251.

몸길이 암컷 4mm 내외
　　　　수컷 3.5mm 내외
서식지 산림
국내 분포 경기, 강원, 충북, 경북
국외 분포 일본, 중국

주요 형질 등갑은 암갈색이며 흰색과 검은색 털이 있고 특히 머리 부분에 흰 털이 많다. 배는 달걀 모양으로 볼록하고 검은색 바탕에 흰색 무늬가 있으나 개체마다 차이가 크다. 수컷은 등갑이 둥글고 눈두덩이 튀어나왔으며 무늬가 복잡하다.
행동 습성 산기슭, 나뭇가지나 풀숲 사이 등에 조잡하게 둥근 모양 그물을 만들고 여러 개체가 모여 생활하기도 한다. 성숙기는 5~8월이다.

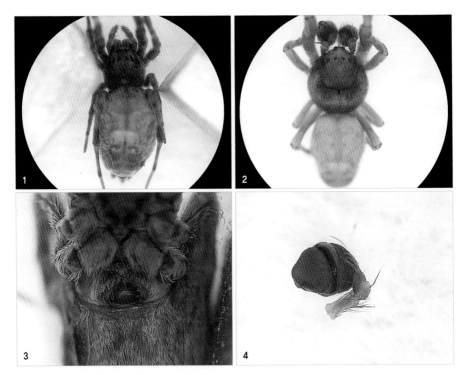

1 등면(암컷) 2 등면(수컷) 3 외부생식기(암컷) 4 더듬이다리(수컷)

유럽웅달거미

Uloborus walckenaerius Latreille, 1806

● *Uloborus walckenaerius* Latreille, 1806: p. 110; Namkung, 1964: p. 33; Paik, 1978: p. 199; Kim and Lee 1999: p. 14; Namkung, 2001: p. 75; 2003: p. 77.

몸길이 암컷 4~6㎜, 수컷 3~5㎜
서식지 산림
국내 분포 경기, 강원, 충북
국외 분포 일본, 중국, 러시아, 유럽

주요 형질 등갑은 황갈색이며 암갈색 세로무늬가 있고 흰색과 검은색 털이 있다. 배는 긴 달걀 모양이며 흰 바탕에 검은색 정중선과 그 좌우로 평행한 줄무늬가 있으나 개체마다 차이가 있다.
행동 습성 떨기나무 사이나 풀숲 사이에 흰 띠가 있는 둥근 그물을 친다. 6~8월에 관찰된다.

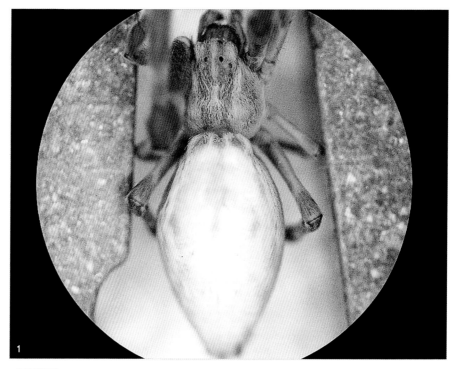

1 등면(암컷)

굴아기거미과
Nesticidae

꼬마굴아기거미

Nesticella brevipes (Yaginuma, 1970)

- *Nesticus brevipes* Yaginuma, 1970: p. 386; Paik, 1996: p. 72.
- *Nesticella brevipes* Lee et al., 2004: p. 100.

몸길이 암컷 2.8㎜, 수컷 2.3㎜ 내외
서식지 동굴, 산
국내 분포 경기, 강원, 충남, 충북, 전남, 전북, 경남, 경북, 제주
국외 분포 일본, 중국, 러시아

주요 형질 배갑은 연한 황갈색이며 가슴홈에서 눈구역까지 삼지창처럼 생긴 어두운 회갈색 무늬가 있다. 다리는 황갈색이지만 넓적다리마디나 종아리마디에 희미한 회갈색 고리무늬가 보이기도 한다. 배는 어두운 황갈색이며 특별한 무늬는 없다.
행동 습성 동굴이나 낙엽층에 모양이 불규칙한 그물을 만든다.

1 등면(암컷) **2** 등면(수컷) **3** 가슴판(암컷) **4** 실젖(암컷) **5** 더듬이다리(수컷)

제주굴아기거미

Nesticella quelpartensis (Paik and Namkung, 1969)

- *Nesticus quelpartensis* Paik and Namkung in Paik et al., 1969: p. 812.
- *Nesticella quelpartensis* Namkung, 2001.

몸길이 암컷 2.8~3㎜
   수컷 3㎜ 내외
서식지 용암동굴
국내 분포 경기, 강원, 충북, 전북,
경북(한국 고유종)

주요 형질 배갑, 다리, 배 등 온몸이 황갈색이며 특별한 무
늬는 없다. 암컷 생식기에 있는 현수체는 직사각형이다.
행동 습성 흰색 공 모양 알주머니를 꽁무니에 달고 다닌다.

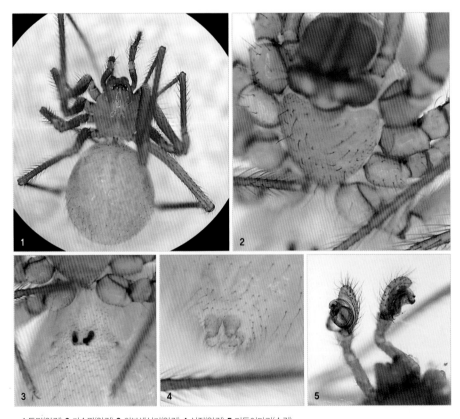

1 등면(암컷) **2** 가슴판(암컷) **3** 외부생식기(암컷) **4** 실젖(암컷) **5** 더듬이다리(수컷)

경검산굴아기거미

Nesticus kyongkeomsanensis Namkung, 2001

●*Nesticus kyongkeomsanensis* Namkung, 2001: p. 78.

몸길이 암컷 4.6mm, 수컷 4.3mm 내외
서식지 동굴
국내 분포 경기, 강원, 충북, 전북,
경북(한국 고유종)

주요 형질 배갑은 황갈색이고 목홈, 방사홈, 가슴홈이 뚜렷
하지 않으나 목홈부와 머리 한가운데 센털이 줄지어 있다.
다리는 황갈색이며 특별한 무늬가 없고 끝쪽으로 갈수록
색이 짙어진다. 배는 회황색이며 특별한 무늬가 없고 갈색
털이 드문드문 난다. 수컷은 몸이 날씬한 편이며 다리가 크
고 길다. 부배엽 끝쪽 돌기 중 둘째 것이 크고 길며 창날 모
양이다.
행동 습성 동굴 천장, 벽면 후미진 곳 등에 모양이 불규칙한
그물을 만든다.

1 등면(암컷) 2 등면(수컷) 3 위턱(암컷) 4 가슴판(암컷) 5 외부생식기(암컷) 6 실젖(암컷) 7 더듬이다리(수컷)

반도굴아기거미

Nesticus coreanus Paik and Namkung, 1969

● *Nesticus coreanus* Paik and Namkung in Paik et al., 1969: p. 808; Namkung, 2003: p. 79.

몸길이 암컷 4.5mm, 수컷 4mm 내외
서식지 동굴
국내 분포 경기, 강원, 충북, 전북,
경북(한국 고유종)

주요 형질 배갑은 담황색이고 가운데에 검은 줄무늬가 있
다. 다리는 길고 날씬하며 긴 센털이 있다. 종아리마디와
발끝마디에 검은 고리무늬가 있으며 넷째다리 발끝마디에
있는 센털은 톱니 모양이다. 더듬이다리는 길고 빗살무늬
의 갈고리가 있다. 배는 달걀 모양으로 볼록하고 잿빛을 띤
노란색 바탕에 검은 점무늬가 4~5쌍 흩어져 있다.
행동 습성 동굴 천장, 벽면 후미진 곳 등에 모양이 불규칙한
그물을 만든다.

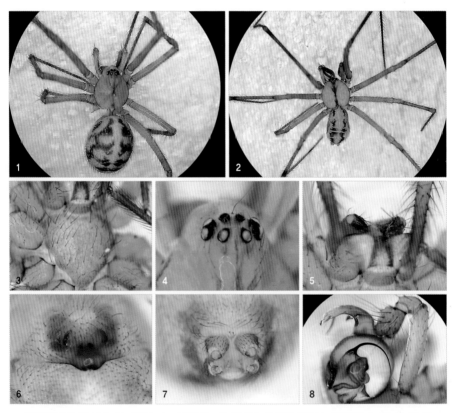

1 등면(암컷) 2 등면(수컷) 3 가슴판(암컷) 4 눈 배열(암컷) 5 위턱(암컷) 6 외부생식기(암컷) 7 실젖(암컷) 8 더듬이다리(수컷)

꼬마거미과
Theridiidae

가시잎무늬꼬마거미

Anelosimus crassipes (Bösenberg and Strand, 1906)

- *Enoplognatha crassipes* Bösenberg and Strand, 1906: p. 157.
- *Achaearanea crassipes* Paik, 1996c: p. 36.

몸길이 암컷 4~5㎜, 수컷 3.5~4.5㎜
서식지 논밭, 풀밭, 들판, 강가
국내 분포 경기, 강원, 충남, 충북,
전북, 경북, 제주
국외 분포 일본, 중국

주요 형질 배갑은 갈색이며 머리와 가슴 가운데 부분이 어
둡고 목홈과 방사홈이 뚜렷하다. 다리는 황갈색이며 끝쪽
에 갈색 고리무늬가 있고 첫째다리 넓적다리마디가 매우
굵다. 배는 긴 타원형이며 한가운데 흰색 테두리가 있는 폭
넓은 세로무늬가 있다.
행동 습성 풀밭이나 들판에 있는 활엽수 잎 뒷면에 불규칙한
그물을 만든다. 흰색 공 모양 알주머니를 나뭇잎 뒤에 매달아
놓는 습성이 있다.

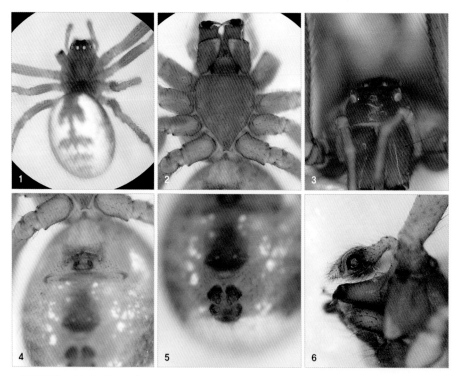

1 등면(암컷) **2** 가슴판(수컷) **3** 위턱(암컷) **4** 외부생식기(암컷) **5** 실젖(암컷) **6** 더듬이다리(수컷)

각시주홍더부살이거미

Argyrodes flavescens O. P.-Cambridge, 1880

● *Argyrodes flavescens* O. P.-Cambridge, 1880: p. 321, Namkung, 2001: p. 137.

몸길이 암컷 2.9~5.3mm
　　　수컷 2.7~4.3mm
서식지 논밭, 풀밭, 강가, 냇가, 산
국내 분포 경기, 강원, 충남, 충북,
전남, 전북, 경남, 경북, 제주
국외 분포 스리랑카, 일본, 뉴기니

주요 형질 배갑은 적갈색이며 목홈, 가슴홈이 뚜렷하다. 수
컷의 머리는 앞쪽이 튀어나와 갈라져 있다. 다리는 황갈색
또는 암갈색이나 넓적다리마디에 노란색 고리무늬가 있고,
넷째다리 발끝마디도 노란색이다. 배는 등적색이며 뒤쪽
높이 솟은 부분과 실젖 뒤쪽에 검은 반점이 있고, 옆면과 윗
면에도 은백색 반점이 몇 쌍씩 보인다. 주홍더부살이거미
와 비슷해 많이 혼동했으나, 암컷의 생식기에 뿔처럼 생긴
돌기가 없고, 수컷의 머리끝이 갈라지긴 하나 휘어지지 않
는 것으로 구별할 수 있다.
행동 습성 왕거미과 거미류의 둥근 그물에 기생하며 개체수
는 많지 않다.

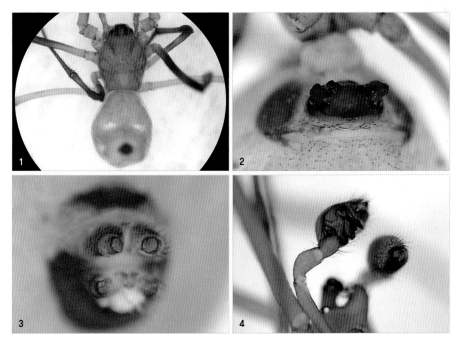

1 등면(암컷) **2** 외부생식기(암컷) **3** 실젖(암컷) **4** 더듬이다리(수컷)

백금더부살이거미

Argyrodes bonadea (Karsch, 1881)

- *Conopistha bonadea* Karsch, 1881: p. 39.
- *Argyrodes bonadea* Namkung, 2001: p. 134.

몸길이 암컷 3~4㎜
수컷 2.5㎜ 내외
서식지 논밭, 풀밭, 강가, 냇가, 산
국내 분포 충남, 경북
국외 분포 일본, 중국, 대만, 필리핀

주요 형질 배갑은 암갈색이나 뒤쪽이 다소 밝다. 불거져 나온 눈두덩이 위 앞 가운데에 눈이 있다. 가슴홈은 가로로 놓여 있으며 방사홈은 갈색이다. 가슴판은 갈색이고 위턱과 아래턱은 암갈색이다. 다리는 황갈색이나 앞다리의 빛깔이 더 진하고 넓적다리마디는 담갈색을 띤다.
행동 습성 호랑거미, 왕거미, 무당거미 등의 그물에서 기생하며 6~8월에 관찰된다.

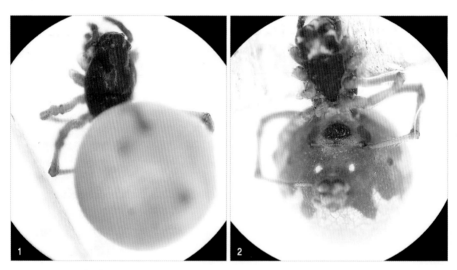

1 등면(암컷) **2** 배면(암컷)

주홍더부살이거미

Argyrodes miniaceus (Doleschall, 1857)

- *Theridion miniaceum* Doleschall, 1857: p. 408.
- *Argyrodes miniaceus* Namkung, 2001: p. 136; Kim and Kim, 2007: p. 216.

몸길이 암컷 5㎜ 내외
　　　수컷 3.4~4㎜
서식지 논밭, 동굴, 풀밭, 강가, 냇가
국내 분포 충남, 전남, 제주
국외 분포 일본, 오스트레일리아

주요 형질 배갑은 황갈색이며 가슴홈이 가로로 놓여 있다. 수컷의 머리는 옆에서 보면 파낸 것처럼 오목하게 들어갔다. 다리는 탁한 노란색이며 각 마디의 끝쪽이 검다. 배는 주홍색이며 뒤쪽 끝이 높게 솟아 있어 옆에서 보면 삼각형처럼 보인다. 그 맨 꼭대기와 실젖 위쪽에 검은 무늬가 있고 옆면에는 은백색 무늬가 2쌍 있다.

행동 습성 호랑거미, 왕거미, 두당거미, 먼지거미류의 그물에 기생해 그물에 걸린 먹이 벌레를 훔쳐 먹는다. 7~9월에 관찰된다.

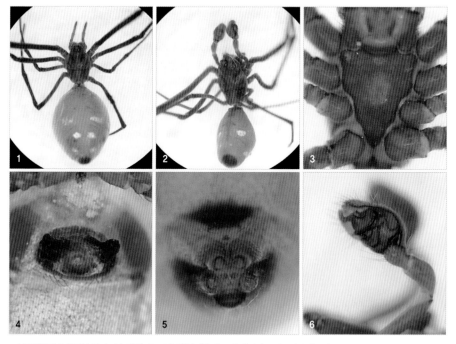

1 등면(암컷) **2** 등면(수컷) **3** 가슴판(암컷) **4** 외부생식기(암컷) **5** 실젖(암컷) **6** 더듬이다리(수컷)

꼬리거미

Ariamnes cylindrogaster Simon, 1889

- *Ariamnes cylindrogaster* Simon, 1889: p. 251; Namkung, 2003: p. 134.
- *Argyrodes cylindrogaster* Namkung, 2001: p. 132.

몸길이 암컷 25~30㎜
　　　수컷 15~20㎜
서식지 논밭, 풀밭, 강가, 냇가, 산
국내 분포 경기, 강원, 충남, 충북,
전남, 전북, 경남, 경북, 제주
국외 분포 일본, 중국, 대만

주요 형질 몸은 녹색 또는 갈색이며 배갑이 편평하다. 더듬
이다리와 다리는 담갈색이며 넷째다리가 길다. 배가 가늘
고 실젖 뒤로 길게 꼬리처럼 뻗으며 자유롭게 움직일 수 있
다. 다리를 몸과 일직선으로 뻗고 있으면 마치 솔잎 1개처
럼 보인다.
행동 습성 나뭇가지나 잎 사이에 끈끈이가 없는 실 줄을
1~2개 치고 먹이가 가까이 오면 잡아먹는다. 주로 닷거미류
나 염낭거미류를 잡아먹는다. 황갈색 각뿔 모양 알주머니를
나뭇가지 사이에 매달아 놓고 어미가 밑에서 보호한다.

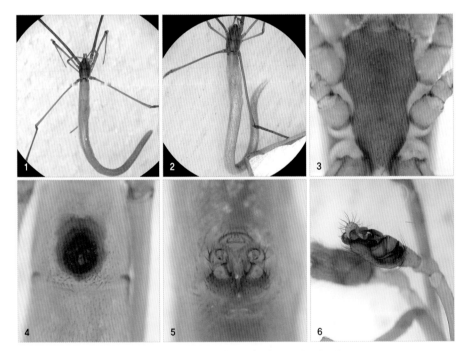

1 등면(암컷) **2** 등면(수컷) **3** 가슴판(암컷) **4** 외부생식기(암컷) **5** 실젖(암컷) **6** 더듬이다리(수컷)

휘장무늬꼬마거미

Asagena phalerata (Panzer, 1801)

- *Phalangium phaleratum* Panzer, 1801: p. 78.
- *Steatoda phalerata* Namkung et al., 1996: p. 15.

몸길이 암컷 4~5mm, 수컷 4~5mm
서식지 인가, 논밭, 풀밭, 냇가, 산
국내 분포 충북
국외 분포 구북구

주요 형질 배갑은 황갈색이며 목홈, 가슴홈이 뚜렷하다. 다리도 황갈색이며 특별한 무늬나 가시가 없다. 배는 검은 보랏빛이고 달걀 모양이다. 어깨 부분에는 가는 활 모양, 뒤쪽에는 삼각형 흰 무늬가 있으나 개체변이가 있다.
행동 습성 오래된 집의 구석진 곳이나 야외에서 종종 관찰할 수 있다.

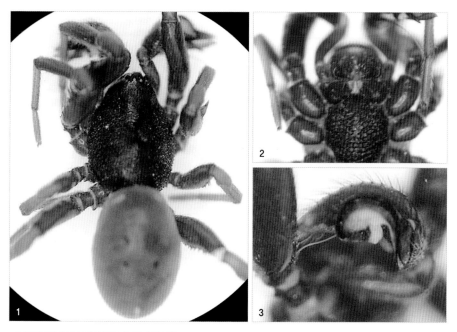

1 등면(암컷) **2** 가슴판(암컷) **3** 더듬이다리(수컷)

삼각점연두꼬마거미

Chikunia albipes (Saito, 1935)

- *Theridula albipes* Saito, 1935: p. 59.
- *Chrysso albipes* Namkung, 2003: p. 113.
- *Chrysso rapula* Namkung, 2001: p. 115.

몸길이 암컷 2.5~3.5㎜
　　　 수컷 1.5~2㎜
서식지 산
국내 분포 경기, 강원, 충북, 경남,
경북, 제주
국외 분포 일본, 중국, 러시아

주요 형질 배갑은 황갈색이며 눈구역이 검고 목홈, 방사홈
은 짙은 갈색을 띤다. 위턱 뒷두덩니는 작은 것이 3개이고,
가슴판은 황갈색 삼각형이다. 가슴판 뒤끝은 넷째다리 밑
마디 사이 안쪽으로 들어가 있다. 다리는 등황색이며 마디
끝쪽이 다소 진하다.

행동 습성 저녁에 산의 활엽수 잎 뒷면에 모양이 불규칙한
그물을 쳤다가 아침에 걷어낸다. 원 모양 흰색 알주머니를
잎 뒷면에 1~2개 붙여 놓고 어미가 지킨다.

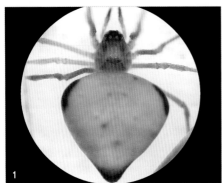 

1 등면(암컷) **2** 배면(암컷)

넷혹꼬마거미

Chrosiothes sudabides (Bösenberg and Strand, 1906)

- *Theridion sudabides* Bösenberg and Strand, 1906: p. 145.
- *Chrosiothes sudabides* Namkung, 2001: p. 119.

몸길이 암컷 2~3㎜, 수컷 1.5~2.5㎜
서식지 논밭, 풀밭, 강가, 냇가
국내 분포 충남
국외 분포 일본, 중국

주요 형질 배갑은 둥글며 담황이고 눈구역에서 가슴홈에 이르기까지 암갈색 쐐기 무늬가 있다. 가슴판은 너비가 넓고 노란색이다. 다리는 담황색이고 비교적 짧은 편이나 각 마디의 끝 부분에 암갈색 고리무늬가 있다. 배는 회백색으로 둥글넓적하고 네 귀퉁이가 솟아올라 그 끝은 둥글고 검은 점이 된다. 배 아랫면은 회백색이다.
행동 습성 풀숲이나 낙엽층 밑에 모양이 불규칙한 그물을 치며, 개체 수가 매우 적은 편이다.

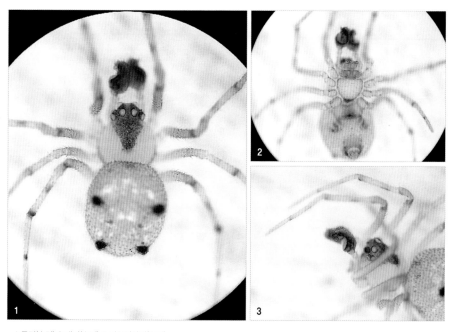

1 등면(수컷) **2** 배면(수컷) **3** 더듬이다리(수컷)

별연두꼬마거미

Chrysso foliata (L. Koch, 1878)

- *Ero foliata* L. Koch, 1878: p. 748.
- *Chrysso foliata* Namkung, 2003: p. 117.
- *Chrysso punctifera* Namkung, 2001: p. 115.

몸길이 암컷 5~6mm, 수컷 3.5~4mm
서식지 냇가, 산
국내 분포 경기, 강원, 충북, 경북
국외 분포 일본, 중국, 러시아

주요 형질 배갑은 담녹색으로 가슴홈 부근에 검은색 세로 무늬가 있다. 가슴판은 노란색 삼각형으로 뒤끝이 뾰족하 다. 다리는 연한 황록색이며 끝쪽에서 색이 짙어진다. 배는 가운데 부분의 너비가 넓고 뒤끝이 약간 위쪽으로 뻗었다. 대체로 담녹색 바탕에 한가운데 노란색 물결무늬가 뻗었으 며 가장자리 쪽에 검은 점 5쌍이 줄지어 있다. 녹색 또는 노 란색에 양 옆면이 갈색인 것, 한가운데 적갈색 줄무늬가 있 는 것 등 개체마다 차이가 크다.

행동 습성 산골짜기에 흐르는 냇물 부근, 활엽수 뒷면 등에 불규칙하게 그물을 만든다. 공 모양으로 커다란 흰색 알주머 니를 활엽수 잎 위에 매단다.

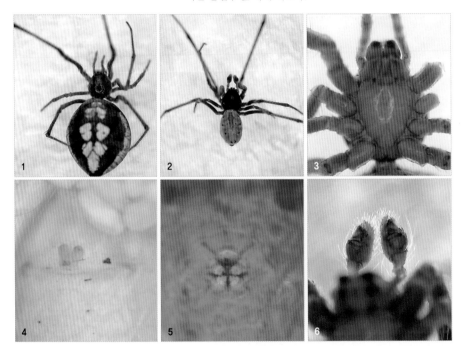

1 등면(암컷) **2** 등면(수컷) **3** 가슴판(암컷) **4** 외부생식기(암컷) **5** 실젖(암컷) **6** 더듬이다리(수컷)

조령연두꼬마거미
Chrysso lativentris Yoshida, 1993

● *Chrysso lativentris* Yoshida, 1993: p. 27; Seo, 2002: p. 50.

몸길이 암컷 3~5mm, 수컷 3~5mm
서식지 강가, 냇가, 산
국내 분포 강원, 충북, 제주
국외 분포 중국, 대만

주요 형질 배갑은 회갈색, 가슴판은 검은색이다. 배는 마름
모꼴이고 뒤쪽 꼬리가 뾰족하게 불거지며 황갈색 바탕에
은백색 비늘무늬로 덮이고, 가장자리와 뒤끝 돌기는 암갈
색을 띤다. 다리는 황갈색이며 길고 첫째다리 종아리마디
와 발바닥마디 끝쪽에 검은 고리무늬가 돋보인다.
행동 습성 계곡 같은 습기가 많은 곳의 돌 밑에서 6~8월에
관찰된다.

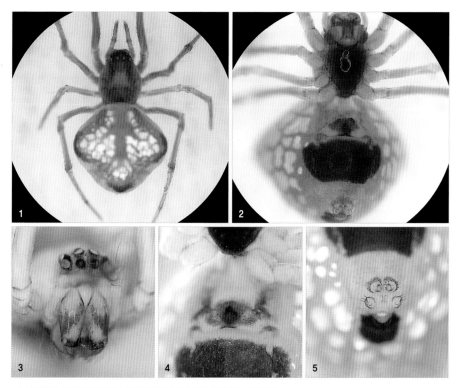

1 등면(암컷) **2** 배면(암컷) **3** 눈과 위턱(암컷) **4** 외부생식기(암컷) **5** 실젖(암컷)

여덟점꼬마거미

Chrysso octomaculata (Bösenberg and Strand, 1906)

- *Theridion octomaculatum* Bösenberg and Strand 1906: p. 138; Paik and Namkung, 1979: p. 29.
- *Coleosoma octomaculatum* Namkung, 2001: p. 117.

몸길이 암컷 2~3mm
　　　　　수컷 2.5mm 내외
서식지 논, 풀밭, 강가, 냇가
국내 분포 경기, 강원, 충남, 충북, 경남, 경북, 제주
국외 분포 일본, 중국, 대만

주요 형질 배갑은 흐린 노란색이며 가운데에 흑갈색 무늬가 있고 점처럼 생긴 기슴홈이 있다. 가슴판은 노란색이며 뒤끝이 넷째다리 밑마디 사이로 갑자기 들어간다. 다리는 흐린 노란색이며 별다른 무늬가 없다. 배는 타원형이며 흰색 또는 담녹색 바탕에 검은 반점 4~5쌍이 양 옆면으로 늘어선다.

행동 습성 논, 냇가, 풀밭 등에 많으며, 벼 해충의 천적으로 주목받는다. 성숙한 개체는 연중 관찰된다. 성숙한 암컷은 흰색 공처럼 생긴 알주머니를 실젖에 달고 다닌다.

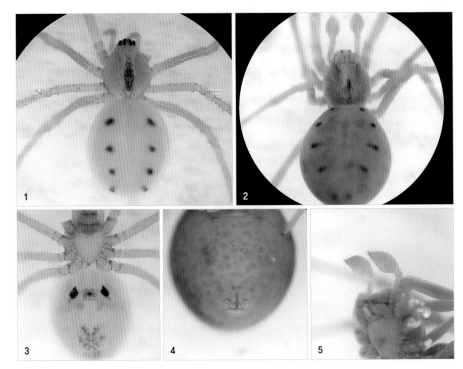

1 등면(암컷) **2** 등면(수컷) **3** 배면(암컷) **4** 실젖(암컷) **5** 더듬이다리(수컷, 미성숙 개체)

점박이사마귀꼬마거미
Crustulina guttata (Wider, 1834)

- *Theridion guttatum* Wider, 1834: p. 235.
- *Crustulina guttata* Namkung, 2001: p. 120.

몸길이 암컷 1.5~2㎜, 수컷 1~2㎜
서식지 풀밭, 모래밭
국내 분포 강원, 경북
국외 분포 구북구

주요 형질 배갑은 암갈색이며 전면에 가시돌기가 여러 개 있다. 배 윗면은 암갈색이며 흰색 반점이 가운데에 4개, 양 옆면의 2개씩 있다.
행동 습성 배회성이다.

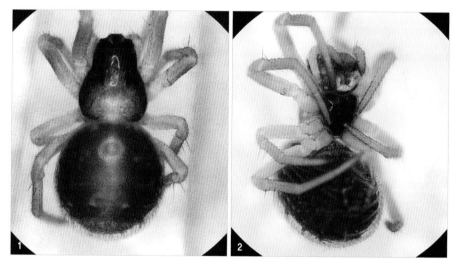

1 등면(암컷) **2** 배면(암컷)

서리미진거미

Dipoena punctisparsa Yaginuma, 1967

● *Dipoena punctisparsa* Yaginuma, 1967: p. 97; Namkung, 2001: p. 112.

몸길이 암컷 3~4㎜, 수컷 2.5~3㎜
서식지 논밭, 풀밭
국내 분포 경기
국외 분포 일본

주요 형질 배갑은 암갈색이며 머리쪽이 높고 목홈 뒤쪽으로 경사진다. 배는 공 모양으로 크며 회색 바탕에 크고 작은 검은 반점이 흰색 비늘무늬와 얼룩져 있다.
행동 습성 풀밭 사이를 배회하며 끈끈이 줄을 늘여 놓고 근처를 지나는 개미 같은 곤충을 잡아먹는다.

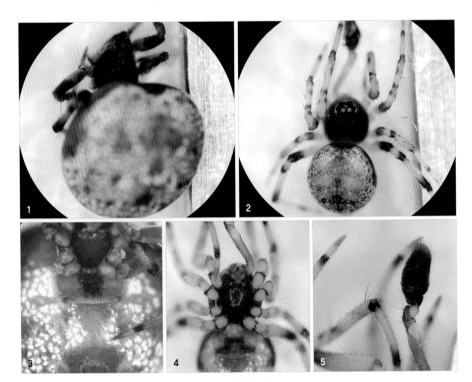

1 등면(암컷) **2** 등면(수컷) **3** 배면(암컷) **4** 배면(수컷) **5** 더듬이다리(수컷)

가랑잎꼬마거미

Enoplognatha abrupta (Karsch, 1879)

- *Linyphia abrupta* Karsch, 1879: p. 61.
- *Enoplognatha abrupta* Namkung, 2003: p. 108.
- *Enoplognatha transversifoveata* Namkung, 1964: p. 34.

몸길이 암컷 6~8mm
서식지 논밭, 풀밭, 냇가
국내 분포 경기, 강원, 충남, 충북, 전남, 전북, 경남, 경북, 제주
국외 분포 일본, 중국, 러시아

주요 형질 배갑은 황갈색이고 목홈과 방사홈은 검다. 다리는 담갈색이며 검은 고리무늬가 있다. 배는 볼록한 달걀 모양이며 회갈색이나 암갈색 나뭇잎무늬와 갸름한 흰색 정중무늬가 있다. 배 아랫면은 회황색이고 옆쪽으로 비스듬히 검은 줄무늬가 있다.

행동 습성 바위 밑이나 나무껍질 사이, 낭떠러지의 험한 언덕에 불규칙한 그물을 만든다.

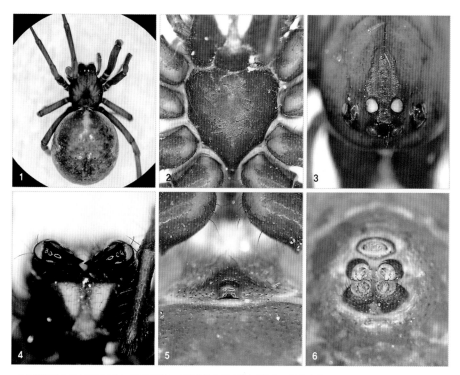

1 등면(암컷) **2** 가슴판(암컷) **3** 눈 배열(암컷) **4** 위턱(암컷) **5** 외부생식기(암컷) **6** 실젖(암컷)

작살가랑잎꼬마거미

Enoplognatha caricis (Fickert, 1876)

- *Steatoda caricis* Fickert, 1876: p. 72.
- *Enoplognatha japonica* Paik and Namkung, 1979: p. 29.
- *Enoplognatha tecta* Namkung, 2001: p. 105.

몸길이 암컷 5~6㎜, 수컷 4~6㎜
서식지 논, 냇가, 산
국내 분포 경기, 강원, 충남, 충북,
전남, 전북, 경남, 경북
국외 분포 일본, 중국, 러시아,
유럽, 미국

주요 형질 배갑은 암갈색이나 색깔 변이가 심하며 한가운
데 작살처럼 생긴 무늬가 있다. 다리는 갈색이며 각 마디 끝
쪽에 암갈색 고리무늬가 있다. 배는 짙은 암갈색으로 한가
운데 있는 하트무늬와 나뭇잎무늬 가장자리에 흰색 선이
둘러졌다.
행동 습성 논의 벼 포기 밑이나 논두렁 풀숲 사이 등에 불규
칙하게 그물을 치며 논 해충을 없애는 데 큰 역할을 한다.

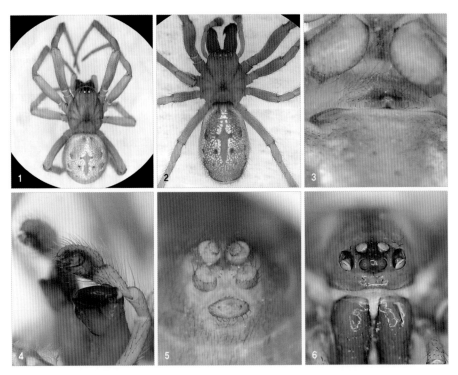

1 등면(암컷) **2** 등면(수컷) **3** 외부생식기(암컷) **4** 더듬이다리(수컷) **5** 실젖 **6** 눈 배열

흰무늬꼬마거미

Enoplognatha margarita Yaginuma, 1964

● *Enoplognatha margarita* Yaginuma, 1964: p. 6; Namkung, 2003: p. 109.

몸길이 암컷 6~7㎜, 수컷 4~5㎜
서식지 산
국내 분포 강원, 경북
국외 분포 일본, 중국, 러시아

주요 형질 배갑은 황갈색이며 가는 테두리선이 있다. 가슴
홈은 반원 모양이며 목홈, 방사홈이 뚜렷하다. 가슴판은 황
갈색 삼각형이며 가운데에 갈색 무늬가 있다. 배는 공 모양
으로 볼록하며 윗면 전체가 유백색 비늘무늬로 덮인다. 나
뭇잎무늬의 톱니처럼 생긴 돌기 부분은 검은색이지만 연속
되지는 않는다.
행동 습성 주로 높은 산의 풀숲 사이에 불규칙하게 그물을
만든다. 암컷은 풀잎을 구부려 집을 만들고 그 속에 알을 낳
는다.

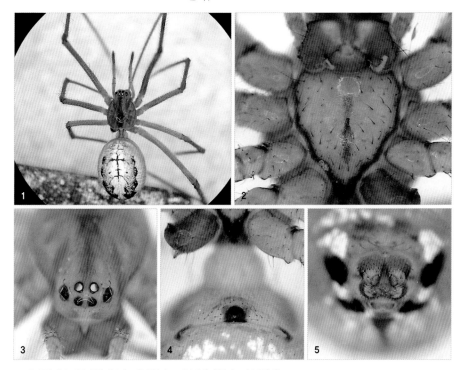

1 등면(암컷) **2** 가슴판(암컷) **3** 눈 배열(암컷) **4** 외부생식기(암컷) **5** 실젖(암컷)

민마름모거미

Episinus nubilus Yaginuma, 1960

● *Episinus nubilus* Yaginuma, 1960: appendix p. 3; Namkung 1964: p. 34; Kim and Cho, 2002: p. 303.
● *Episinus bicornutus* Seo, 1985: p. 97.

몸길이 암컷 4~5㎜, 수컷 3~4㎜
서식지 인가 주변, 논밭, 산
국내 분포 경기, 경남, 제주
국외 분포 일본, 중국, 대만,
류큐제도

주요 형질 배갑은 암갈색이며 목홈, 방사홈이 뚜렷하고 가슴홈은 세로로 선다. 가슴판은 긴 삼각형으로 짙은 갈색을 띠며 뒤쪽은 적갈색이다. 각 다리의 첫마디는 암갈색이며 아래쪽 마디는 색이 연하다. 배는 오각형으로 뒤쪽이 넓으나 솟아오르지는 않고 위쪽 끝이 가볍게 튀어나왔다. 윗면 앞쪽에서 뒤쪽의 불거진 부분까지 회색 바탕에 흑갈색 구름무늬가 얼룩져 있으며, 아랫면 실젖 앞쪽에 사각형 검은 무늬와 흰색 가로무늬가 있다.

행동 습성 산의 풀과 나무 사이 또는 풀숲, 돌담 사이 등에 'X' 자 모양 그물을 만들며 6~10월에 관찰된다.

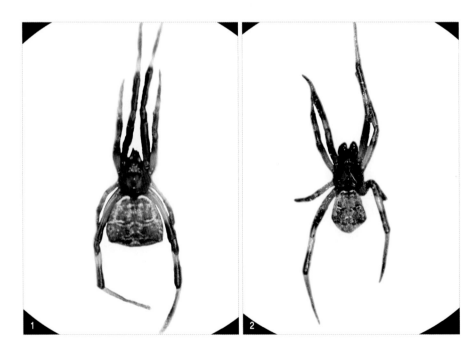

1 등면(암컷) **2** 등면(수컷)

뿔마름모거미

Episinus affinis Bösenberg and Strand, 1906

● *Episinus affinis* Bösenberg and Strand, 1906: p. 136; Namkung, 2003: p. 124

몸길이 암컷 5~6㎜, 수컷 3~4㎜
서식지 인가 주변, 논밭, 산
국내 분포 경기, 강원
국외 분포 러시아, 대만, 일본,
류큐제도

주요 형질 배갑은 원 모양이며 머리가 솟았고, 황갈색 바탕에 가장자리 줄은 암갈색, 가운데 무늬와 목홈, 방사홈은 갈색을 띤다. 다리는 황색이며 각 마디에 암갈색 고리무늬가 있다. 배는 뒤쪽이 넓은 오각형이며 황갈색 바탕에 갈색, 흰색 등 복잡한 무늬가 있다. 배 아랫면은 노란색이며 실젖 옆쪽과 앞쪽에 흰 반점이 1쌍씩 있다.

행동 습성 산의 나무 사이, 풀숲, 돌담 틈 등에 'Y' 자가 거꾸로 된 모양으로 그물을 만들고 끈끈이 줄에 걸린 개미나 그 밖의 벌레를 잡아먹는다.

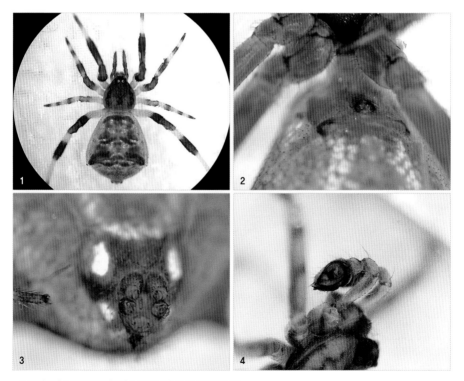

1 등면(암컷) **2** 외부생식기(암컷) **3** 실젖(암컷) **4** 더듬이다리(수컷)

긴마름모거미
Moneta caudifera (Dönitz and Strand, 1906)

- *Episinus caudifer* Dönitz and Strand in Bösenberg and Strand, 1906: p. 379.
- *Moneta caudifer* Namkung, 2003: p. 126.

몸길이 암컷 3.5~4mm
　　　수컷 2.8~3.2mm
서식지 산
국내 분포 경기, 강원, 경남, 경북
국외 분포 일본, 중국

주요 형질 배갑은 황갈색이며 암갈색 테두리선이 있다. 가슴홈은 'V' 자 모양이고 목홈이 뚜렷하다. 다리는 연한 황갈색으로 가늘고 길며 특별한 무늬나 가시털이 없다. 배는 회갈색이며 긴 편이나 뒤끝이 각지지 않는다. 윗면 한가운데에 어두운 줄무늬가 있고 양 옆으로 검은 빗살무늬가 있으며 옆면은 적갈색, 아랫면은 회갈색을 띤다. 수컷의 배는 너비가 좁고 길쭉하다.

행동 습성 산 나뭇가지나 풀숲 사이에 'Y' 자가 거꾸로 된 모양으로 그물을 만들고 끈끈이 줄을 내려 먹이를 잡아먹는다.

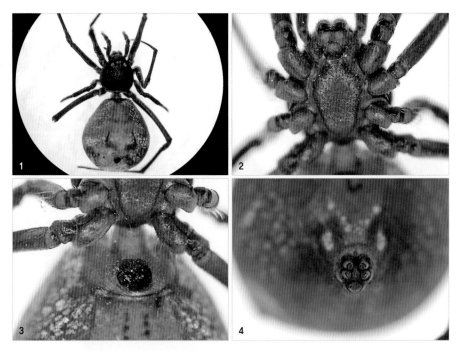

1 등면(암컷) **2** 외부생식기(암컷) **3** 실젖(암컷) **4** 더듬이다리(수컷)

안장더부살이거미

Neospintharus fur (Bösenberg and Strand, 1906)

- *Argyrodes fur* Bösenberg and Strand, 1906: p. 133, Namkung, 2001: p. 135.
- *Neospintharus fur* Kim and Kim, 2007: p. 222.

몸길이 암컷 2.5~3㎜
　　　수컷 2.5㎜ 내외
서식지 논밭, 강가, 냇가, 산
국내 분포 경기, 경북
국외 분포 일본, 중국

주요 형질 배갑은 흐린 갈색이며 배 뒤쪽이 융기해 끝쪽이 말안장 모양으로 갈라졌다.
행동 습성 접시거미류나 풀거미류의 그물 주인을 습격 잡아먹는다. 6~9월에 관찰되며 알주머니를 풀거미 집에 매달아 겨울을 나게 한다.

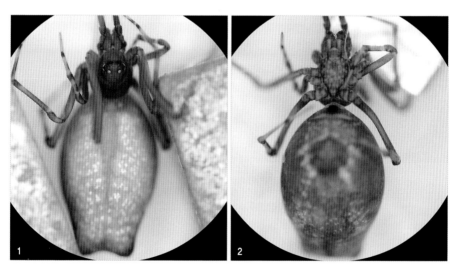

1 등면(암컷) **2** 배면(암컷)

회색꼬마거미
Paidiscura subpallens (Bösenberg and Strand, 1906)

- *Theridion subpallens* Bösenberg and Strand, 1906: p. 139; Paik and Namkung, 1979: p. 30.
- *Paidiscura subpallens* Namkung, 2003: p. 102.

몸길이 암컷 2.5~3mm, 수컷 2~2.5mm
서식지 논밭, 풀밭, 냇가
국내 분포 경기, 강원, 충남, 충북,
경남, 경북
국외 분포 일본, 중국

주요 형질 배갑은 담갈색이며 가슴판은 노란색이고 가장자
리는 황갈색이다. 다리는 황갈색이며 별다른 무늬가 없다.
배는 달걀 모양이며 회갈색을 띠고 아랫면은 담갈색으로
실젖 뒤쪽에 갈색 무늬가 있다.
행동 습성 논이나 물가 풀밭, 돌 밑 등에 불규칙하게 그물을
만들고 숨어 있으며 공 모양 흰색 알주머니를 뒤꽁무니에 달
고 다닌다.

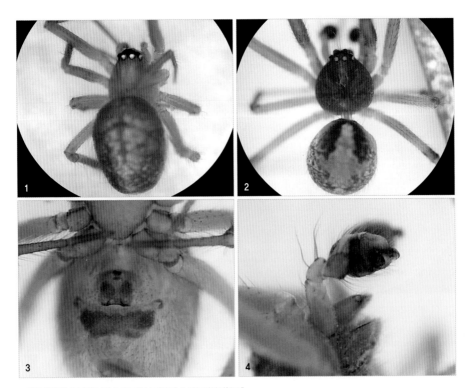

1 등면(암컷) 2 등면(수컷) 3 외부생식기(암컷) 4 더듬이다리(수컷)

말꼬마거미

Parasteatoda tepidariorum (C. L. Koch, 1841)

- *Theridion tepidariorum* C. L. Koch, 1841: p. 75.
- *Achaearanea tepidariorum* Namkung, 2001: p. 82; Yoo and Kim 2002: p. 26.

몸길이 암컷 6~8㎜, 수컷 4~6㎜
서식지 인가 주변
국내 분포 경기, 강원, 충남, 충북, 전남, 전북, 경남, 경북, 제주
국외 분포 전 세계

주요 형질 배갑은 하트 모양으로 다갈색이며, 배는 공 모양으로 크고 복잡한 짙은 갈색 무늬가 있으나 개체마다 회황색, 검은색, 녹색 등 다양하다. 배 윗면 가운데에 흑갈색 세로무늬가 있고 그 양쪽에 흰색 '八' 자 모양 무늬가 늘어선다. 다리는 황색이며 각 마디 끝 부분에 잿빛을 띤 갈색 고리무늬가 있다.
행동 습성 산림에는 서식하지 않으며 나뭇가지 사이나 바위 밑, 동굴 등 어두운 곳에 모양이 불규칙한 그물을 만든다.

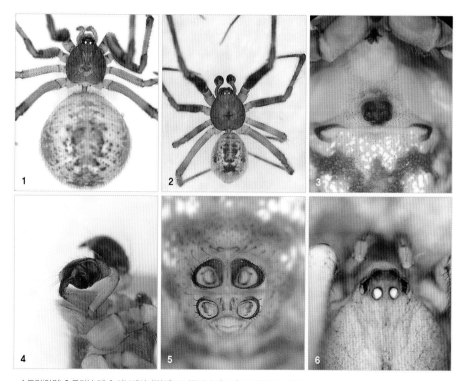

1 등면(암컷) 2 등면(수컷) 3 외부생식기(암컷) 4 더듬이다리(수컷) 5 실젖 6 눈 배열

무릎꼬마거미

Parasteatoda ferrumequina (Bösenberg and Strand, 1906)

- *Theridion ferrum-equinum* Bösenberg and Strand, 1906: p. 139.
- *Achaearanea ferrumequina* Namkung, 2001: p. 85.

몸길이 암컷 2.5~3.5㎜, 수컷 2~3㎜
서식지 인가 주변, 논밭, 풀밭
국내 분포 경남, 경북, 제주
국외 분포 일본, 중국

주요 형질 배갑은 갈색이며 가슴홈에서 머리쪽에 걸쳐 검은색 무늬가 있다. 다리는 황갈색이며 끝쪽이 짙은 편이고 무릎마디가 바깥쪽으로 부풀어 있다. 배는 공 모양이며 흑갈색 바탕에 회갈색 무늬가 있다.

행동 습성 돌담이나 나무 밑에 흙이나 모래 등을 매달아 종 모양 집을 만들고 그 속에 숨어 살며 먹이가 신호줄을 건드리면 뛰쳐나와 잡아먹는다.

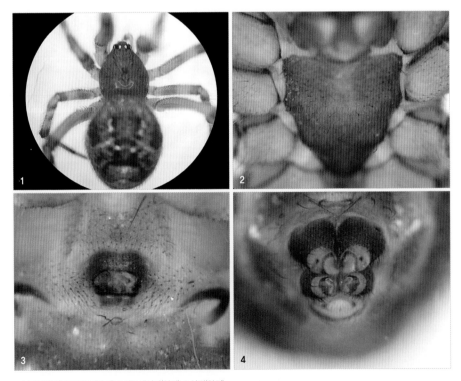

1 등면(암컷) 2 가슴판(암컷) 3 외부생식기(암컷) 4 실젖(암컷)

색동꼬마거미

Parasteatoda oculiprominens (Saito, 1939)

- *Nesticus oculiprominentis* Saito, 1939: p. 52.
- *Achaearanea oculiprominentis* Kim, 1997: p. 203; Namkung, 2001: p. 91.

몸길이 암컷 2~3㎜, 수컷 1.8~2.5㎜
서식지 논밭, 풀밭
국내 분포 경기, 강원, 충북, 경남,
경북
국외 분포 일본, 중국

주요 형질 배갑은 등황색이고 배는 공 모양으로 볼록하다.
배 윗면 앞쪽에 특징적인 황백색 무늬가 있다. 각지에 널리
분포하지만 크기가 작아 눈에 잘 띄지 않는다.
행동 습성 들판, 풀밭, 산, 논의 벼 포기 사이에 모양이 불규
칙한 그물을 만들며, 황백색 작은 구슬 같은 알주머니를 매
달고 있다.

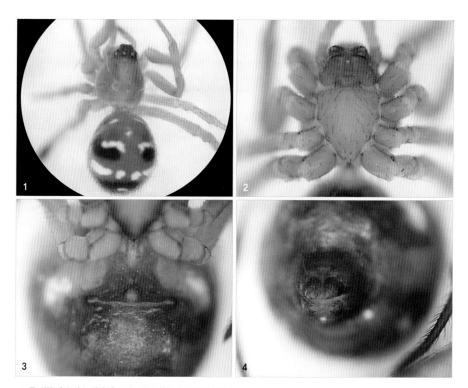

1 등면(암컷) **2** 가슴판(암컷) **3** 외부생식기(암컷) **4** 실젖(암컷)

석점박이꼬마거미

Parasteatoda kompirensis (Bösenberg and Strand, 1906)

- *Theridion kompirense* Bösenberg and Strand, 1906: p. 141; Namkung, 1964: p. 35.
- *Achaearanea kompirense* Namkung, 2001: p. 89; Lee et al., 2004: p. 100.

몸길이 암컷 3.5~4.5㎜
　　　　수컷 2.5~3㎜
서식지 논밭, 풀밭, 냇가, 산
국내 분포 경기, 충남, 충북, 경남, 경북, 제주
국외 분포 일본, 중국

주요 형질 배갑은 연한 황갈색이다. 배는 등황색이며 커다란 검은 점무늬가 3개 있다. 암컷의 생식기는 오목하고 수컷의 생식기에 있는 말단 돌기는 끝이 날카롭게 뻗어 있다.
행동 습성 나뭇가지와 나뭇잎 사이에 모양이 불규칙한 그물을 만드는데 아래쪽 깔개 그물이 없다. 이동할 때 알주머니를 끌고 다니며 성숙기는 6~8월이다.

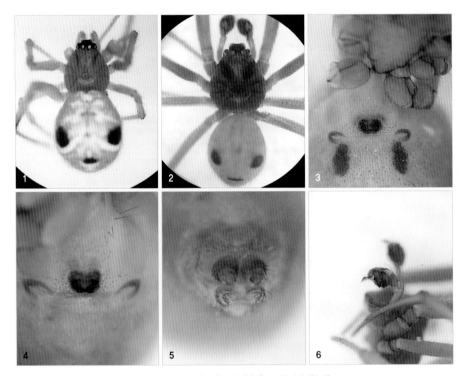

1 등면(암컷) **2** 등면(수컷) **3** 배면(암컷) **4** 외부생식기(암컷) **5** 실젖(암컷) **6** 더듬이다리(수컷)

점박이꼬마거미

Parasteatoda japonica (Bösenberg and Strand, 1906)

- *Theridion japonicum* Bösenberg and Strand, 1906: p. 140.
- *Achaearanea ungilensis* Kim and Kim, 1996: p. 28.
- *Achaearanea japonica* Namkung, 2001: p. 88.

몸길이 암컷 4~5㎜, 수컷 2~3㎜
서식지 들판, 산
국내 분포 경기, 강원, 충남, 충북, 전남, 경남, 경북, 제주
국외 분포 일본, 중국, 대만

주요 형질 배갑은 등황색이며 목홈, 방사홈, 가슴홈이 뚜렷하다. 다리는 붉은빛을 약간 띤 노란색이며 가시털이 없고 무릎마디 이하는 어두운색이다. 배는 공 모양으로 볼록하며 배 윗면의 가운데 줄무늬에는 흰색 테두리 줄이 둘려 있고, 검은 점이 뒤쪽에 1개, 그 양 옆에 2개씩 있다.
행동 습성 산과 들의 나뭇가지 사이에 불규칙한 그물을 만들어 가랑잎 따위를 매달고 그 속에 숨어 산다.

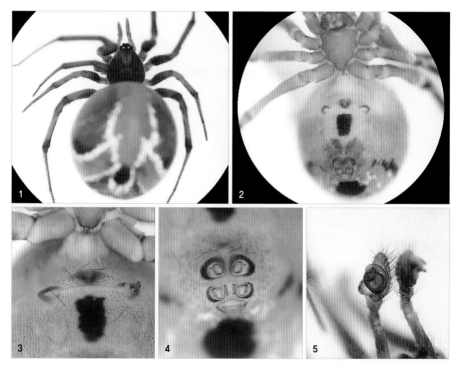

1 등면(암컷) **2** 배면(암컷) **3** 외부생식기(암컷) **4** 실젖(암컷) **5** 더듬이다리(수컷)

종꼬마거미

Parasteatoda angulithorax (Bösenberg and Strand, 1906)

- *Theridion angulithorax* Bösenberg and Strand, 1906: p. 144.
- *Achaearanea angulithorax* Namkung, 2001: p. 87.

몸길이 암컷 2~3㎜, 수컷 2~2.5㎜
서식지 논밭, 풀밭, 산
국내 분포 경기, 강원, 충북, 전남,
경남, 경북, 제주
국외 분포 러시아, 일본, 중국, 대만

주요 형질 배갑은 암갈색이며, 배는 공 모양으로 볼록하고
흰색 가로무늬와 불규칙하고 복잡한 무늬가 있다. 배 아랫
면도 암갈색이며 실젖에는 검은색 고리무늬가 둘러졌다.
행동 습성 벼랑 밑 홈이 진 곳, 나무 밑동 등에 흙, 모래 등으
로 공 모양 집을 만들고 주변에 불규칙한 줄을 늘어놓는다.

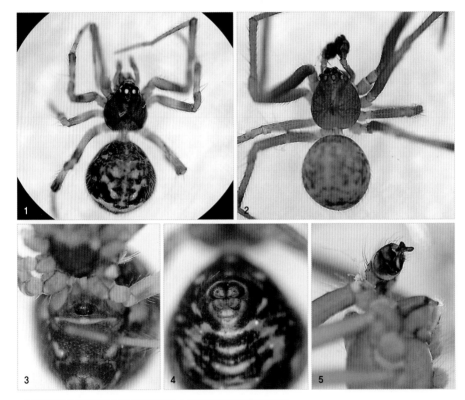

1 등면(암컷) **2** 등면(수컷) **3** 외부생식기(암컷) **4** 실젖(암컷) **5** 더듬이다리(수컷)

주황꼬마거미
Parasteatoda asiatica (Bösenberg and Strand, 1906)

- *Achaea asiatica* Bösenberg and Strand, 1906: p. 148.
- *Achaearanea asiatica* Namkung, 2001: p. 90.

몸길이 암컷 2~3㎜, 수컷 2~3㎜
서식지 논밭, 풀밭, 산
국내 분포 경기, 경북, 제주
국외 분포 일본, 중국

주요 형질 배갑은 등황색이며 목홈과 가슴홈은 색이 짙다. 가슴판은 곤두선 삼각형으로 뒤끝이 넷째다리 밑마디 사이로 들어간다. 배는 달걀 모양이며 등적색 바탕에 흰 반점이 흩어져 있고 뒤쪽에 검은 점무늬가 3개 있다.
행동 습성 낮은 나무의 잎 뒷면에 불규칙하게 그물을 만든다.

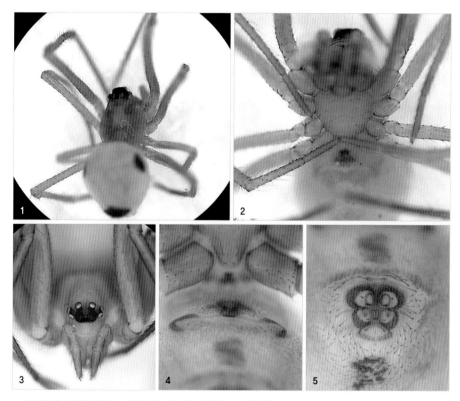

1 등면(암컷) 2 배면(암컷) 3 눈 배열(수컷) 4 외부생식기(암컷) 5 실젖(암컷)

큰종꼬마거미

Parasteatoda tabulata (Levi, 1980)

- *Achaearanea tabulata* Levi, 1980: p. 334, Namkung 2001: p. 86.
- *Achaearanea nipponica* Paik, 1986: p. 4.

몸길이 암컷 4~5mm, 수컷 3~3.5mm
서식지 논밭, 풀밭, 산
국내 분포 경기, 강원, 충남, 충북, 경남, 경북, 제주
국외 분포 전북구

주요 형질 배갑은 흑갈색이고 다리는 황갈색이며 검은 고리무늬가 있다. 배 윗면은 흑갈색이며 복잡한 무늬가 있고 가운데에 밝은 가로띠무늬가 있다. 실젖에 검은 고리무늬가 둘러졌다.

행동 습성 언덕 밑, 홈이 진 곳이나 바위 밑 등에 엉성하게 그물을 친다. 모래나 흙 등을 붙여 종 모양으로 집을 만들고 그 속에서 살며 끈끈이 줄을 늘여 벌레를 잡아먹는다.

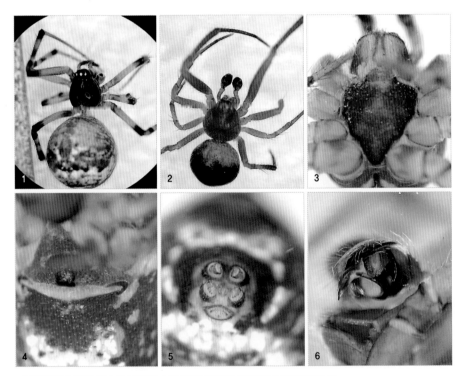

1 등면(암컷) **2** 등면(수컷) **3** 가슴판(암컷) **4** 외부생식기(암컷) **5** 실젖(암컷) **6** 더듬이다리(수컷)

혹부리꼬마거미

Phoroncidia pilula (Karsch, 1879)

- *Sudabe pilula* Karsch, 1879: p. 63.
- *Phoroncidia pilula* Namkung, 2001: p. 121.

몸길이 암컷 2~2.5㎜, 수컷 1.5~2㎜
서식지 논밭, 강가, 냇가, 동굴, 산
국내 분포 경기, 경북
국외 분포 일본, 중국

주요 형질 배갑은 갈색이며 머리가 위로 돌출하고, 배는 회갈색이며 윗면 중앙에 돌기가 1개, 뒤쪽에 2개가 있고 측면도 울퉁불퉁하다.

행동 습성 산의 나뭇가지, 풀숲 사이 등에 끈끈이 줄을 늘여놓고 먹이가 걸리면 줄을 진동시켜 잡아먹는다. 4~6월, 9~11월에 관찰된다.

1 등면(암컷) **2** 배면(수컷)

게미진거미

Phycosoma mustelinum (Simon, 1889)

● *Euryopis mustelina* Simon, 1889: p. 251; Paik 1962: p. 74.
● *Dipoena mustelina* Namkung 2001: p. 111.

몸길이 암컷 3~4mm, 수컷 2.5~3.5mm
서식지 산
국내 분포 경기, 강원, 충북, 경남,
경북
국외 분포 일본, 중국, 러시아,
크라카타우

주요 형질 배갑은 황갈색이며 가슴판은 흐린 노란색으로 가장자리에 검은 줄이 있다. 다리는 황갈색이며 넷째다리가 가장 길고 긴 가시털이 있다. 배는 회황색 바탕에 검은 무늬가 2줄 늘어서 있으나 개체마다 차이가 있다. 암컷의 생식기는 담갈색이며 원 모양 수정낭과 집게 모양 수정관이 특징이다.

행동 습성 산골 나뭇가지나 잎, 풀밭 사이를 돌아다니며 거미줄을 늘어놓고 개미 같은 곤충을 잡아먹는다. 침엽수나 뽕나무 밭에서도 관찰된다.

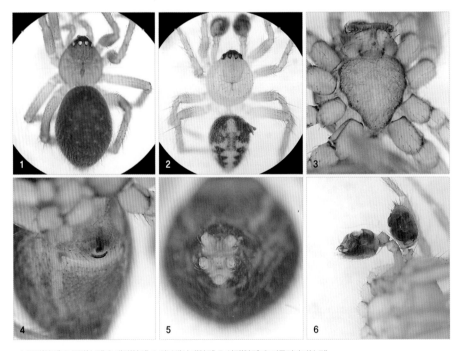

1 등면(암컷) **2** 등면(수컷) **3** 배면(암컷) **4** 외부생식기(암컷) **5** 실젖(암컷) **6** 더듬이다리(수컷)

황줄미진거미

Phycosoma flavomarginatum (Bösenberg and Strand, 1906)

- *Dipoena flavomarginata* Bösenberg and Strand, 1906: p. 151, Namkung 2001: p. 110.
- *Trigonobothrys flavomarginatus* Namkung, 2003: p. 112.

몸길이 암컷 2~3㎜, 수컷 2~3㎜
서식지 논밭, 들판, 산
국내 분포 경기, 충북
국외 분포 일본, 중국

주요 형질 배갑 한가운데 폭넓은 검은 줄무늬가 있고 측면은 노란색으로 둘려 있다. 넷째다리 넓적다리마디에 검은 고리무늬가 있다.
행동 습성 나뭇잎이나 들판, 숲 사이 등을 배회하며 거미줄을 늘어 뜨려 근처를 지나는 개미 따위의 곤충을 잡아먹는다. 6~9월에 관찰된다.

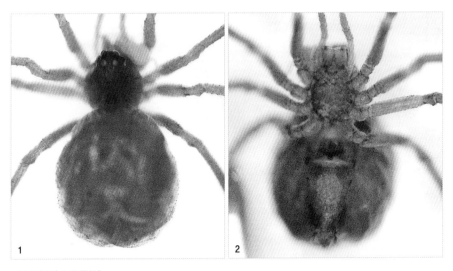

1 등면(암컷) 2 배면(암컷)

살별꼬마거미

Platnickina sterninotata (Bösenberg and Strand, 1906)

- *Theridion sterninotatum* Bösenberg and Strand, 1906: p. 143; Namkung 1964: p. 35, 2001: p. 98.
- *Keijia sterninotata* Namkung, 2003: p. 100.

몸길이 암컷 2.5~3mm
　　　 수컷 2.2~2.7mm
서식지 산
국내 분포 경기, 강원, 충북, 경북,
제주
국외 분포 일본, 중국, 러시아

주요 형질 배갑에는 머리에서 가운데 홈에 걸쳐 암갈색 무늬가 있나. 다리는 황갈색이며 고리무늬가 있고 앞다리가 길다. 배 윗면 양 옆으로 늘어서는 검은색 점무늬가 있다. 가슴판은 노란색이며 아래쪽 중앙에 화살촉 모양 검은색 무늬가 뚜렷하다.

행동 습성 산기슭, 나무의 가지나 잎 또는 풀숲 사이를 돌아다니며, 꼬마거미나 접시거미의 그물에 침입해 주인을 잡아먹는 습성이 있다. 알주머니를 머리에 얹고 다니며 6~9월에 관찰된다.

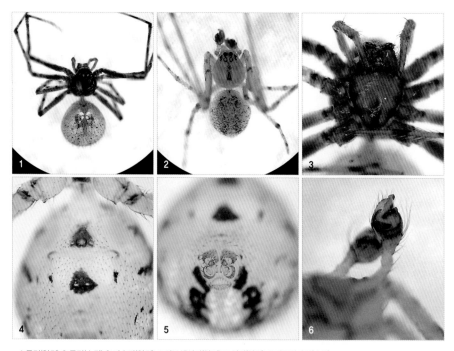

1 등면(암컷) **2** 등면(수컷) **3** 가슴판(암컷) **4** 외부생식기(암컷) **5** 실젖(암컷) **6** 더듬이다리(수컷)

아담손꼬마거미

Platnickina mneon (Bösenberg and Strand, 1906)

- *Theridion mneon* Bösenberg and Strand, 1906: p. 142.
- *Keijia mneon* Namkung, 2003: p. 101.
- *Theridion adamsoni* Namkung, 2001: p. 99.

몸길이 암컷 3~4㎜, 수컷 2~2.8㎜
서식지 인가 주변, 산
국내 분포 경기, 충북
국외 분포 열대지역

주요 형질 배갑은 황백색이며 가슴홈, 목홈, 방사홈은 검은색이다. 가슴판은 황백색이며 가장자리는 회색이다. 배는 황갈색이며 가운데에 폭넓은 무늬가 있다. 살별꼬마거미와 많이 닮았으나 생식기관 차이로 구별된다.
행동 습성 산기슭이나 집 처마 밑, 담벼락 등을 배회하며 다른 거미를 포식하기도 한다.

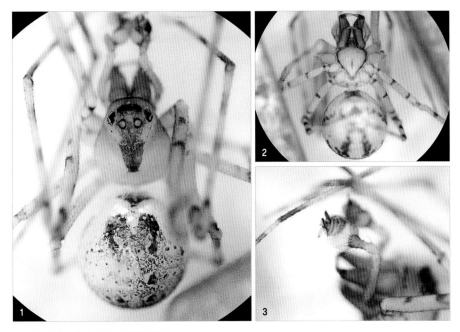

1 등면(수컷) **2** 배면(수컷) **3** 더듬이다리(수컷)

창거미

Rhomphaea sagana (Dönitz and Strand, 1906)

- *Ariamnes saganus* Dönitz and Strand in Bösenberg and Strand, 1906: p. 378.
- *Argyrodes saganus* Namkung, 2001: p. 138.
- *Rhomphaea sagana* Namkung, 2003: p. 140.

몸길이 암컷 9~11㎜, 수컷 6~8㎜
서식지 산
국내 분포 강원, 충북, 전북, 제주
국외 분포 일본, 러시아, 필리핀, 아제르바이잔

주요 형질 몸은 황갈색이며 배 뒤쪽이 창검 모양으로 길게 뻗어 있다.
행동 습성 산기슭, 산의 나뭇잎 등에 서식하며 꼬마거미, 접시거미, 풀거미 따위의 그물에 침입해 그물 주인을 잡아먹는다. 성숙기는 6~10월이며 길쭉한 붓 모양 알주머니를 나뭇가지에 매단다.

1 등면(암컷) **2** 등면(수컷) **3** 더듬이다리(수컷, 미성숙 개체)

반달꼬마거미

Steatoda cingulata (Thorell, 1890)

- Stethopoma cingulatum Thorell, 1890: p. 289.
- Steatoda albilunata Namkung, 1964: p. 34.
- Steatoda cingulata Namkung, 2001: p. 126.

몸길이 암컷 7~9mm, 수컷 5~6mm
서식지 논밭, 풀밭, 산
국내 분포 충북, 전북, 제주
국외 분포 일본, 중국, 라오스,
수마트라, 자바

주요 형질 배갑은 암갈색이며 목홈, 가슴홈이 뚜렷하다. 다리는 흑갈색이나 뒷다리 넓적다리마디와 뒷종아리다리 밑부분은 적갈색을 띤다. 배는 검은색 달걀 모양이며 앞쪽 어깨 부분에 있는 노란색 반달 모양 무늬가 특징이다.
행동 습성 산비탈이나 풀밭, 돌 밑이나 흙무더기 등에 모양이 불규칙한 그물을 치고 땅속에 작은 주머니 모양 집을 지어 생활한다.

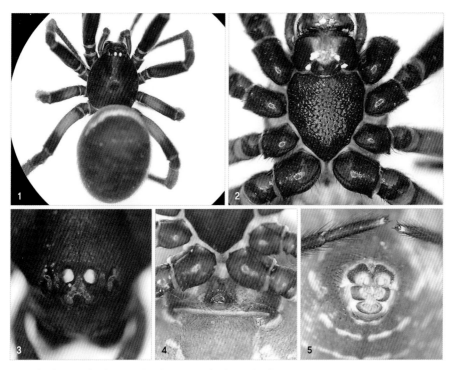

1 등면(암컷) 2 가슴판(암컷) 3 눈 배열(암컷) 4 외부생식기(암컷) 5 실젖(암컷)

별꼬마거미

Steatoda grossa (C. L. Koch, 1838)

- *Theridium grossum* C. L. Koch, 1838: p. 112.
- *Steatoda grossa* Namkung, 2001: p. 128.

몸길이 암컷 6.5~10㎜, 수컷 4~6㎜
서식지 인가 주변
국내 분포 충북
국외 분포 전 세계

주요 형질 배갑은 황갈색이며 목홈, 가슴홈이 뚜렷하다. 다리는 황갈색이며 특별한 무늬나 가시가 없다. 배는 검은 보랏빛에 달걀 모양이며 어깨 부분에 가는 활꼴이 있고, 뒤쪽에 삼각형 흰 무늬가 있으나 개체마다 다르다.

행동 습성 오래된 집의 구석진 곳이나 야외에서 종종 관찰할 수 있다.

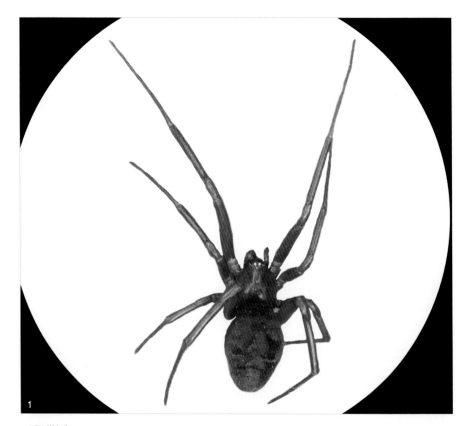

1

1 등면(암컷)

별무늬꼬마거미

Steatoda triangulosa (Walckenaer, 1802)

- *Aranea triangulosa* Walckenaer, 1802: p. 207.
- *Steatoda triangulosa* Namkung, 1964: p. 34, 2001: p. 131.

몸길이 암컷 4~5mm, 수컷 3.5~4mm
서식지 인가 주변
국내 분포 경기, 강원, 충남, 충북, 전남, 경북
국외 분포 전 세계

주요 형질 배갑은 연한 적갈색이며 편평하고 가장자리가 검다. 가슴판은 등황색이며 볼록하고 뒤끝이 넷째다리 밑마디 안쪽으로 굽어져 있다. 다리는 황갈색이며 각 마디 끝에 암갈색 고리무늬가 있다. 배는 흑갈색 달걀 모양이며 가운데에 마름모꼴 흰색 무늬가 이어져 있으며, 양 옆면에도 흰색 무늬가 있다. 배 아랫면은 암갈색이며 밥통홈 아래쪽에 큰 황백색 반점이 있고 실젖 앞쪽에도 흰색 무늬가 2개 있다.

행동 습성 오래된 집의 구석진 곳이나 야외에서 종종 관찰된다.

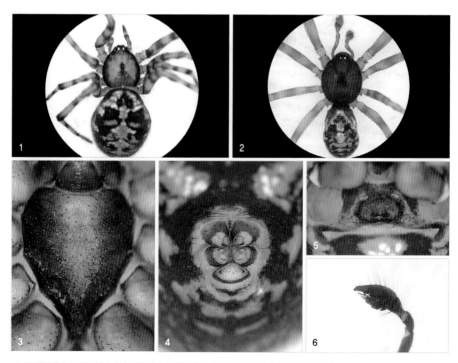

1 등면(암컷) **2** 등면(수컷) **3** 가슴판(암컷) **4** 실젖(암컷) **5** 외부생식기(암컷) **6** 더듬이다리(수컷)

흰점박이꼬마거미
Steatoda albomaculata (De Geer, 1778)

- Aranea albo-maculata De Geer, 1778: p. 257.
- Steatoda albomaculata Paik, 1995a: p. 5; Namkung 2001: p. 130.

몸길이 암컷 5.5~7㎜, 수컷 4~6㎜
서식지 논밭, 풀밭, 강가, 냇가
국내 분포 경기, 충북, 전북, 경북, 제주
국외 분포 전 세계

주요 형질 배갑은 암갈색이며 가슴판은 암갈색 방패 모양으로 뒤끝이 뾰족하고 둘레에 검은 털이 듬성듬성 있다. 배는 달걀 모양이며 윗면은 암갈색 바탕에 '八' 자 무늬가 4~5쌍 있다. 앞과 양 옆에도 빗금무늬가 있다. 개체에 따라 변이가 심하다.
행동 습성 개울가 돌 밑이나 모래밭의 풀 밑동 등에 모양이 불규칙한 그물을 치고 작은 딱정벌레류를 잡아먹는다.

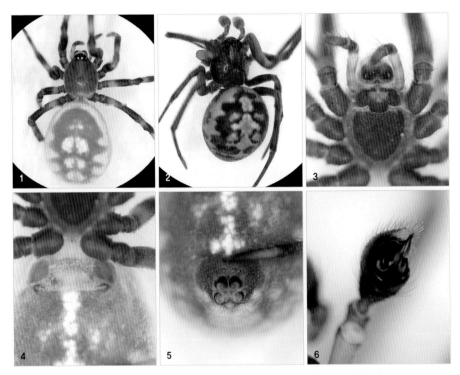

1 등면(암컷) **2** 등면(수컷) **3** 가슴판(암컷) **4** 외부생식기(암컷, 미성숙 개체) **5** 실젖(암컷) **6** 더듬이다리(수컷)

검정토시꼬마거미

Stemmops nipponicus Yaginuma, 1969

● *Stemmops nipponicus* Yaginuma, 1969: p. 14; Namkung, 2001: p. 125.

몸길이 암컷 2.5~3mm, 수컷 2~2.5mm
서식지 논밭, 풀밭
국내 분포 경기, 강원, 경북, 제주
국외 분포 일본, 중국

주요 형질 배갑은 볼록한 타원형이며 검은 가장자리 선이
있다. 첫째다리 종아리마디가 검은색 토시 모양으로 된 것
이 특징이다.
행동 습성 낙엽층 사이나 고목 등에 불규칙한 그물을 치며,
종종 가랑잎 사이로 배회하며 동굴 속에서도 관찰된다.

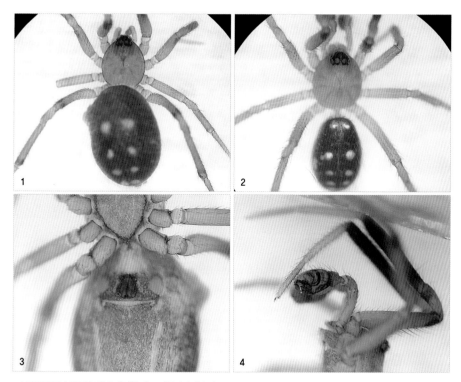

1 등면(암컷) **2** 등면(수컷) **3** 배면(암컷) **4** 더듬이다리(수컷)

넉점꼬마거미

Takayus takayensis (Saito, 1939)

- *Theridion takayense* Saito, 1939: p. 47; Namkung, 2001: p. 97.
- *Takayus takayensis* Namkung, 2003: p. 99.

몸길이 암컷 3~4mm, 수컷 2.5~3mm
서식지 냇가, 산
국내 분포 경기, 강원, 충남, 충북,
전남, 전북, 경남, 경북, 제주
국외 분포 일본, 중국

주요 형질 배갑은 황갈색이며 목홈과 방사홈은 뚜렷하나
가슴홈은 불분명하다. 다리는 담갈색이고 첫째다리가 매우
길다. 배 윗면은 노란색이며 가운데에 넓은 흰색 무늬가 뻗
었고 뒤쪽으로 검은 점 4개가 뚜렷하다.
행동 습성 산의 나뭇가지나 나뭇잎 사이에 엉성하고 모양
이 불규칙한 그물을 만들며 둥근 흰색 알주머니를 물고 다
닌다.

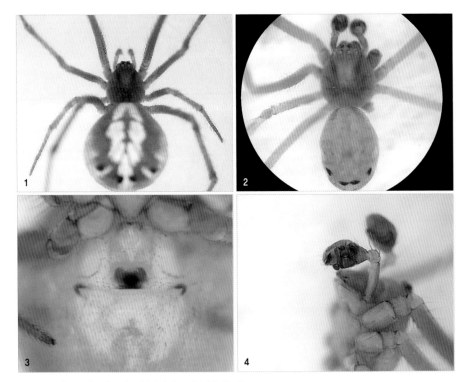

1 등면(암컷) **2** 등면(수컷) **3** 외부생식기(암컷) **4** 더듬이다리(수컷)

넓은잎꼬마거미
Takayus latifolius (Yaginuma, 1960)

- *Theridion latifolium* Yaginuma, 1960: appendix p. 1; Namkung 2001: p. 92.
- *Takayus latifolius* Namkung, 2003: p. 94.

몸길이 암컷 5~6㎜, 수컷 4~5㎜
서식지 산
국내 분포 경기, 강원, 충북, 경북,
제주
국외 분포 일본, 중국, 러시아

주요 형질 배갑은 황갈색이고, 배는 원반 모양으로 둥글고
넓적하다. 배 윗면은 폭넓은 담갈색 무늬가 발달해 있고 실
젖 둘레에 검은 띠무늬가 둘러졌다.
행동 습성 나뭇가지나 나뭇잎 사이에 천막 모양 그물을 만들
며 5~7월에 관찰된다.

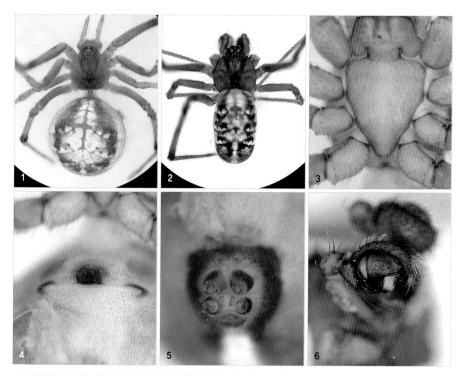

1 등면(암컷) **2** 등면(수컷) **3** 가슴판(암컷) **4** 외부생식기(암컷) **5** 실젖(암컷) **6** 더듬이다리(수컷)

등줄꼬마거미

Theridion pinastri L. Koch, 1872

- *Theridion pinastri* L. Koch, 1872: p. 249; Namkung, 2001: p. 94.

몸길이 암컷 3~4mm, 수컷 2.5~3mm
서식지 인가 주변, 풀밭, 산
국내 분포 경기, 강원, 충남, 충북,
경북, 제주
국외 분포 구북구

주요 형질 배갑과 가슴판은 암갈색이나 특별한 무늬는 없
다. 다리 각 마디에 검은 갈색 고리무늬가 있다. 더듬이다
리는 황색이며 넓적다리마디 아랫면 끝쪽에 암갈색 무늬가
있다. 배 윗면은 공처럼 볼록하고 가운데 있는 줄무늬 가장
자리에 흰색 물결무늬가 있다.
행동 습성 풀숲이나 산기슭, 나뭇가지 사이, 때로는 건축물,
돌탑 사이 등에 간단하고 모양이 불규칙한 그물을 만든다.

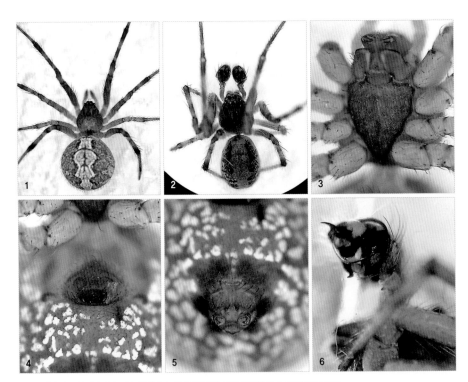

1 등면(암컷) **2** 등면(수컷) **3** 가슴판(암컷) **4** 외부생식기(암컷) **5** 실젖(암컷) **6** 더듬이다리(수컷)

검정미진거미

Yaginumena castrata (Bösenberg and Strand, 1906)

- *Dipoena castrata* Bösenberg and Strand, 1906: p. 149; Namkung, 1964: p. 34, 2001: p. 109.
- *Yaginumena castrata* Namkung, 2003: p. 111.

몸길이 암컷 3~4.5㎜, 수컷 2~2.5㎜
서식지 논밭, 풀밭, 산
국내 분포 경기, 강원, 충북, 경북, 제주
국외 분포 일본, 중국, 러시아

주요 형질 배갑은 암갈색이며 머리 앞쪽이 튀어나왔고 그 끝에 눈이 있다. 다리는 갈색이며 넓적다리마디 밑 부분과 발끝마디 끝 부분이 황갈색이다. 배는 공 모양으로 볼록하며 흑갈색 바탕에 회갈색 털이 나고 담갈색 작은 점이 줄을 이룬다.

행동 습성 나뭇가지나 잎 사이 또는 풀잎 위 등을 돌아다니면서 끈끈이 줄을 늘여놓고 근처를 지나가는 큰 개미 따위를 잡아먹는다.

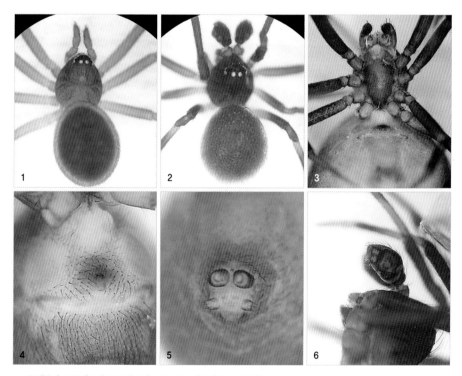

1 등면(암컷) **2** 등면(수컷) **3** 배면(암컷) **4** 외부생식기(암컷) **5** 실젖(암컷) **6** 더듬이다리(수컷)

서리꼬마거미

Yunohamella lyrica (Walckenaer, 1842)

● *Theridion lyricum* Walckenaer, 1842: p. 288; Namkung, 2001: p. 96.
● *Takayus lyricus* Namkung, 2003: p. 98.

몸길이 암컷 3~3.5㎜, 수컷 2~2.5㎜
서식지 산
국내 분포 충북
국외 분포 전북구

주요 형질 배갑은 회갈색이나 옆면과 눈 부위는 거무스름하며, 가슴판은 탁한 암갈색을 띠는 볼록한 삼각형이다. 첫째다리가 매우 길고 연한 황갈색 바탕에 암갈색 고리무늬가 있다. 배 윗면에 검은색과 흰색으로 서리 모양 무늬가 덮여 있지만 개체마다 차이가 있다.
행동 습성 나뭇가지나 나뭇잎 사이에 모양이 불규칙한 그물을 만들며 알주머니를 실젖에 끼고 다니는 습성이 있다.

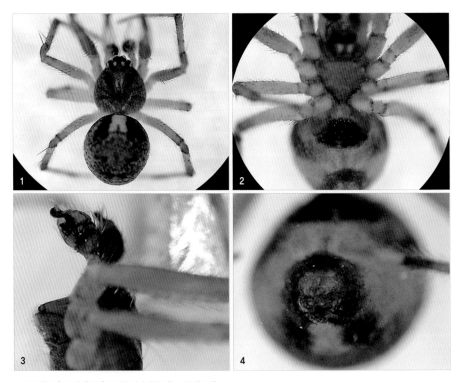

1 등면(수컷) **2** 배면(수컷) **3** 더듬이다리(수컷) **4** 실젖(수컷)

이끼꼬마거미

Yunohamella subadulta (Bösenberg and Strand, 1906)

- *Theridion subadultum* Bösenberg and Strand, 1906: p. 147; Namkung 2001: p. 100.

몸길이 암컷 3~4㎜, 수컷 2.5~3㎜
서식지 산
국내 분포 경기, 강원, 충남, 충북,
경남, 경북
국외 분포 일본, 러시아

주요 형질 배갑은 볼록한 달걀 모양으로 암갈색이며 가운데 부분이 밝다. 첫째다리는 매우 길고 연한 황갈색 바탕에 흑갈색 고리무늬가 발달했다. 배는 회갈색이며 가운데 부분에 있는 세로 줄무늬는 이끼 모양이다.
행동 습성 나뭇가지 사이나 나무껍질, 바위틈 등에 모양이 불규칙한 그물을 만들며 공 모양 알주머니를 실젖에 안고 다닌다.

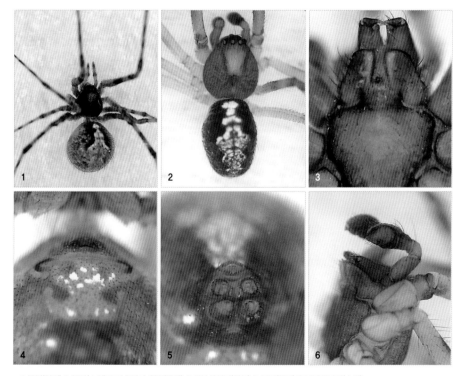

1 등면(암컷) **2** 등면(수컷) **3** 가슴판과 위턱(암컷) **4** 외부생식기(암컷) **5** 실젖(암컷) **6** 더듬이다리(수컷)

탐라꼬마거미

Yunohamella yunohamensis (Bösenberg and Strand, 1906)

- *Theridion yunohamense* Bösenberg and Strand, 1906: p. 145; Namkung 2001: p. 95.
- *Takayus yunohamensis* Namkung, 2003: p. 97.

몸길이 암컷 4~5mm, 수컷 3~4mm
서식지 산
국내 분포 경북
국외 분포 일본, 러시아

주요 형질 배갑은 황갈색이며 눈 부위 뒤쪽으로 암갈색 무늬가 중앙에 뻗어 있다. 다리는 황색이고 각 마디에 검은 고리무늬가 둘려 있으며 발끝마디 끝쪽은 붉은색을 띤다. 배는 공 모양으로 한가운데 주황색 줄무늬가 뻗었고 빗살무늬 3쌍이 옆으로 뻗어 있다.
행동 습성 침침한 곳, 바위 밑이나 양치식물의 잎 뒷면 등에 숨어 있으며 주위에 모양이 불규칙한 그물을 만든다. 성숙기는 5~8월이고 유체로 겨울을 난다.

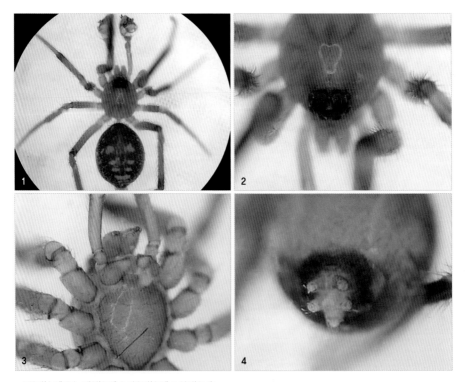

1 등면(수컷) **2** 눈 배열(수컷) **3** 가슴판(수컷) **4** 실젖(수컷)

알망거미과
Theridiosomatidae

알망거미

Theridiosoma epeiroides Bösenberg and Strand, 1906

● *Theridiosoma epeiroides* Bösenberg and Strand, 1906: p. 243; Namkung, 2003: p. 142.

몸길이 암컷 1.8~2.3mm
　　　 수컷 1.4~1.7mm
서식지 계곡, 산
국내 분포 강원, 충북
국외 분포 일본, 러시아

주요 형질 등갑은 황갈색이며 머리가 솟아올랐고 암갈색 줄무늬가 있다. 가슴판은 연한 황갈색이며 가장자리가 검은 삼각형이다. 배는 공 모양으로 둥글고 회황색을 띠며 굵은 암갈색 무늬가 가운데 아랫부분과 둘레 가장자리로 이어진다.

행동 습성 산골짜기에 흐르는 냇물 근처의 바위틈이나 풀숲, 풀이나 나무의 뿌리 근처 또는 습한 언덕배기 등에 수직으로 원뿔형 그물을 만든다.

1 등면(암컷) **2** 가슴판(암컷) **3** 실젖(암컷) **4** 외부생식기(암컷)

접시거미과
Linyphiidae

범바위입술접시거미

Allomengea beombawigulensis Namkung, 2002

- *Allomengea beombawigulensis* Namkung, 2002: p. 174; Lee et al., 2009: p. 117.

몸길이 암컷 11mm 내외
서식지 동굴
국내 분포 강원(한국 고유종)

주요 형질 등갑은 밝은 적갈색이며 길이가 너비보다 길다. 가슴판은 적갈색 방패 모양이며 뒤끝이 뾰족하다. 다리는 갈색이며 길고 크다. 넓적다리마디, 종아리마디, 발바닥마디에 긴 센털이 줄지어 있다. 배는 긴 달걀 모양이며 황갈색 바탕에 길쭉한 하트무늬가 있고 전체가 부드러운 갈색 털로 덮여 있다.

행동 습성 동굴 내부 벽면에서 1년 내내 관찰된다.

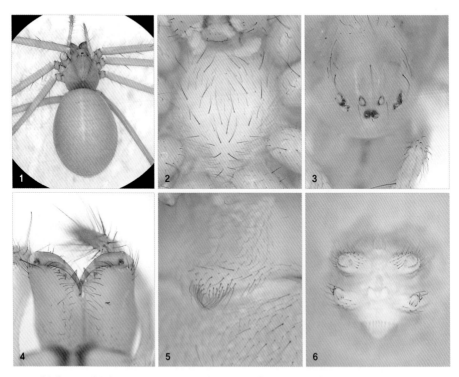

1 등면(암컷) **2** 가슴판(암컷) **3** 눈 배열(암컷) **4** 위턱(암컷) **5** 외부생식기(암컷, 미성숙 개체) **6** 실젖

입술접시거미

Allomengea coreana (Paik and Yaginuma, 1969)

- *Mengea coreana* Paik and Yaginuma in Paik et al., 1969: p. 819.
- *Allomengea coreana* Namkung, 2001: p. 173; 2003: p. 175.

몸길이 암컷 5~6.7mm, 수컷 4~5.5mm
서식지 동굴
국내 분포 강원, 충북, 경북
(한국 고유종)

주요 형질 등갑은 담갈색이며 목홈과 방사홈이 뚜렷하고 가슴홈은 달걀 모양으로 오목하게 들어가 있다. 배는 볼록한 달걀 모양이며 회갈색 바탕에 별다른 무늬가 없고 가는 털이 많다.

행동 습성 동굴 벽 틈이나 낮은 천장에서 보이며 엉성한 접시그물을 만든다. 1년 내내 성체를 볼 수 있으며 작은 공 모양 흰색 알주머니를 벽면에 매달고 어미가 근처에서 보호한다.

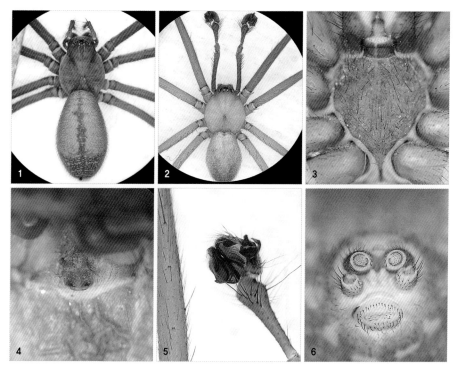

1 등면(암컷) **2** 등면(수컷) **3** 가슴판(암컷) **4** 외부생식기(암컷) **5** 더듬이다리(수컷) **6** 실젖

코접시거미

Anguliphantes nasus (Paik, 1965)

- *Lepthyphantes nasus* Paik, 1965: p. 27; Namkung, 2001: p. 164.
- *Anguliphantes nasus* Namkung, 2003: p. 165; Lee et al., 2009: p. 117.

몸길이 암컷과 수컷 2.2mm 내외
서식지 산림
국내 분포 경기, 충남, 충북, 전남, 경북(한국 고유종)

주요 형질 등갑과 다리는 황갈색이며 특별한 무늬가 없다. 배는 달걀 모양으로 볼록하고 뒤끝이 뾰족하다. 배 윗면은 암회색이며 희미한 '八' 자 모양 무늬가 여러 개 있다. 배 아랫면과 옆면에는 별다른 무늬가 없다. 암컷 생식기의 현수체는 길게 뻗으며 그 끝이 코끝 모양으로 꼬여 있다.
행동 습성 4~10월에 낙엽층 밑에서 관찰된다.

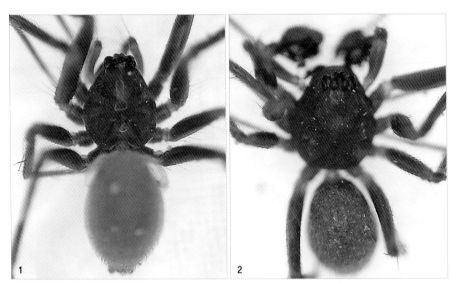

1 등면(암컷) 2 등면(수컷)

까막나사접시거미
Arcuphantes scitulus Paik, 1974

● *Arcuphantes scitulus* Paik, 1974: p. 18; Lee et al., 2009: p. 119.

몸길이 암컷과 수컷 3mm 내외
서식지 풀밭, 동굴, 산림
국내 분포 경기, 강원, 충북, 경북
(한국 고유종)

주요 형질 등갑은 황갈색이며 가슴홈, 방사홈, 가장자리 선
은 검은색을 띤다. 다리는 황갈색이고 각 넓적다리마디에 1
개, 종아리마디에 3개씩 검은 고리무늬가 있다. 배는 뒤쪽
이 약간 뾰족한 달걀 모양이며, 윗면은 검은색 바탕에 흰색
과 회색 점무늬가 가운데와 양 옆으로 줄지어 있다.
행동 습성 산기슭, 풀밭 등의 돌 밑에 불규칙한 시트 모양
그물을 만든다. 가끔 동굴 속에서도 발견된다. 4~9월에 관
찰할 수 있다.

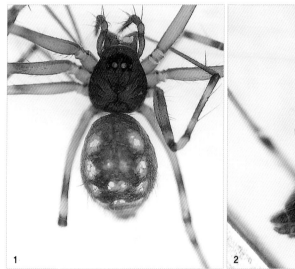 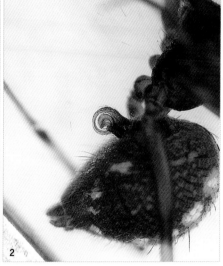

1 등면(암컷) 2 외부생식기(암컷)

날개나사접시거미

Arcuphantes pennatus Paik, 1983

● *Arcuphantes pennatus* Paik, 1983: p. 81; Lee et al., 2009: p. 119.

몸길이 암컷 2.6㎜ 내외
　　　수컷 2.4㎜ 내외
서식지 산림
국내 분포 강원, 충북, 전북, 경남
(한국 고유종)

주요 형질 등갑은 황갈색이며 검은 줄무늬가 있고 가장자리에 줄이 있다. 다리는 황갈색이며 넓적다리마디에 2개, 종아리마디에 3개씩 고리무늬가 있다. 배는 달걀 모양으로 볼록하고 검은색 바탕에 회백색 얼룩무늬가 늘어선다. 암컷 생식기의 굽은 현수체 끝쪽에 양 날개를 편 것 같은 돌기가 있다.

행동 습성 4~10월에 낙엽층 속에서 관찰된다.

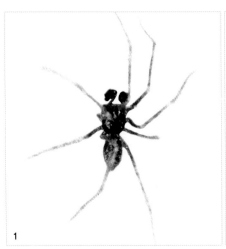 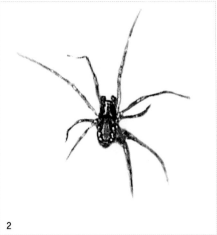

1 등면(수컷) 2 등면(암컷)

각시긴손접시거미

Bathyphantes gracilis (Blackwall, 1841)

- *Linyphia gracilis* Blackwall, 1841: p. 666.
- *Bathyphantes gracilis* Namkung, 2001: p. 177; Lee et al., 2009: p. 120.

몸길이 암컷 2~2.5mm, 수컷 1.5~2mm
서식지 논밭
국내 분포 경기
국외 분포 일본, 중국, 러시아, 유럽

주요 형질 등갑은 황갈색이며 목홈, 방사홈 등은 검은색이다. 가슴판은 암갈색 하트 모양이며 긴 털이 드문드문 있다. 다리는 갈색이며 별다른 무늬가 없다. 배는 황갈색이며 윗면에 있는 가로무늬 3~4쌍과 옆면으로 뻗는 굵은 줄무늬는 검은색이며 실젖도 검은색으로 둘려 있다.

행동 습성 논두렁이나 풀숲의 지표면 가까이에 있으며 성체는 봄, 여름, 늦가을까지 거의 1년 내내 관찰된다.

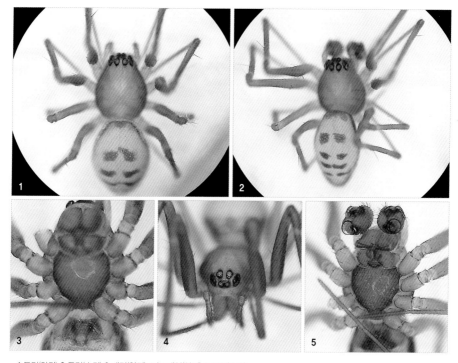

1 등면(암컷) **2** 등면(수컷) **3** 배면(암컷) **4** 눈 배열(암컷) **5** 배면(수컷)

해변애접시거미
Ceratinopsis setoensis (Oi, 1960)

● *Anacotyle setoensis* Oi, 1960: p. 5.
● *Ceratinopsis setoensis* Namkung, 2001: p. 196; Lee et al., 2009: p. 121.

몸길이 암컷 2.7㎜ 내외
서식지 바닷가
국내 분포 경남
국외 분포 일본

주요 형질 배갑은 적갈색이다. 배는 검은색이며 긴 달걀 모양이고 윗면에 '八' 자 모양 빗금무늬가 있으며, 가느다란 검은색 털이 빽빽하다.
행동 습성 바닷가 조약돌 밑에 작은 시트 모양 그물을 친다.

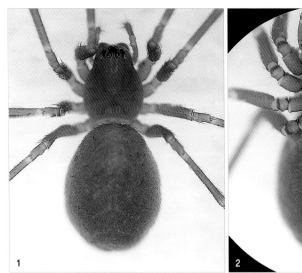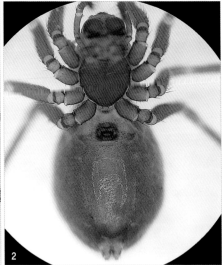

1 등면(암컷) 2 배면(암컷)

언덕애접시거미

Collinsia inerrans (O. P.-Cambridge, 1885)

● *Collinsia inerrans* Namkung 2003: p. 199, Lee, Kang & Kim 2009: p. 121

몸길이 암컷 2~2.6mm
　　　　수컷 1.5~2.2mm
서식지 산림
국내 분포 충남, 제주
국외 분포 일본, 중국, 몽고, 러시아,
유럽

주요 형질 등갑은 황갈색이며 눈구역과 가장자리의 줄은 검은색을 띤다. 가슴판은 회갈색 하트 모양이며 가장자리가 검다. 배는 긴 달걀 모양이며 윗면은 암회색이고 뒤쪽에 가는 곡선 무늬가 4~5개 있다.
행동 습성 산의 습기가 있는 땅바닥의 풀숲이나 낙엽 밑에서 관찰할 수 있다. 북반구에 고르게 분포하며 7~10월에 관찰된다.

1 등면(암컷) **2** 배면(암컷)

개미접시거미

Cresmatoneta mutinensis (Canestrini, 1868)

- *Formicina mutinensis* Canestrini, 1868: p. 197.
- *Cresmatoneta mutinensis* Namkung, 1986: p. 12; Kim and Kim, 2000: p. 10.

몸길이 암컷과 수컷 2.5~3.3㎜
서식지 풀밭, 산림
국내 분포 경기, 제주
국외 분포 일본

주요 형질 등갑은 긴 달걀 모양이며 머리가 솟아올랐고 길쭉한 배자루로 배와 연결된다. 배 윗면은 적갈색 바탕에 가느다란 흰색 털이 나고, 전면에는 암갈색 과립 돌기가 흩어져 있다. 배는 볼록한 공 모양이며 뒤끝이 약간 각이 졌다. 어두운 회갈색 바탕에 반원형, 삼각형, 사각형 등 희미한 황백색 무늬와 작은 반점들이 흩어져 있고, 아랫면은 어두운 회갈색 바탕에 작은 점줄 1쌍이 옆면으로 늘어서 있다.
행동 습성 4~10월에 음습한 산림이나 풀밭의 낙엽 퇴적층이 있는 돌 밑에서 관찰된다.

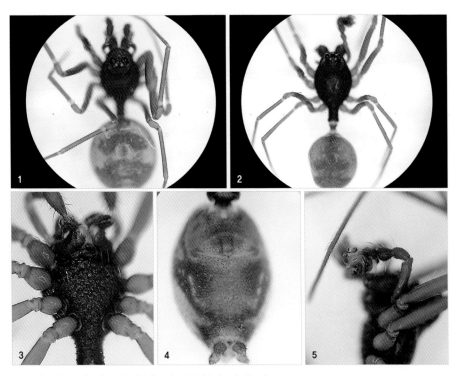

1 등면(수컷) **2** 등면(수컷) **3** 가슴판(암컷) **4** 외부생식기(암컷) **5** 측면(수컷)

비슬산접시거미

Crispiphantes biseulsanensis (Paik, 1985)

- *Lepthyphantes biseulsanensis* Paik, 1985: p. 8.
- *Crispiphantes biseulsanensis* Namkung, 2001: p. 162; Lee et al., 2009: p. 122.

몸길이 암컷 2.7mm 내외
서식지 산림
국내 분포 경기, 경북
국외 분포 중국

주요 형질 등갑은 황갈색이며, 뒷줄 가운데눈 밑에서 가슴 가운데로 뻗는 줄무늬와 가슴 가장자리는 검은색을 띤다. 가슴홈은 움푹하며 목홈, 가슴홈은 희미하다. 다리는 황갈색이며 넓적다리마디에 3개, 종아리마디에 2개씩 검은 고리무늬가 있다. 배는 볼록하고 뒤끝이 뾰족하며, 윗면은 연한 황갈색 바탕에 검은 나뭇잎무늬가 있고, 그 사이에 작은 흰색 점무늬가 늘어선다. 옆면은 검은 바탕에 회백색 무늬가 있으며, 아랫면은 암갈색을 띤다. 암컷의 생식기는 위쪽이 주름진 덩이줄기 모양이다.

행동 습성 대구 달성군 비슬산에서 처음 발견되었다. 5~10월에 보이나 정확한 생태정보는 알려지지 않았다.

1

1 등면(암컷)

흰배애접시거미

Diplocephaloides saganus (Bösenberg and Strand, 1906)

● *Diplocephalus saganus* Bösenberg and Strand, 1906: p. 160.
● *Diplocephaloides saganus* Namkung et al., 1972: p. 92; Lee et al., 2009: p. 123.

몸길이 암컷 1.8~2mm
　　　 수컷 1.5~1.8mm
서식지 하천변, 풀밭, 산림
국내 분포 경기
국외 분포 일본

주요 형질 등갑은 등황색이다. 눈구역은 검고 눈 뒤쪽이 파였다. 배는 볼록한 달걀 모양이며 백색, 회색, 담적색, 흑갈색 등 개체마다 차이가 있다.

행동 습성 풀밭이나 산길, 냇가 등의 풀숲 사이에 서식한다. 다화성으로 4~5, 7~8, 10~11월에 관찰된다.

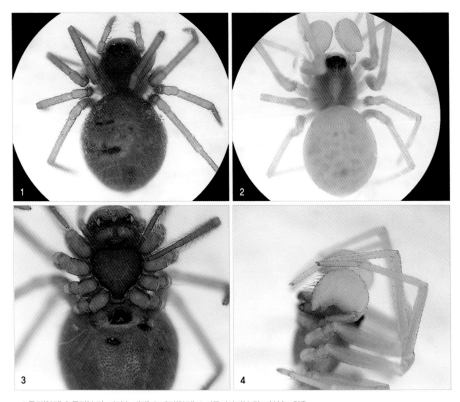

1 등면(암컷) 2 등면(수컷, 미성숙 개체) 3 배면(암컷) 4 더듬이다리(수컷, 미성숙 개체)

땅접시거미

Doenitzius pruvus Oi, 1960

- *Doenitzius pruvus* Oi, 1960: p. 196; Lee et al., 2004: p. 100.
- *Doenitzius purvus* Paik, 1965: p. 61; Kim and Cho, 2002: p. 167.

몸길이 암컷 2.4㎜ 내외
　　　 수컷 2.5㎜ 내외
서식지 산림
국내 분포 경기, 충남, 충북, 제주
국외 분포 일본, 중국, 러시아

주요 형질 등갑은 암갈색이고 가슴 복판이 볼록한 편이다. 배는 긴 달걀 모양이며 별다른 무늬가 없다. 암컷 생식기의 현수체 끝쪽이 뿔 모양으로 길게 돌출한다. 수컷 더듬이다리 무릎마디 가시털이 곧게 뻗었다.
행동 습성 풀숲의 지면 가까이에 시트 모양 그물을 친다. 5~9월에 관찰된다.

 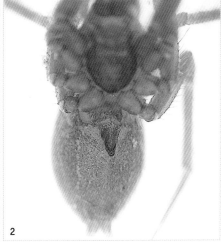

1 등면(암컷) 2 배면(암컷)

가야접시거미

Eldonnia kayaensis (Paik, 1965)

- *Centromerus kayaensis* Paik, 1965: p. 24.
- *Eldomia kayaensis* Lee et al., 2009: p. 124.

몸길이 암컷 2.3㎜ 내외
서식지 산림
국내 분포 경기, 경남, 제주
국외 분포 일본

주요 형질 등갑은 황갈색이며 길이가 너비보다 길고 눈 부위가 검다. 다리는 황갈색이며 고리무늬는 없다. 배는 긴 달걀 모양이며 회황색이고 별다른 무늬가 없다. 암컷의 외부생식기는 길쭉하며 방망이처럼 생긴 현수체가 있다.
행동 습성 산속 풀밭 돌 밑에 작은 시트 모양 그물을 친다. 1년 내내 성체를 관찰할 수 있다.

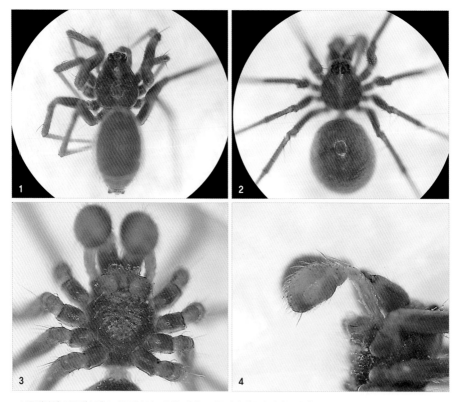

1 등면(암컷) **2** 등면(수컷) **3** 가슴판(수컷, 미성숙 개체) **4** 더듬이다리(수컷, 미성숙 개체)

흑갈톱날애접시거미

Erigone prominens Bösenberg and Strand, 1906

● *Erigone prominens* Bösenberg and Strand, 1906: p. 168; Lee et al., 2009: p. 125.

몸길이 수컷 1.4~2mm
서식지 인가, 논밭
국내 분포 경기, 경북
국외 분포 일본, 중국, 카메룬,
뉴질랜드

주요 형질 배갑은 흑갈색으로 빛나며 머리가 볼록하고 가슴둘레에 톱니형 가시돌기가 17~20개 있다. 배는 긴 달걀 모양이며 갈색 또는 흑갈색이고, 배 아랫면은 검은색이다. 행동 습성 논밭이나 마당 가 등의 홈이 파인 지면에 작은 시트 모양 그물을 친다. 성숙기는 8~10월이다.

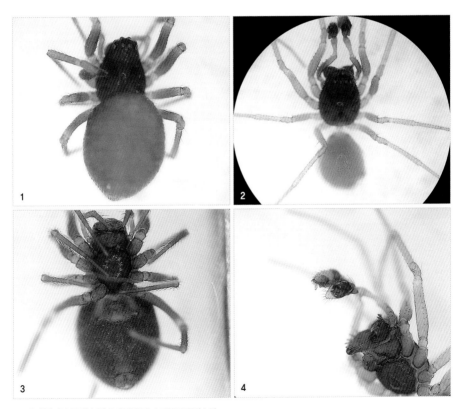

1 등면(암컷) **2** 등면(수컷) **3** 배면(암컷) **4** 더듬이다리(수컷)

못금오접시거미
Eskovina clava (Zhu and Wen, 1980)

- *Gongylidium clavus* Zhu and Wen, 1980: p 20.
- *Oinia clava* Namkung, 2001: p. 198; Lee et al., 2009: p. 137.

몸길이 암컷 3.5~3.8mm
　　　 수컷 3.2~3.4mm
서식지 산림
국내 분포 경기, 강원, 충남, 충북,
경북, 제주
국외 분포 중국, 러시아

주요 형질 등갑은 황갈색이며 눈 부위와 목홈, 방사홈은 검은색이다. 다리는 황갈색이며 종아리마디 윗면에 가시털이 앞다리에 2개씩, 뒷다리에 1개씩 있다. 배는 긴 달걀 모양이며 암회색이지만 가끔 옆면으로 검은 줄무늬가 뻗고, 아랫면에도 검은 무늬가 2개 있다.
행동 습성 산의 나뭇가지 사이에 엉성한 그물을 만들며 5~9월에 관찰된다.

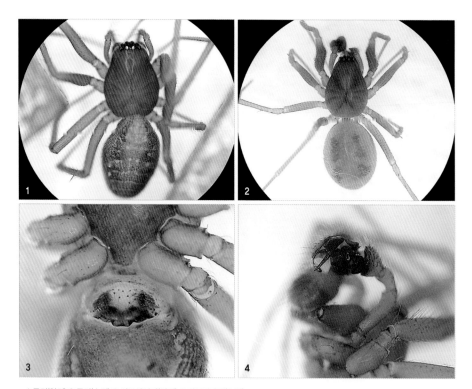

1 등면(암컷) **2** 등면(수컷) **3** 외부생식기(암컷) **4** 더듬이다리(수컷)

꽃접시거미

Floronia exornata (L. Koch, 1878)

- *Linyphia exornata* L. Koch, 1878: p. 746.
- *Floronia exornata* Namkung, 2001: p. 159; Lee et al., 2009: p. 126.

몸길이 암컷 4.5~6mm
　　　　수컷 3.5~4.5mm
서식지 산림
국내 분포 경기, 충북, 경북
국외 분포 일본, 중국, 러시아, 유럽

주요 형질 등갑은 황갈색이며 양 가장자리에 검은 줄무늬가 뻗었다. 수컷은 머리가 솟아올랐으며 앞쪽에 센털이 많다. 다리는 갈색이며 비교적 긴 편이다. 배는 공 모양으로 암회색 바탕에 흰색 비늘무늬가 흩어져 있고, 뒷부분에 암갈색 무늬 5~6쌍이 늘어선다. 자극을 받으면 흑갈색으로 변한다.
행동 습성 풀숲 지표면 가까이에 시트 모양 그물을 크게 만든다.

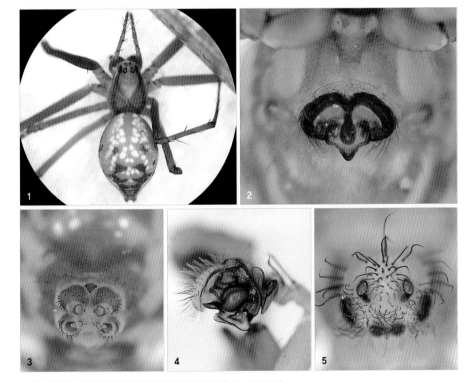

1 등면(암컷) **2** 외부생식기(암컷) **3** 실젖 **4** 더듬이다리(수컷) **5** 눈 배열(수컷)

황갈애접시거미

Gnathonarium dentatum (Wider, 1834)

- *Theridion dentatum* Wider, 1834: p. 223.
- *Gnathonarium dentatum* Namkung et al., 1972: p. 92; Lee et al., 2009: p. 126.

몸길이 암컷 2.5~3.5㎜
　　　　수컷 2~2.5㎜
서식지 논밭, 풀밭, 습지
국내 분포 경기, 강원, 충남, 충북,
전남, 전북, 경남, 경북, 제주
국외 분포 일본, 중국, 몽고,
러시아, 유럽

주요 형질 등갑은 적갈색이며 긴 달걀 모양이고 목홈, 방사홈, 가슴홈은 흑갈색을 띤다. 머리에는 앞쪽을 향해 긴 털이 여러 개 있고 눈 뒤쪽이 솟아올랐지만 머리혹은 없다. 다리는 황갈색이며 종아리마디 윗면 가시털이 앞다리에 2개, 뒷다리에 1개씩 있다. 배는 긴 달걀 모양이며 회색 또는 암갈색을 띠고 윗면 가운데가 밝고 옆면은 진하다. 뒷부분에 '山' 자 모양 검은 무늬가 있는 경우도 있다.

행동 습성 전국적으로 흔하게 보이며 개체수가 많아 해충을 없애는 데 많은 도움을 준다. 4~12월에 관찰된다.

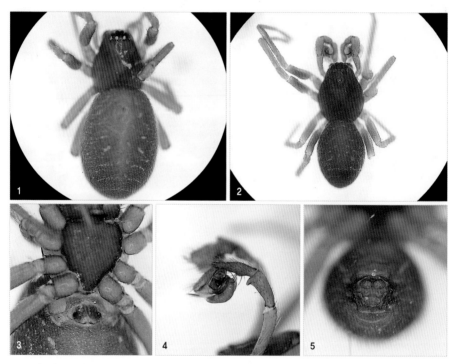

1 등면(암컷) **2** 등면(수컷) **3** 배면(암컷) **4** 더듬이다리(수컷) **5** 실젖

일본가시다리애접시거미
Gonatium japonicum Simon, 1906

● *Gonatium japonicum* Simon in Bösenberg and Strand, 1906: p. 162; Namkung, 2003: p. 193.

몸길이 암컷 2.5~3mm
　　　　수컷 2.4~2.8mm
서식지 풀밭, 산림
국내 분포 경기, 강원, 충북
국외 분포 일본, 중국, 러시아

주요 형질 등갑은 적갈색이며 눈 부위가 검고 머리쪽이 솟아올랐으며 눈 뒤쪽에 파인 곳이 있다. 다리는 주황색이며 수컷의 앞다리 넓적다리마디, 종아리마디, 발바닥마디 아랫면에 많은 가시털이 줄지어 있다. 배는 볼록한 공 모양이며 검은색 또는 어두운 적갈색이고 붉은 근점이 4개 있다.
행동 습성 풀밭 풀숲이나 소나무, 뽕나무 등의 가지나 잎에서 지내며 1년 내내 성체를 볼 수 있으나 5~10월에 주로 관찰된다.

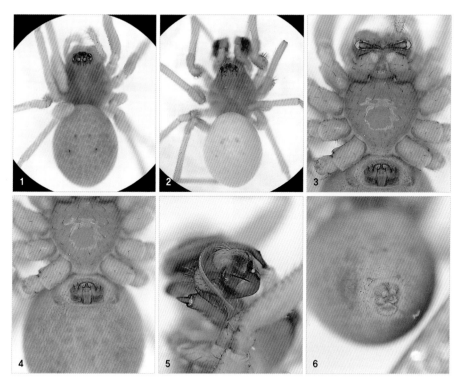

1 등면(암컷) 2 등면(수컷) 3 배면(암컷) 4 외부생식기(암컷) 5 더듬이다리(수컷) 6 실젖

황적가시다리애접시거미

Gonatium arimaense Oi, 1960

- *Gonatium arimaensis* Oi, 1960: p. 154.
- *Gonatium arimaense* Namkung, 2001: p. 190; Lee et al., 2009: p. 127.

몸길이 암컷 2.5~3mm
　　　수컷 2.3~2.6mm
서식지 산림
국내 분포 경기, 충북, 경북
국외 분포 일본

주요 형질 등갑은 적갈색이며 눈 부위가 검고 머리쪽이 솟아올랐다. 수컷은 눈 뒤쪽에 파인 곳이 있다. 가슴판은 적갈색이며 하트 모양이고 긴 센털이 많다. 다리는 연한 적갈색이며 수컷 앞다리 넓적다리마디, 종아리마디, 발바닥마디 아랫면에 많은 가시털이 줄지어 있다. 배는 볼록한 달걀 모양이며 황적색 바탕에 근점 4개가 뚜렷하다.
행동 습성 산의 침엽수 가지 사이나 밑동, 낙엽층 등에 작은 시트 모양 그물을 만든다. 5~9월에 관찰된다.

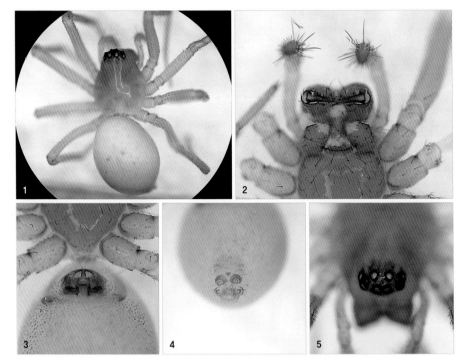

1 등면(암컷) **2** 위턱(암컷) **3** 외부생식기(암컷) **4** 실젖(암컷) **5** 눈 배열(암컷)

비단가시접시거미

Herbiphantes cericeus (Saito, 1934)

- *Nesticus cericeus* Saito, 1934: p. 312.
- *Lepthyphantes cericeus* Paik, 1978: p. 251.

몸길이 암컷 4.5~5mm, 수컷 3.5~5mm
서식지 산림
국내 분포 경기, 강원, 전남, 전북, 제주
국외 분포 일본, 시베리아

주요 형질 등갑은 연한 황갈색이며 가슴홈 앞쪽 세로무늬와 가슴 가장자리 선이 검은색이다. 가슴판은 방패 모양이며 황갈색 바탕에 세로로 달리는 검은 줄무늬가 있다. 다리는 황갈색이며 종아리마디와 발바닥마디에 크고 긴 가시털이 많고 넓적다리마디에는 귀털이 많다. 배는 길쭉한 원뿔형이며 뒤쪽이 뾰족하고 윗면은 고운 담홍색 또는 황동색이며 검은 무늬가 가운데에 1쌍, 뒤쪽에 2쌍 있다.
행동 습성 산에 살며 나뭇잎 뒤나 풀숲 사이에 시트 모양 그물을 만든다. 7~9월에 관찰된다.

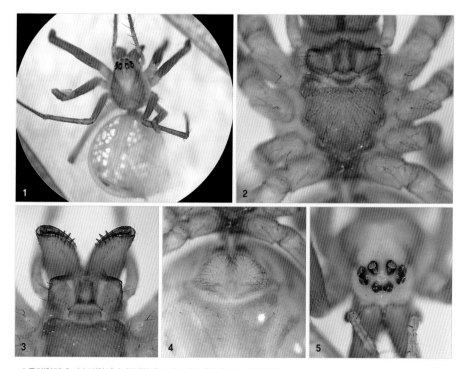

1 등면(암컷) **2** 가슴판(암컷) **3** 위턱(암컷) **4** 외부생식기(암컷) **5** 눈 배열(암컷)

흑갈풀애접시거미

Hylyphantes graminicola (Sundavall, 1830)

- *Linyphia graminicola* Sundevall, 1830: p. 26.
- *Hylyphantes graminicola* Namkung, 2001: p. 186; Lee et al., 2009: p. 128.

몸길이 암컷 2.5~3.5㎜
　　　　수컷 2.3~3㎜
서식지 논밭, 풀밭
국내 분포 경기, 강원, 충남, 충북,
전남, 경남, 경북, 제주
국외 분포 일본, 중국, 몽고,
러시아, 유럽

주요 형질 등갑은 황갈색이나 짙은 갈색이며 목홈, 방사홈, 가슴홈은 검다. 다리는 황갈색이며 종아리마디 윗면 가시털이 앞다리에 2개, 뒷다리에 1개씩 있다. 배는 긴 달걀 모양이며 회갈색 또는 검은색을 띠고 가운데에 뚜렷하지 않은 무늬가 있는 경우도 있다.

행동 습성 풀밭이나 논밭에 살며 개체수가 많아 해충의 천적으로서 농사에 큰 도움을 준다. 4~7월, 9~10월에 관찰된다.

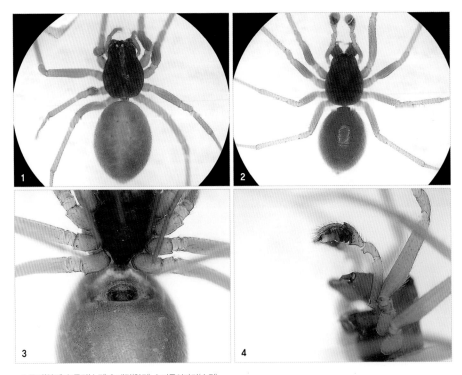

1 등면(암컷) **2** 등면(수컷) **3** 배면(암컷) **4** 더듬이다리(수컷)

한라접시거미

Lepthyphantes latus Paik, 1965

● *Lepthyphantes latus* Paik, 1965: p. 27; Lee et al., 2009: p. 129.

몸길이 암컷 4.5~5㎜
　　　　 수컷 4.5~5.5㎜
서식지 산림
국내 분포 제주(한국 고유종)

주요 형질 등갑은 황갈색이며 머리 부분과 양 가장자리가 검다. 다리는 연한 황갈색이며 암색 고리무늬가 각 넓적다리마디에 5개, 종아리마디에 4개씩 있다. 배는 달걀 모양으로 볼록하고 뒤끝이 뾰족하다. 배 윗면은 회황색이며 복잡하고 검은 얼룩무늬가 있다. 옆면에는 검은 띠무늬와 은백색 비늘무늬가 흩어져 있다.

행동 습성 나무가 썩어서 파인 구멍 속이나 산비탈 오목한 곳 등 어두침침한 곳에 시트 모양 그물을 만든다. 7~9월에 관찰된다.

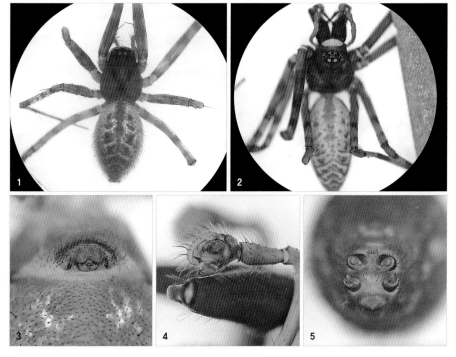

1 등면(암컷) **2** 등면(수컷) **3** 외부생식기(암컷) **4** 더듬이다리(수컷) **5** 실젖

앵도애접시거미

Nematogmus sanguinolentus (Walckenaer, 1842)

- *Theridion sanguinolentum* Walckenaer, 1842: p. 326.
- *Nematogmus sanguinolentus* Namkung et al., 1972: p. 92; Lee et al., 2009: p. 131.

몸길이 암컷 1.7~2.2㎜
　　　　수컷 1.5~2㎜
서식지 풀밭, 습지
국내 분포 경기, 충남, 경북, 제주
국외 분포 일본, 중국, 러시아

주요 형질 등갑은 등황색이며, 수컷은 머리가 융기하고 눈 뒤쪽이 파였다. 배는 등적색으로 공 모양이며 가운데는 밝고 옆면과 아랫면은 어둡다.
행동 습성 풀밭, 습지 등의 지면 가까이에 작은 시트 모양 그물을 친다. 다화성으로 연 2회 발생한다.

1 등면(암컷) **2** 배면(암컷) **3** 실젖(암컷)

가시접시거미

Neriene japonica (Oi, 1960)

- *Neolinyphia japonica* Oi, 1960: p. 224; Paik, 1965: p. 67.
- *Bathylinyphia major* Kim and Kim, 2000: p. 7; Namkung, 2001: p. 157.

몸길이 암컷 3.5~4mm
　　　 수컷 2.8~3.6mm
서식지 논밭, 들판, 계곡, 산
국내 분포 경기, 강원, 충남, 충북,
전남, 전북, 경남, 경북, 제주
국외 분포 일본, 중국, 러시아

주요 형질 배갑은 황갈색이고 무늬가 없으며 달걀 모양이다.
가운데홈과 목홈이 뚜렷하고 방사홈은 뚜렷하지 않다. 배는
흰색이며 비늘무늬와 점무늬가 섞여 있다. 다리에는 고리무
늬가 있고 발톱은 3개다.
행동 습성 산의 침엽수나 고목 가지 등에 사발 모양 그물을
친다.

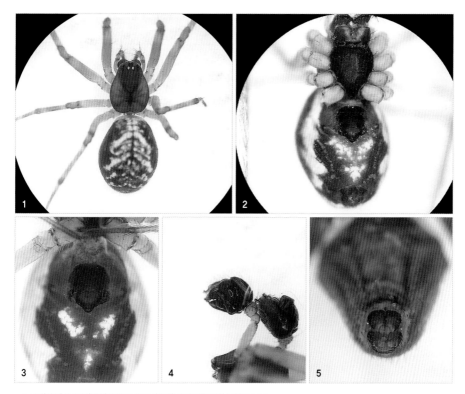

1 등면(암컷) **2** 배면(암컷) **3** 외부생식기(암컷) **4** 더듬이다리(수컷) **5** 실젖

검정접시거미

Neriene nigripectoris (Oi, 1960)

● *Neolinyphia nigripectoris* Oi, 1960: p. 227; Namkung, 1964: p. 36; Paik, 1965: p. 68; 1978: p. 262.

몸길이 암컷 3.5~4㎜, 수컷 3~3.5㎜
서식지 논밭, 들판, 냇가, 계곡, 산
국내 분포 경기, 강원, 충남, 충북,
전남, 전북, 경남, 경북, 제주
국외 분포 일본, 중국, 러시아

주요 형질 배갑은 갈색이고 무늬가 없으며 달걀 모양이다.
가운데홈, 목홈, 방사홈은 뚜렷하다. 배는 회백색이며 줄무
늬와 점무늬가 섞여 있다. 다리는 몸집에 비해 짧고 발톱은
3개다.
행동 습성 산, 길가, 고목의 가지에 접시 모양 그물을 친다.

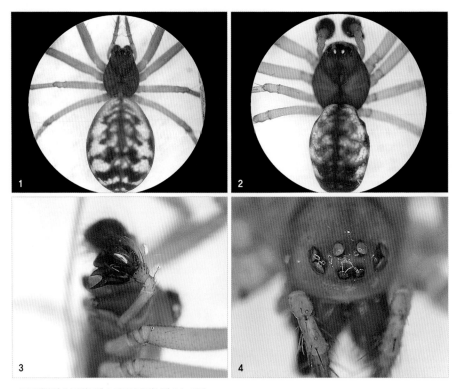

1 등면(암컷) **2** 등면(수컷) **3** 더듬이다리(수컷) **4** 눈 배열

고무래접시거미

Neriene oidedicata van Helsdingen, 1969

- *Neriene oidedicata* van Helsdingen, 1969: p. 146; Lee et al., 2009: p. 134.
- *Linyphia albolimbata* Paik, 1965: p. 69.

몸길이 암컷 4~5mm
　　　수컷 4.5mm 내외
서식지 풀밭, 산림
국내 분포 경기, 강원, 충남, 충북,
전남, 전북, 경남, 경북, 제주
국외 분포 일본, 중국

주요 형질 등갑은 암갈색이며 목홈과 방사홈이 진하다. 가슴판은 암갈색이며 길고 검은 털이 있다. 다리는 황갈색이며 가시털이 듬성듬성 난다. 배는 긴 달걀 모양이며 암갈색이고 '八' 자 모양 검은 무늬가 4~5쌍 늘어선다. 그 주위에 흰색, 회색 비늘무늬가 둘려 있으며 옆면의 구불구불한 검은색 띠무늬 주위에도 흰색 비늘무늬가 둘렸다. 수컷은 몸이 길쭉하고 검은 편이다.

행동 습성 지표면 가까이에 시트 모양 그물을 만들어 먹이를 사냥한다. 5~10월에 관찰된다.

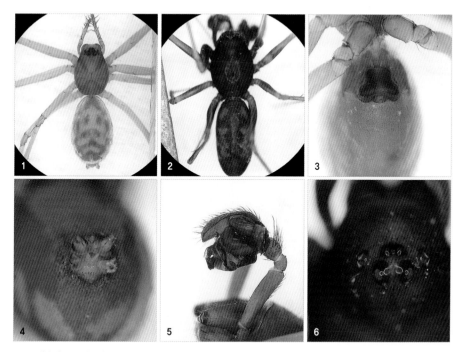

1 등면(암컷) 2 등면(수컷) 3 외부생식기(암컷) 4 실젖 5 더듬이다리(수컷) 6 실젖

농발접시거미

Neriene longipedella (Bösenberg and Strand, 1906)

- *Linyphia marginata longipedella* Bösenberg and Strand, 1906: p. 173.
- *Prolinyphia longipedella* Paik, 1965: p. 64.
- *Linyphia longipedella* Yoo and Kim, 2002: p. 26.

몸길이 암컷 5.5~6.5mm, 수컷 5~6mm
서식지 논밭, 들판, 계곡, 산
국내 분포 경기, 강원, 충남, 충북,
전남, 전북, 경남, 경북, 제주
국외 분포 일본, 중국, 러시아

주요 형질 배갑은 갈색이며 가장자리에 띠무늬가 있고 달걀
모양이다. 가운데홈, 목홈, 방사홈은 뚜렷하다. 배는 회색이며
비늘무늬와 점무늬가 섞여 있다. 다리는 몸집에 비해 매우 길
고 발톱은 3개다.
행동 습성 산의 키 작은 나무 사이에 돔형 그물을 친다.

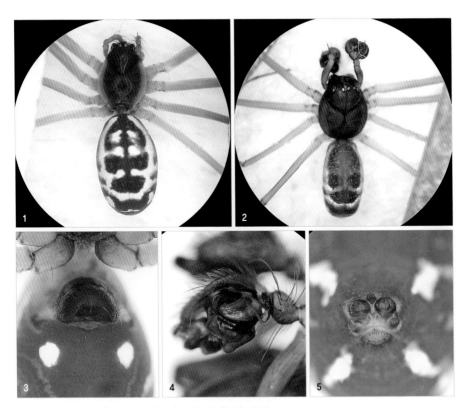

1 등면(암컷) **2** 등면(수컷) **3** 외부생식기(암컷) **4** 더듬이다리(수컷) **5** 실젖

대륙접시거미

Neriene emphana (Walckenaer, 1842)

- *Linyphia emphana* Walckenaer, 1842: p. 246; Paik, 1957: p. 43.
- *Prolinyphia emphana* Paik, 1965: p. 66.

몸길이 암컷 6.5~7.5㎜, 수컷 5~6㎜
서식지 논밭, 계곡, 동굴, 산
국내 분포 경기, 강원, 충남, 충북,
전남, 전북, 경남, 경북, 제주
국외 분포 일본, 중국, 몽고,
러시아, 유럽

주요 형질 배갑은 황갈색이고 무늬는 없으며 달걀 모양이
다. 가운데홈은 뚜렷하고 목홈과 방사홈은 뚜렷하지 않
다. 배는 황백색이며 세로줄무늬와 가로띠무늬가 섞여 있
다. 다리는 몸집에 비해 매우 길고 발톱은 3개다.
행동 습성 고산성으로 키 작은 나무 사이에 시트 모양 그
물을 친다.

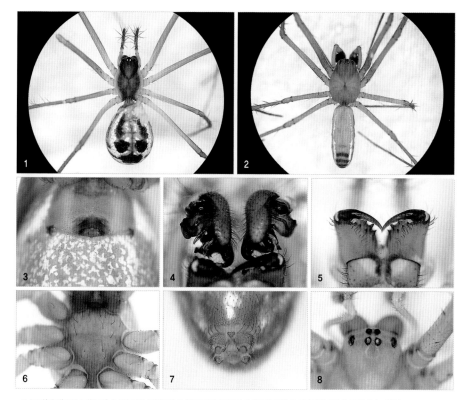

1 등면(암컷) **2** 등면(수컷) **3** 외부생식기(암컷) **4** 더듬이다리(수컷) **5** 위턱(암컷) **6** 가슴판(수컷) **7** 실젖 **8** 눈 배열

살촉접시거미

Neriene albolimbata (Karsch, 1879)

- *Linyphia albolimbata* Karsch, 1879: p. 62.
- *Neriene albolimbata* Paik, 1978: p. 264; Lee et al., 2009: p. 131.

몸길이 암컷 5~5.5㎜
　　　수컷 4.5~5.2㎜
서식지 풀밭, 습지
국내 분포 경기, 충북
국외 분포 일본, 중국, 러시아

주요 형질 등갑은 적갈색이며 머리와 양 가장자리는 약간 검다. 가슴판은 암갈색이며 볼록한 하트 모양이고 털이 1개 씩 있는 작은 알갱이 모양 돌기가 있다. 다리는 밝은 적갈색으로 가늘고 길며 각 넓적다리마디, 종아리마디, 발바닥마디 윗면에 가시털이 2개씩 있다. 배는 긴 달걀 모양이며 갈색 바탕에 정중선을 달리는 검은 화살촉 무늬가 4~5개 있고 옆면을 둘러싼 구불구불한 무늬는 검다. 수컷의 배는 원통형으로 길쭉하고 암갈색이며 특별한 무늬는 없다.
행동 습성 습기 많은 풀숲에서 수평에 가까운 시트 모양 그물을 만든다. 7~8월에 관찰된다.

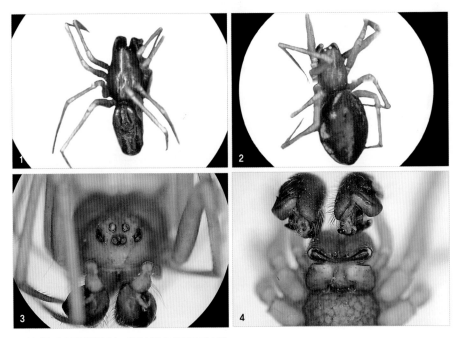

1 등면(수컷) **2** 등면(암컷) **3** 눈 배열(수컷) **4** 더듬이다리(수컷)

십자접시거미

Neriene clathrata (Sundevall, 1830)

- *Linyphia clathrata* Sundevall, 1830: p. 30; Paik, 1965: p. 70.
- *Neriene clathrata* Paik, 1978: p. 266; Lee et al., 2009: p. 132.

몸길이 암컷 4.5~5㎜, 수컷 4~5㎜
서식지 산림
국내 분포 경기, 강원, 충북, 경북
국외 분포 일본, 중국, 러시아, 미국

주요 형질 배갑은 머리 너비가 좁고 암갈색이며 목홈, 방사홈, 정중선 줄무늬의 빛깔이 짙다. 가슴판은 암갈색 염통형이며 길고 검은 털이 있다. 다리는 갈색이며 넓적다리마디, 종아리마디, 발바닥마디 중앙과 끝쪽에 검은 고리무늬가 있다. 배는 암갈색이며 검고 복잡한 격자무늬로 얼룩져 있고 옆면에는 흰색 비늘무늬가 파상으로 있다.

행동 습성 산의 나무나 풀숲 지면 가까이에 작은 시트 모양 그물을 친다.

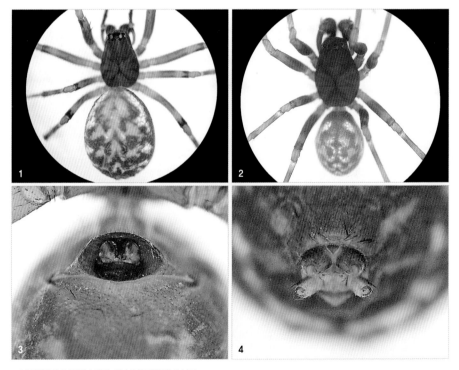

1 등면(암컷) **2** 등면(수컷) **3** 외부생식기(암컷) **4** 실젖

쌍줄접시거미

Neriene limbatinella (Bösenberg and Strand, 1906)

- *Linyphia limbatinella* Bösenberg and Strand, 1906: p. 174.
- *Prolinyphia limbatinella* Namkung, 1964: p. 36.

몸길이 암컷 5~6mm, 수컷 4~5mm
서식지 산림
국내 분포 경기, 강원, 충북, 진남, 경남, 경북, 제주
국외 분포 일본, 중국, 러시아

주요 형질 등갑은 황갈색이며 암갈색 정중선과 검은 가장자리 선이 있다. 다리는 황갈색이며 각 밑마디 아랫면에 검고 긴 털이 성글게 난다. 배는 볼록한 타원형이며 흰색 비늘 무늬로 덮이고, 한가운데 부분 양쪽으로 평행하게 암갈색 줄무늬가 2개 있다. 뒷부분 옆면에는 위쪽을 향해 암갈색 빗살무늬가 3쌍 있다.
행동 습성 산의 침엽수 가지 사이에 돔 모양 접시그물을 만든다. 8~10월에 관찰된다.

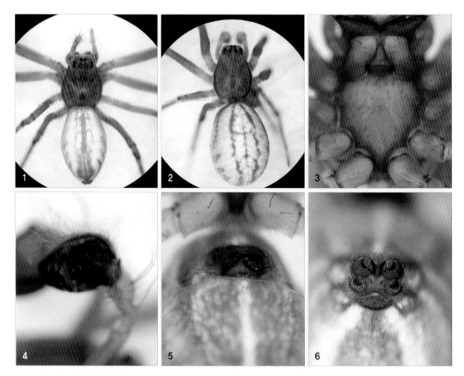

1 등면(암컷) **2** 등면(수컷) **3** 가슴판(수컷) **4** 더듬이다리(수컷) **5** 외부생식기(암컷) **6** 실젖

테두리접시거미

Neriene radiata (Walckenaer, 1842)

- *Linyphia marginata* C.L. Koch,1834: p. 127.
- *Neriene radiata* Walckenaer, 1842: p. 262; Namkung, 2003: p. 151.
- *Prolinyphia marginata* Paik, 1965: p. 63.

몸길이 암컷 5~7㎜, 수컷 5~6㎜
서식지 풀밭, 산림
국내 분포 경기, 강원, 충남, 충북,
전북, 경북, 제주
국외 분포 일본, 중국, 러시아, 유럽

주요 형질 등갑은 암갈색이며 가장자리에 흰 테두리선이 뚜렷하다. 가슴판은 검고 하트 모양이며 긴 털이 듬성듬성 있다. 다리는 밝은 갈색으로 종아리마디와 발바닥마디에 가시털이 많다. 배는 달걀 모양으로 볼록하고, 윗면은 황백색 바탕에 정중선을 따라 검은색 굵은 줄무늬가 있으며, 옆면에도 검은 무늬가 중간 중간 끊어지며 있다. 수컷은 대체로 검은색이며 원통형 배 위쪽 양 옆에 흰색 무늬가 1쌍 있다.

행동 습성 산, 풀밭, 계곡 등의 낮은 나뭇잎 사이나 풀숲에 돔 모양 접시그물을 만든다. 7~8월에 관찰된다.

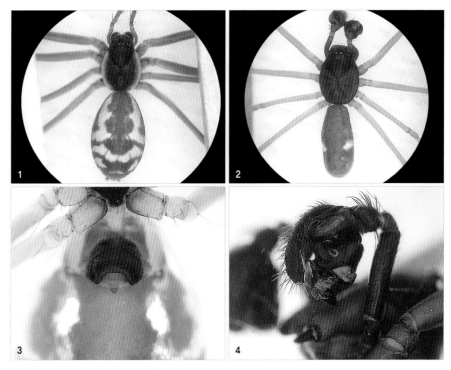

1 등면(암컷) 2 등면(수컷) 3 외부생식기(암컷) 4 더듬이다리(수컷)

화엄접시거미

Neriene kimyongkii (Paik, 1965)

- *Linyphia kimyongkii* Paik, 1965: p. 29.
- *Neriene kimyongkii* Paik, 1978: p. 272; Namkung, 2001: p. 151; 2003: p. 153; Kim and Cho, 2002: p. 285; Lee et al., 2009: p. 133.

몸길이 암컷 3.5mm 내외
서식지 들판, 산림
국내 분포 강원, 전남(한국 고유종)

주요 형질 등갑은 암갈색이며 머리가 가슴보다 높고 길이가 너비보다 훨씬 길다. 다리는 황갈색이며 각 넓적다리마디 아랫면의 반 정도가 검고 셋째, 넷째 넓적다리마디 끝과 종아리마디와 발바닥마디에 검은 고리무늬가 있다. 배는 달걀 모양이며 볼록하다. 배 윗면은 회황색이며 검은 띠무늬가 4~5개 있고, 그 사이에 흰색 비늘무늬가 있으며, 옆면의 비늘무늬는 연이어져 있다.

행동 습성 산과 들의 키가 작은 나무나 풀숲 밑동에 시트 모양 그물을 만든다. 7~9월에 관찰된다.

1 등면(수컷)

섬가슴애접시거미

Oedothorax insulanus Paik, 1980

● *Oedothorax insulanus* Paik, 1980: p. 162; Namkung, 2001: p. 205; 2003: p. 207.

몸길이 암컷이 3mm 내외
서식지 섬
국내 분포 전남, 경북(한국 고유종)

주요 형질 몸은 갈색이다. 머리가슴은 색이 흐리고 목홈과 방사홈이 뚜렷하며 가운데홈은 붉은빛을 띤 바늘 모양이다. 가슴판은 심장 모양이며 약간 길다. 홑눈 8개가 두 줄로 늘어서며 앞눈줄은 곧고, 뒷눈줄은 앞으로 굽는다. 앞줄 가운데눈은 검고 작으나 나머지는 진줏빛을 띤 흰색이며 크기가 같다. 큰턱에는 앞두덩니가 6개, 뒷두덩니가 5개다. 작은턱은 앞쪽이 희고 아랫입술은 가로로 넓다. 다리에는 연한 털이 많고 넷째다리가 가장 길다. 배는 긴 타원형이며 잿빛이나 검은색이고 정중선이 길게 뻗었다. 개체에 따라 무늬에 변화가 있다.
행동 습성 흑산도(소흑산도), 울릉도 등지에서 관찰된다.

 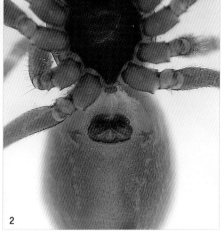

1 등면(암컷) **2** 외부생식기(암컷)

낫애접시거미

Oia imadatei (Oi, 1964)

- Cornicularia imadatei Oi, 1964: p. 24.
- Oia imadatei Seo, 1993: p. 175; Namkung, 2001: p. 200; 2003: p. 202; Lee et al., 2004: p. 100.

몸길이 암컷과 수컷 1~1.4mm
서식지 산림
국내 분포 강원
국외 분포 일본, 러시아

주요 형질 등갑은 볼록한 달걀 모양이고 적갈색이다. 가슴판은 적갈색이며 볼록한 하트 모양이다. 다리는 연한 적갈색이며 종아리마디 윗면 가시털이 앞다리에 2개, 뒷다리에 1개씩 있다. 배는 황갈색이나 회색이며 긴 달걀 모양이고 뒤끝이 약간 각이 졌다.

행동 습성 땅에 사는 거미로 낙엽층 밑에서 산다. 1년에 3번 이상 알을 낳아 1년 내내 성체를 관찰할 수 있다.

 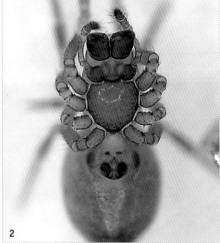

1 등면(암컷) 2 배면(암컷)

금오개미시늉거미
Solenysa geumoensis Seo, 1996

- *Solenysa geumoensis* Seo, 1996: p. 157 (spelled goumoensis in heading, correctly elsewhere); Namkung, 2001: p. 182; 2003: p. 184; Lee at al., 2009: p. 140.
- *Solenysa melloteei* Namkung, 1986: p. 13.

몸길이 암컷 1.3~1.5㎜
　　　　수컷 1.2~1.4㎜
서식지 산림
국내 분포 경기, 제주(한국 고유종)

주요 형질 등갑은 머리가 솟아올랐고, 가슴둘레에는 혹처럼 굽은 돌기 4개가 이어지며, 뒤끝이 자루처럼 뻗어 배에 닿는다. 연한 적갈색 바탕에 검은 알갱이 같은 반점이 흩어져 있다. 다리는 연한 적갈색으로 가늘고 길며 각 종아리마디 끝쪽에 가느다란 센털이 있다. 배는 달걀 모양이며 뒤끝이 뾰족하고, 어두운 회갈색 바탕에 밝은 반점이 흩어져 있으며, 뒷부분에 '八' 자 모양 무늬가 4~5쌍 있다.
행동 습성 나무가 많은 숲의 낙엽 퇴적층, 토양층에서 살며 4~11월에 관찰된다.

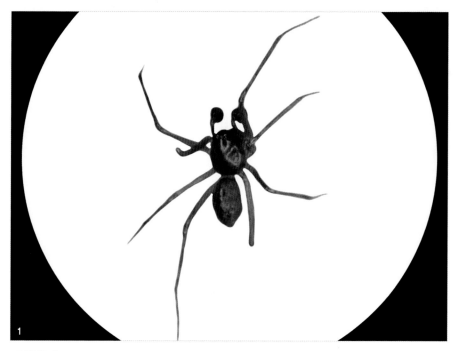

1 등면(수컷)

팔공접시거미

Strandella pargongensis (Paik, 1965)

- *Phaulothrix pargongensis* Paik, 1965: p. 23; 1978: p. 281.
- *Strandella pargongensis* Paik, 1978: p. 213; Namkung, 2001: p. 183; 2003: p. 185; Lee et al., 2009: p. 140.

몸길이 암컷이 3mm 내외
　　　　수컷 2.7mm 내외
서식지 들판, 산림
국내 분포 경기, 강원, 충북, 전북
국외 분포 일본, 중국, 러시아

주요 형질 등갑은 갈색이며 머리가 높다. 가슴은 갈색이 짙으며 가장자리는 황갈색을 띤다. 수컷은 머리혹이 크게 부풀어 눈 부위를 덮는다. 다리는 밝은 황갈색이며 각 종아리마디 윗면에 가시털이 2개씩 있다. 배는 긴 달걀 모양이며 뒤끝이 뾰족하고, 윗면은 황갈색이며 검은 지그재그 무늬가 1쌍 있다.
행동 습성 산과 들의 나뭇잎 사이에 시트 모양 그물을 만들며 5~10월에 관찰된다.

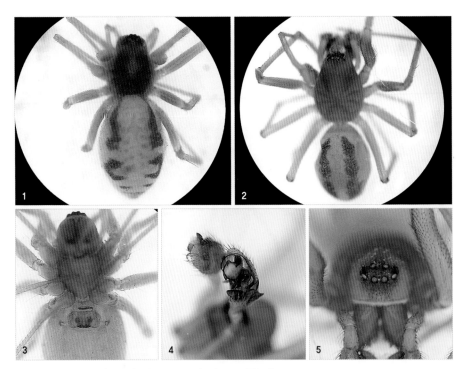

1 등면(암컷) 2 등면(수컷) 3 배면(암컷) 4 더듬이다리(수컷) 5 눈 배열(수컷)

등줄가슴애접시거미

Ummeliata insecticeps (Bösenberg and Strand, 1906)

● *Oedothorax insecticeps* Bösenberg and Strand, 1906: p. 163; Paik and Namkung, 1979: p. 38.

몸길이 암컷 3~3.5㎜
　　　수컷 2.7~3.2㎜
서식지 논밭, 들판. 습지, 산
국내 분포 경기, 강원, 충남, 충북,
전남, 전북, 경남, 경북, 제주
국외 분포 일본, 중국, 러시아,
대만, 베트남

주요 형질 배갑은 밝은 갈색이고 무늬는 없으며 달걀 모양
이다. 배갑의 가운데홈, 목홈과 방사홈은 뚜렷하다. 배는
짙은 황갈색이고 세로띠무늬가 있다. 발톱은 3개다.
행동 습성 산식물체 사이나 지표면 근처에 시트 모양 그물
을 친다.

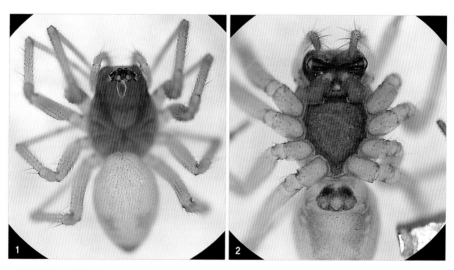

1 등면(암컷) **2** 배면(암컷)

모등줄애접시거미
Ummeliata angulituberis (Oi, 1960)

- *Oedothorax angulituberis* Oi, 1960: p. 162.
- *Ummeliata angulituberis* Namkung, 2001: p. 207; 2003: p. 209; Lee et al., 2009: p. 141.

몸길이 암컷과 수컷 2.8~3.2㎜
서식지 논밭, 풀밭
국내 분포 경기, 강원, 전남, 전북, 경남, 제주
국외 분포 일본, 러시아

주요 형질 등갑은 갈색이며 머리가 볼록하다. 수컷의 머리 혹은 앞쪽이 각이 진 오각형이며 그 밑에 가로로 파인 홈이 있다. 다리는 황갈색이며, 종아리마디 윗면의 가시털이 앞다리에 2개, 뒷다리에 1개씩 있다. 배는 잿빛이며 엷은 등줄기 무늬 양쪽에 검은색 줄무늬가 뻗어 있다.
행동 습성 불규칙한 그물을 만든다. 겨울철에 낙엽층을 헤치면 많이 보인다. 1년 내내 성체를 관찰할 수 있다.

1 등면(암컷) **2** 배면(암컷) **3** 더듬이다리(수컷) **4** 눈 배열

혹등줄애접시거미

Ummeliata feminea (Bösenberg and Strand, 1906)

- *Oedothorax femineus* Bösenberg and Strand, 1906: p. 163.
- *Oedothorax tokyoensis* Paik and Namkung, 1979: p. 39.
- *Ummeliata feminea* Namkung, 2003: p. 210.

몸길이 암컷 2.7㎜ 내외
　　　 수컷 2.7㎜ 내외
서식지 풀밭
국내 분포 경기, 강원, 충남, 충북, 경북
국외 분포 일본, 중국, 러시아

주요 형질 등갑은 황갈색이며 머리가 솟아올랐고 목홈, 방사홈은 검다. 다리는 황갈색이며 종아리마디 윗면 가시털이 앞다리에 2개씩, 뒷다리에 1개씩 있다. 배는 긴 달걀 모양이며 회색이나 검은색 바탕에 한가운데 담색 줄무늬가 뻗어 있다.

행동 습성 풀밭 지표면 가까이에 작은 시트 모양 그물을 만든다.

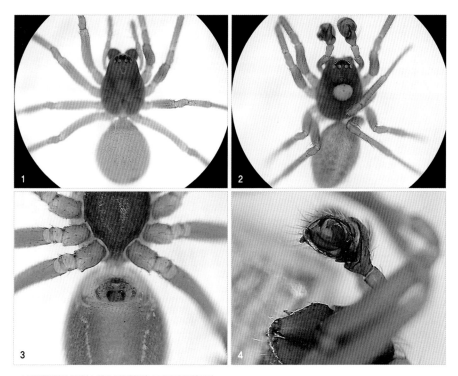

1 등면(암컷) **2** 등면(수컷) **3** 배면(암컷) **4** 더듬이다리(수컷)

갈거미과
Tetragnathidae

금빛백금거미

Leucauge subgemmea Bösenberg and Strand, 1906

- *Leucauge subgemmea* Bösenberg and Strand, 1906: p. 185; Kim et al., 1999: p. 49

몸길이 암컷 7~9㎜, 수컷 5~7㎜
서식지 산
국내 분포 경기, 강원, 충남, 충북,
전남, 전북, 경남, 경북, 제주
국외 분포 일본, 중국, 러시아

주요 형질 배갑은 담갈색이며 목홈과 가슴홈은 암갈색이다.
배는 긴 원통형이고 윗면 전체가 황금색으로 빛나며 뚜렷한
세로 줄무늬가 없다. 배 아랫면의 세로무늬는 짧고 넓다.
행동 습성 산속 키 작은 나무 사이나 풀숲 등에 수평으로 둥근
그물을 만들며 빛이나 소리 등 자극을 받으면 순간적으로 갈색
으로 변한다. 몸의 색이 변하기 때문에 검정백금거미라 불리기
도 했다.

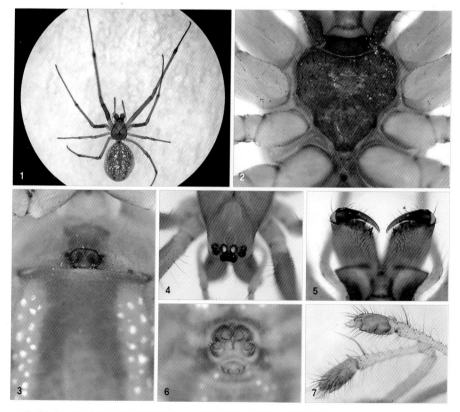

1 등면(암컷) **2** 가슴판(암컷) **3** 외부생식기(암컷) **4** 눈 배열(암컷) **5** 위턱(암컷) **6** 실젖(암컷) **7** 더듬이다리(수컷)

꼬마백금거미

Leucauge celebesiana (Walckenaer, 1842)

- *Tetragnatha celebesiana* Walckenaer, 1842: p. 222.
- *Leucauge celebesiana* Namkung, 2001: p. 225; Kim et al., 2008: p. 35.

몸길이 암컷 8~11㎜, 수컷 6~8㎜
서식지 산
국내 분포 경기, 강원, 충남, 충북, 전남, 전북, 경남, 경북, 제주
국외 분포 인도, 일본, 중국, 인도네시아, 뉴기니

주요 형질 배갑은 담갈색으로 편평하며 목홈이 뚜렷하다. 가슴판은 갈색이며 가장자리가 검다. 배는 은백색으로 윗면 앞쪽에 어깨 융기가 없으며 나뭇가지 무늬는 가늘고 분명치 않은 것들이 많다.
행동 습성 산지성으로 둥글게 수평 그물을 친다. 나무의 껍질이나 가지 위를 돌아다니며 나무껍질 속에서 겨울을 난다.

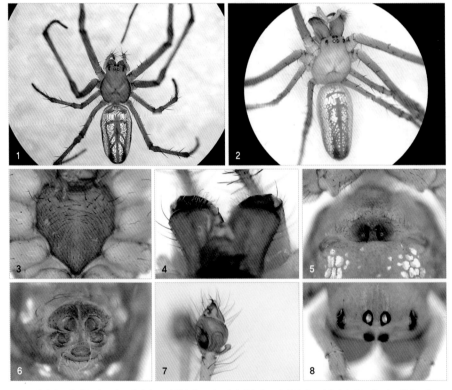

1 등면(암컷) **2** 등면(수컷) **3** 가슴판(암컷) **4** 위턱(암컷) **5** 외부생식기(암컷) **6** 실젖(암컷) **7** 더듬이다리(수컷) **8** 눈 배열(수컷)

중백금거미

Leucauge blanda (L. Koch, 1878)

- *Meta blanda* L. Koch, 1878: p. 743.
- *Leucauge blanda* Kim et al., 1999: p. 46; Kim et al., 2008: p. 35.

몸길이 암컷 9~12mm, 수컷 6~8mm
서식지 논밭, 풀밭, 산
국내 분포 경기, 전남, 경북, 제주
국외 분포 러시아, 일본, 중국, 대만

주요 형질 배갑은 황갈색이고 목홈, 방사홈이 뚜렷하다. 다리는 황갈색이며 길고 넷째다리의 넓적다리마디와 그 옆에 귀털(깃털 모양의 감각털)이 늘어서 있다. 배 윗면 앞쪽에 흑갈색 어깨가 솟았고, 가운데 부분에서 뒤쪽으로 좁아지는 비늘무늬가 있다. 배 아랫면은 암녹색 바탕에 은색 비늘무늬가 흩어져 있다.

행동 습성 물이 흐르지 않는 곳에 수평으로 둥근 그물을 친다.

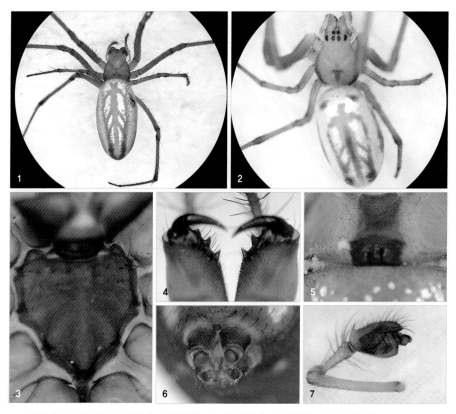

1 등면(암컷) **2** 등면(수컷) **3** 가슴판(암컷) **4** 위턱(암컷) **5** 외부생식기(암컷) **6** 실젖(암컷) **7** 더듬이다리(수컷)

가시다리거미

Menosira ornata Chikuni, 1955

● *Menosira ornata* Chikuni, 1955: p. 31; Namkung, Paik and Yoon, 1972: p. 93; Kim, Kim and Lee, 2008: p. 36.

몸길이 암컷 8~10㎜, 수컷 6~7㎜
서식지 논밭, 산
국내 분포 경기, 강원, 충북, 전북,
경북
국외 분포 일본, 중국

주요 형질 배갑은 황갈색이며 목홈과 가슴홈은 암갈색 'Y'
자 모양이다. 다리는 황색이며 넓적다리마디, 종아리마디,
발바닥마디에 길고 강한 가시털이 늘어서 있다. 배는 긴 달
걀 모양이며 등 한가운데 황색 무늬가 줄지어 있고, 그 양쪽
으로 폭넓은 적갈색 테두리가 있다. 배 아랫면도 적갈색이
며 실젖 좌우와 뒤쪽에 노란색 점무늬가 3~4쌍 있다.
행동 습성 나뭇가지나 풀숲 사이에 간단한 그물을 만들고 작
은 곤충류를 잡아먹으며 6~10월에 관찰된다.

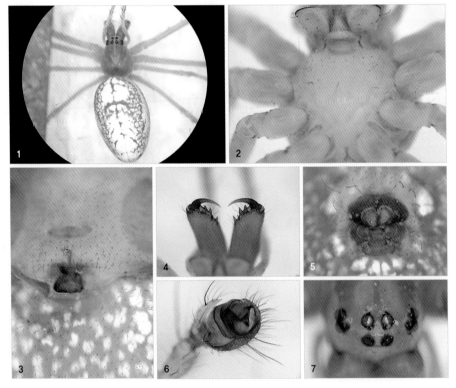

1 등면(암컷) **2** 가슴판(암컷) **3** 외부생식기(암컷) **4** 위턱(암컷) **5** 실젖(암컷) **6** 더듬이다리(수컷) **7** 눈 배열(수컷)

만주굴시내거미

Meta manchurica Marusik and Koponen, 1992

- *Meta manchurica* Namkung, 2001: p. 228.
- *Meta menardi* Paik et al., 1969: p. 823.

몸길이 암컷 11~14㎜
　　　　수컷 10~11㎜
서식지 동굴
국내 분포 충남, 충북, 경북, 제주
국외 분포 러시아

주요 형질 배갑은 황갈색이며 가슴판은 갈색이고 암갈색 털이 듬성듬성 나 있다. 배는 달걀처럼 둥글며 황갈색 바탕에 암갈색 무늬가 있다. 사는 곳의 환경, 유체, 성체에 따라 색의 진하기가 달라진다.
행동 습성 흰 공 모양 알주머니를 매달고 아래쪽에서 어미가 껴안아 보호한다.

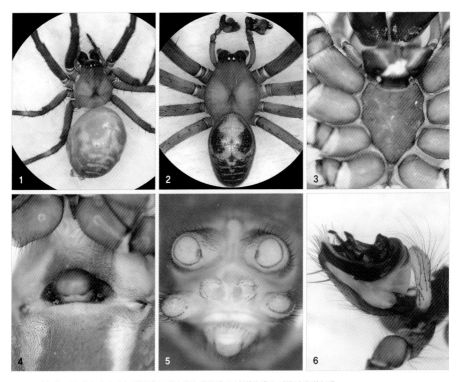

1 등면(암컷) 2 등면(수컷) 3 가슴판(암컷) 4 외부생식기(암컷) 5 실젖(암컷) 6 더듬이다리(수컷)

얼룩시내거미

Meta reticuloides Yaginuma, 1958

● *Meta reticuloides* Yaginuma, 1958: p. 26; Namkung, 2003: p. 231.

몸길이 암컷 6~10mm, 수컷 4~6mm
서식지 계곡, 산
국내 분포 경기, 강원, 충남, 충북, 경남, 경북, 제주
국외 분포 일본

주요 형질 배갑은 흐린 황색이다. 머리 앞쪽과 앞 옆눈에서 목홈으로 검은 무늬가 뻗었고, 가슴홈 앞쪽에도 흑갈색 세로무늬가 있다. 다리는 담황색이며 검은 반점이 흩어져 있다. 배는 공 모양으로 볼록하며 회황색 바탕에 많은 흑갈색 반점이 얼룩져 나뭇잎 모양을 이룬다.
행동 습성 어둡고 습한 산속, 계곡의 바위 밑이나 벼랑 아래 등에 둥근 모양 그물을 만들고 먹이를 잡는다.

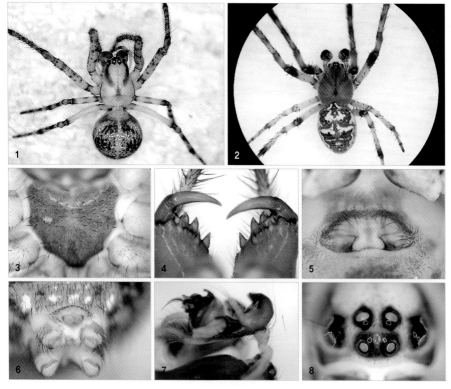

1 등면(암컷) **2** 등면(수컷) **3** 가슴판(암컷) **4** 위턱(암컷) **5** 외부생식기(암컷) **6** 실젖(암컷) **7** 더듬이다리(수컷) **8** 눈 배열(수컷)

병무늬시내거미

Metleucauge kompirensis (Bösenberg and Strand, 1906)

- *Meta kompirensis* Bösenberg and Strand, 1906: p. 181.
- *Metleucauge kompirensis* Kim et al., 1999: p. 55.

몸길이 암컷 11~14㎜, 수컷 8~10㎜
서식지 냇가, 산
국내 분포 경기, 강원, 충북, 전북, 경남, 경북, 제주
국외 분포 러시아, 일본, 중국, 대만

주요 형질 배갑은 황갈색이며 눈구역에서 가슴 쪽으로 뻗는 적갈색 줄무늬가 2개 있다. 다리는 갈색이며 각 마디 끝쪽의 색이 진하고 흑갈색 고리무늬가 있다. 배는 회백색 바탕에 말굽처럼 생긴 갈색 무늬가 있고, 어깨에 황갈색 나뭇잎무늬가 있으나 개체에 따라 없는 것도 있다.

행동 습성 흐르는 냇물 위에 수평 또는 비스듬하게 둥근 모양 그물을 친다.

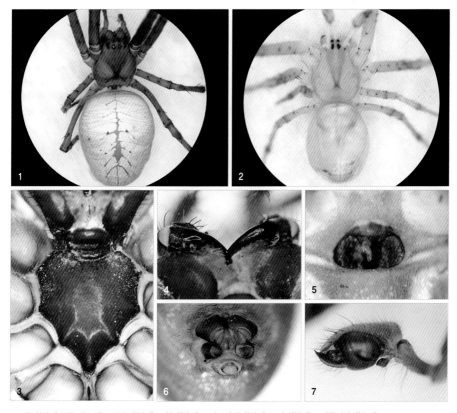

1 등면(암컷) **2** 등면(수컷) **3** 가슴판(암컷) **4** 위턱(암컷) **5** 외부생식기(암컷) **6** 실젖(암컷) **7** 더듬이다리(수컷)

안경무늬시내거미

Metleucauge yunohamensis (Bösenberg and Strand, 1906)

- Meta yunohamensis Bösenberg and Strand, 1906: p. 180.
- Metleucauge yunohamensis Kim et al., 1999: p. 56.

몸길이 암컷 10~13mm, 수컷 8~10mm
서식지 냇가, 산
국내 분포 경기, 강원, 충북, 전북,
경남, 경북, 제주
국외 분포 러시아, 일본, 중국, 대만

주요 형질 배갑은 황갈색이며 머리 가운데 부분으로 뻗은
갈색 무늬에 안경처럼 생긴 노란색 무늬가 1쌍 있다. 다리
는 횡갈색이며 암갈색 고리무늬와 가시털이 있다. 배는 타
원형이며 흰색이나 연한 황갈색 바탕에 선명한 나뭇잎무늬
가 1쌍 있다.
행동 습성 냇물 위, 냇가의 나무 사이에 수평으로 크고 둥근
그물을 만든다.

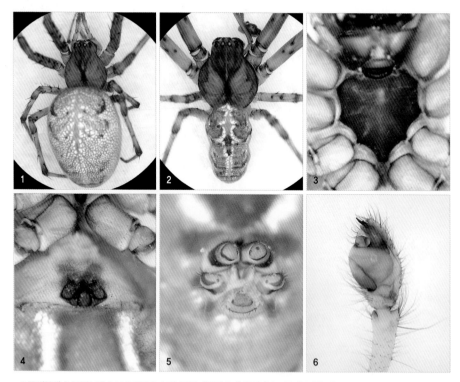

1 등면(암컷) **2** 등면(수컷) **3** 가슴판(암컷) **4** 외부생식기(암컷) **5** 실젖(암컷) **6** 더듬이다리(수컷)

애가랑갈거미

Pachygnatha tenera Karsch, 1879

- *Pachygnatha tenera* Karsch, 1879: p. 64.
- *Dyschiriognatha tenera* Kim et al., 2008: p. 34.

몸길이 암컷 2.5~3㎜, 수컷 2~2.5㎜
서식지 논밭, 풀밭
국내 분포 경기, 충남, 전남, 제주
국외 분포 일본, 중국

주요 형질 배갑은 긴 마름모꼴이고 머리가 가슴보다 높다. 배는 긴 달걀 모양이며 흐린 회황색 바탕에 검은 줄무늬가 있고 은빛 비늘무늬가 흩어져 있다. 밥통홈이 보이지 않으며, 암컷의 생식기는 배 아랫면 가운데에 있다.

행동 습성 풀숲 사이를 돌아다니며 벌레를 잡아먹는다. 논의 모판에서 많이 보이고, 그물은 작고 둥글게 치는 것으로 보이나 확실하지 않다.

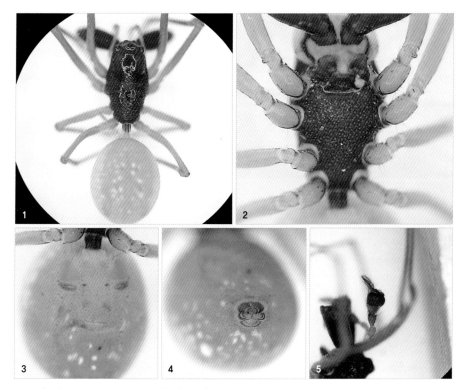

1 등면(암컷) **2** 가슴판(암컷) **3** 외부생식기(암컷) **4** 실젖(암컷) **5** 더듬이다리(수컷)

턱거미

Pachygnatha clercki Sundevall, 1823

- *Pachygnatha clerckii* Sundevall, 1823: p. 16.
- *Pachygnatha clercki* Namkung, 1964: p. 40; 2003: p. 236.

몸길이 암컷 5~6㎜, 수컷 4.5~5.5㎜
서식지 논밭, 냇가, 산
국내 분포 경기, 강원, 충북, 전남,
전북, 경남, 경북
국외 분포 일본, 중국, 러시아,
유럽, 미국, 캐나다. 그린란드

주요 형질 배갑은 황갈색이고 한가운데 있는 줄무늬와 목
홈, 가장자리 무늬가 모두 갈색이며, 작고 오목한 점이 전체
에 흩어져 있다. 다리는 황색이며 무늬나 가시털이 별로 없
다. 배는 달걀 모양으로 볼록하고 윗면은 황갈색으로 한가
운데 밝고 폭넓은 갈색 무늬가 있다. 수컷은 배갑과 배 윗면
색이 모두 짙고 어둡다.
행동 습성 습지 주변의 풀밭이나 논의 벼 포기 사이에 원형 그
물을 치며 배회하기도 한다.

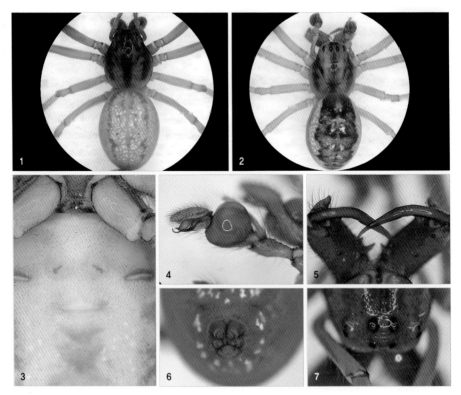

1 등면(암컷) **2** 등면(수컷) **3** 외부생식기(암컷) **4** 더듬이다리의(수컷) **5** 위턱의 (수컷) **6** 실젖 **7** 눈 배열

꼬리갈거미

Tetragnatha caudicula (Karsch, 1879)

● *Eugnatha caudicula* Karsch, 1879: p. 66.

몸길이 암컷 12~15㎜, 수컷 10~12㎜
서식지 논밭, 풀밭
국내 분포 경기, 강원, 충북, 경북, 제주
국외 분포 러시아, 일본, 중국, 대만

주요 형질 배갑은 황갈색이며 목홈, 방사홈이 뚜렷하다. 다리는 황색이며 짧은 가시털이 있다. 배는 길고 뒤쪽 끝이 꼬리 모양으로 뾰족하다. 배 윗면은 황백색 비늘무늬가 깔렸고 아랫면 가운데 부분에 가느다랗고 검은 무늬가 뻗어 있다.
행동 습성 풀밭이나 논밭 등에 수평으로 둥근 그물을 치며 낮에는 풀잎 뒤에 숨는다.

1 등면(암컷) **2** 가슴판(암컷) **3** 위턱(암컷) **4** 외부생식기(암컷) **5** 실젖(암컷)

민갈거미

Tetragnatha maxillosa Thorell, 1895

- *Tetragnatha maxillosa* Thorell, 1895: p. 139; Kim et al., 1999: p. 67.
- *Tetragnatha japonica* Paik and Namkung, 1979: p. 52.

몸길이 암컷 10~13mm, 수컷 7~10mm
서식지 논, 들판, 냇가, 계곡, 산
국내 분포 경기, 강원, 충남, 충북, 전남, 전북, 경남, 경북, 제주
국외 분포 일본, 중국, 러시아, 방글라데시, 필리핀, 남아프리카, 뉴헤브리디스

주요 형질 배갑은 연한 황갈색이며 목홈과 가슴홈이 뚜렷하다. 가슴판은 어두운 황갈색이다. 다리는 황길색이며 길고 가시털이 길게 난다. 배는 길고 홀쭉한 편이며, 황백색 바탕에 은백색 비늘무늬가 있으며 윗면 가운데의 세로무늬와 그 양쪽에 있는 곡선무늬 4~5쌍은 암갈색이다. 배 아랫면은 암갈색이고, 암컷의 생식기는 방망이 모양으로 길게 늘어서 있다.

행동 습성 풀밭이나 물가, 논의 벼 사이에 수평으로 원형 그물을 치며 논에서 대형 해충의 중요 천적이다.

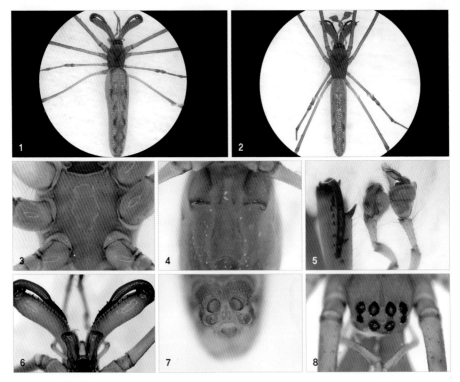

1 등면(암컷) **2** 등면(수컷) **3** 가슴판(암컷) **4** 외부생식기(암컷) **5** 더듬이다리(수컷) **6** 위턱(암컷) **7** 실젖 **8** 눈 배열

백금갈거미
Tetragnatha pinicola L. Koch, 1870

● *Tetragnatha pinicola* L. Koch, 1870: p. 11; Kim et al., 1999: p. 69.

몸길이 암컷 8~10mm, 수컷 5~6mm
서식지 산
국내 분포 경기, 강원, 충남, 충북, 전남, 전북, 경남, 경북, 제주
국외 분포 구북구

주요 형질 배갑은 밝은 황갈색이며 목홈, 가슴홈은 검다. 가슴판은 긴 삼각형으로 흑갈색이며 가운데는 황백색이다. 다리는 황갈색이며 특별한 무늬가 없고 가시털이 약간 있다. 배는 은옥색으로 빛나며 한가운데 검은 점 몇 쌍이 늘어선다. 배 아랫면은 암갈색 바탕에 황갈색 줄무늬가 있고 은백색 반점이 흩어져 있다.
행동 습성 높이 1,500~2,500m 지대에 있는 풀과 나무 사이에 수평으로 둥근 그물을 만든다.

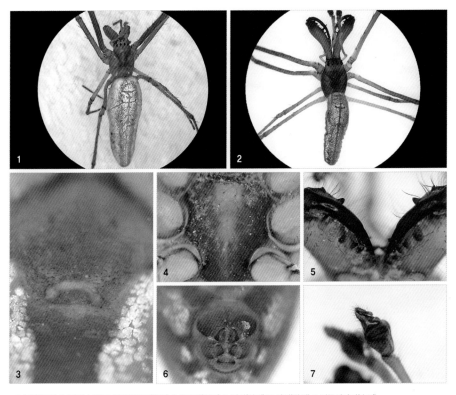

1 등면(암컷) **2** 등면(수컷) **3** 외부생식기(암컷) **4** 가슴판(암컷) **5** 위턱(암컷) **6** 실젖(암컷) **7** 더듬이다리(수컷)

북방갈거미

Tetragnatha yesoensis Saito, 1934

● *Tetragnatha yesoensis* Saito, 1934: p. 334; Kim et al., 1999: p. 73.

몸길이 암컷 7~10㎜, 수컷 6~8㎜
서식지 산
국내 분포 충북, 경남, 경북, 제주
국외 분포 일본, 중국, 러시아

주요 형질 배갑은 황갈색이며 목홈, 방사홈, 가슴홈이 뚜렷
하다. 다리는 황갈색으로 가늘고 길며 검은색 가시털이 있
다. 배는 황록색이며 은빛 비늘무늬로 덮이고, 자극을 받으
면 갈색 나뭇가지 모양 무늬가 나타난다. 비늘갈거미와 닮
았으나 수컷의 위턱돌기와 배의 붉은색 반점이 없으므로
구별된다.
행동 습성 잡목림이나 키가 작은 나무, 풀숲 등에 수평으로
작고 둥근 그물을 만든다.

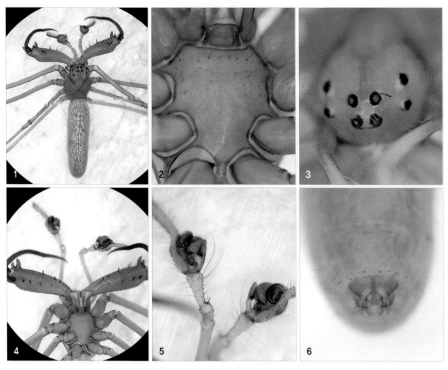

1 등면(수컷) 2 가슴판(수컷) 3 눈 배열(수컷) 4 위턱(수컷) 5 더듬이다리(수컷) 6 실젖(수컷)

비늘갈거미

Tetragnatha squamata Karsch, 1879

- *Tetragnatha squamata* Karsch, 1879: p. 65; Paik and Namkung, 1979: p. 55; Kim et al., 2008: p. 40.

몸길이 암컷 7~9㎜, 수컷 5~7㎜
서식지 도시, 논밭, 들판, 강가,
계곡, 산
국내 분포 경기, 강원, 충남, 충북,
경남, 경북, 제주
국외 분포 일본, 중국, 러시아, 대만

주요 형질 배갑은 황갈색이며 목홈과 가슴홈이 뚜렷하다.
가슴판은 담갈색으로 가는 털이 성글게 나 있다. 다리는
황록색이며 긴 가시털이 있다. 배는 긴 타원형이며 황록
색 또는 초록색 바탕에 은백색 비늘무늬로 덮이고, 수컷
은 윗면 앞쪽과 뒤쪽에 붉은색 무늬가 있다. 자극을 받으
면 몸 색깔이 변한다.
행동 습성 인가 부근, 풀밭, 논이나 산의 나뭇잎 뒤 등에
수평으로 작은 원형 그물을 친다.

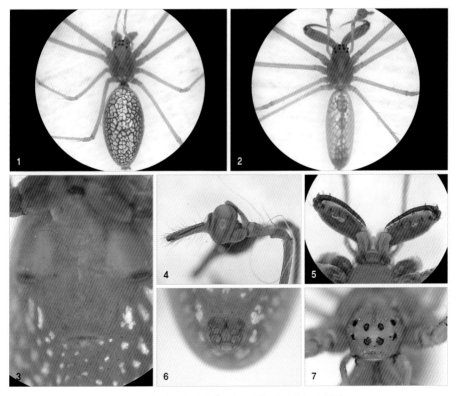

1 등면(암컷) **2** 등면(수컷) **3** 외부생식기(암컷) **4** 더듬이다리(수컷) **5** 위턱(수컷) **6** 실젖 **7** 눈 배열

장수갈거미

Tetragnatha praedonia L. Koch, 1878

● Tetragnatha praedonia L. Koch, 1878: p. 744; Paik and Namkung, 1979: p. 53; Kim et al., 2008: p. 39.

몸길이 암컷 13~15mm
　　　　수컷 10~12mm
서식지 도시, 논밭, 들판, 강가, 냇가, 계곡, 산
국내 분포 경기, 강원, 충남, 충북, 전남, 전북, 경남, 경북, 제주
국외 분포 일본, 중국, 러시아, 대만, 라오스

주요 형질 배갑은 적갈색이며 머리 뒤쪽과 가장자리 색이 진하다. 다리는 적갈색으로 크고 길며 가시털이 많다. 배는 긴 원통형이고 윗면은 황갈색 바탕에 은빛 비늘무늬로 덮이며, 세로로 길게 뻗은 흑갈색 물결무늬 1쌍은 가운데 부분이 밝다. 암컷의 생식기에 있는 개구부는 코 모양으로 넓적하다.
행동 습성 계곡이나 하천가의 풀숲 등에 수평으로 원형 그물을 친다.

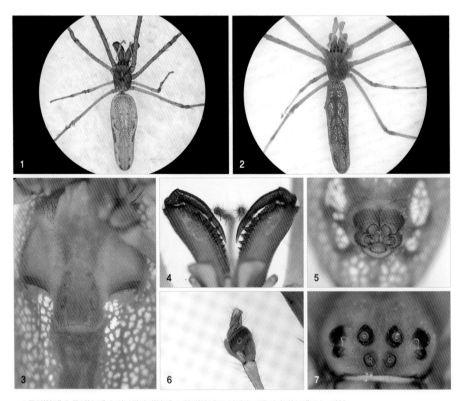

1 등면(암컷) 2 등면(수컷) 3 외부생식기(암컷) 4 위턱(암컷) 5 실젖 6 더듬이다리(수컷) 7 눈 배열

큰배갈거미

Tetragnatha extensa (Linnaeus, 1758)

- *Aranea extensa* Linnaeus, 1758: p. 621.
- *Tetragnatha extensa* Kim et al, 1999: p. 65.

몸길이 암컷 10~12㎜, 수컷 6~9㎜
서식지 계곡, 산
국내 분포 경기, 강원, 충남, 충북, 전북, 경남, 경북, 제주
국외 분포 전북구, 마데이라제도

주요 형질 배갑은 황갈색이며 가장자리에 있는 홈 끝은 암갈색이다. 다리는 암갈색이며 작은 가시털이 있다. 배는 너비가 넓은 편이고 윗면은 은빛 비늘무늬로 덮여 있고, 아랫면 가운데에 폭넓은 검은 무늬가 있고 양 옆은 은빛을 띤다. **행동 습성** 계곡 옆 풀숲에 수평으로 둥근 그물을 친다.

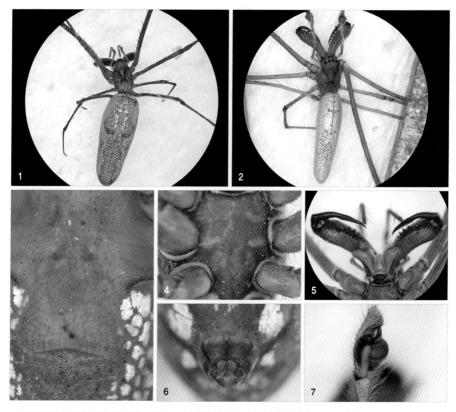

1 등면(암컷) 2 등면(수컷) 3 외부생식기(암컷) 4 가슴판(암컷) 5 위턱(암컷) 6 실젖(암컷) 7 더듬이다리(수컷)

무당거미과
Nephilidae

무당거미

Nephila clavata L. Koch, 1878

● *Nephila clavata* L. Koch, 1878: p. 741; Namkung, 2003: p. 234.

몸길이 암컷 20~30mm, 수컷 6~10mm
서식지 인가 주변, 풀밭
국내 분포 경기, 강원, 충남, 충북,
전남, 전북, 경남, 경북, 제주
국외 분포 일본, 중국, 대만, 인도

주요 형질 등갑은 갈색이며 짧은 은백색 털로 덮여 있고, 가슴판은 흑갈색으로 가운데에 노란색 무늬가 있다. 다리는 흑갈색이며 노란색 고리무늬가 있다. 배는 노란색이며 녹청색 띠무늬가 4~5개 있고, 뒤쪽 옆면에 커다란 붉은빛 무늬가 있다. 수컷은 몸집이 작아서 다른 종처럼 보인다.

행동 습성 인가 주변이나 풀밭의 나뭇가지 사이에 커다란 말굽 모양으로 생긴 불규칙한 입체 그물을 만든다. 큰 나무 껍질 틈이나 건물 벽 등에 타원형 흰색 알주머니를 만들어 알을 400~500개 낳는다.

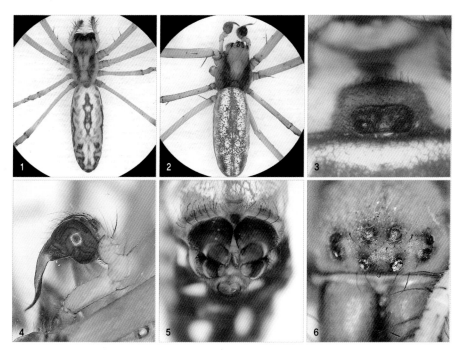

1 등면(암컷) **2** 등면(수컷) **3** 외부생식기(암컷) **4** 더듬이다리(수컷) **5** 실젖 **6** 눈 배열

왕거미과
Araneidae

가랑잎왕거미

Acusilas coccineus Simon, 1895

● *Acusilas coccineus* Simon, 1895: p. 785; Namkung, 2003: p. 257; Shin, 2007: p. 163.

몸길이 암컷 8~11㎜, 수컷 5~6㎜
서식지 풀밭, 들판, 산
국내 분포 강원, 충북, 전남, 경북, 제주
국외 분포 일본, 중국, 대만

주요 형질 등갑은 적갈색이고 목홈은 길며 가슴홈이 짧다. 다리는 적갈색이며 수컷의 다리에 짙은 고리무늬가 있다. 배는 긴 타원형이고 회갈색이며 폭넓은 암회색 세로무늬가 있는 근점 4쌍이 뚜렷하게 나타난다.
행동 습성 햇빛이 잘 들지 않는 나무 아래나 풀숲 사이에 모양이 불규칙한 둥근 그물을 치고, 그 위에 가랑잎을 매달아 몸을 숨기고 있다가 먹이가 그물에 걸리면 가랑잎 집 속으로 끌고 들어가 먹는다.

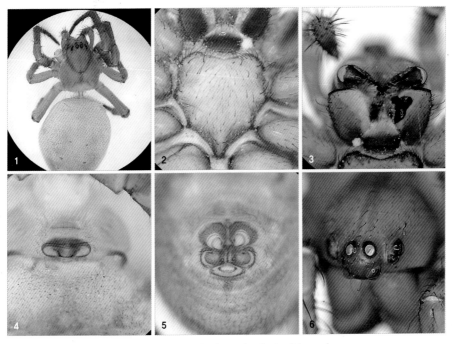

1 등면(암컷) 2 가슴판(암컷) 3 위턱(암컷) 4 외부생식기(암컷) 5 실젖(암컷) 6 눈 배열

먹왕거미

Alenatea fuscocolorata (Bösenberg and Strand, 1906)

- *Aranea fuscocolorata* Bösenberg and Strand, 1906: p. 224.
- *Alenatea fuscocolorata* Kim and Kim, 2002: p. 178; Shin, 2007: p. 166.
- *Alenatea fuscocoloratus* Namkung, 2003: p. 256.

몸길이 암컷 5~7㎜, 수컷 4~6㎜
서식지 들판, 산
국내 분포 경기, 강원, 충남, 충북,
전북, 경남, 경북
국외 분포 일본, 중국, 대만

주요 형질 등갑은 황갈색이며 머리와 양 옆쪽에 검은 무늬가
있다. 다리는 황갈색이며 암갈색 고리무늬가 있고 가시털이
많다. 배는 너비가 넓은 편으로 윗면 앞부분에 나비 모양 황갈
색 무늬가 있으며, 그 뒤쪽으로 검은 나뭇잎무늬가 있고, 옆쪽
에 황백색 점무늬가 늘어서나 개체마다 색깔이 많이 다르다.
아랫면 밥통홈과 실젖 사이에 큰 사각형 황색 무늬가 있다.
행동 습성 산이나 들판의 낮은 나뭇가지 사이에 둥근 그물
을 만들며 보통 나뭇가지 사이나 나뭇잎 뒤에 숨는다. 5~7
월에 관찰된다.

1 등면(암컷) **2** 가슴판(암컷) **3** 위턱(암컷) **4** 외부생식기(암컷) **5** 실젖(암컷) **6** 눈 배열

노랑무늬왕거미

Araneus ejusmodi Bösenberg and Strand, 1906

- *Araneus ejusmodi* Bösenberg and Strand, 1906: p. 229; Namkung, 2003: p. 253.

몸길이 암컷 6~8mm, 수컷 5~6mm
서식지 산
국내 분포 경기, 강원, 충남, 경북,
제주
국외 분포 일본, 중국, 대만, 러시아

주요 형질 등갑은 검은색이며 머리가 둥글게 융기하고, 목홈,
방사홈이 뚜렷하다. 가슴판은 검다. 더듬이다리와 다리는 황
색 또는 갈색으로 앞다리 넓적다리마디와 종아리마디 끝쪽이
검고, 뒷다리 각 마디 끝쪽은 모두 암갈색이다. 배는 짧은 타
원형으로 검은색 바탕에 노란색 곡선무늬가 3줄 있다.
행동 습성 산의 나뭇가지나 풀숲 사이에 둥근 그물을 만들
고 낮에는 나뭇잎 뒤에 숨어 있다가 밤에 주로 먹이를 잡아
먹는다.

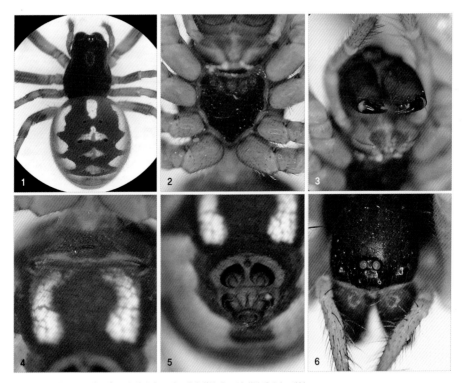

1 등면(암컷) **2** 가슴판(암컷) **3** 위턱(암컷) **4** 외부생식기(암컷) **5** 실젖(암컷) **6** 눈 배열

당왕거미

Araneus tsurusakii Tanikawa, 2001

- *Araneus tsurusakii* Tanikawa, 2001: p. 66; Namkung, 2003: p. 254.
- *Araneus viperifer* Namkung, 2001: p. 252.

몸길이 암컷 4~6mm, 수컷 3~4mm
서식지 풀밭, 산
국내 분포 경기, 강원, 충북, 전남, 경북
국외 분포 일본, 중국

주요 형질 등갑은 등황색이며 흰 털이 많고, 가슴판은 원통형으로 갈색 가장자리에 줄이 있다. 다리는 등황색이며 가느다란 흰색 털과 갈색 가시털이 많다. 배는 길이가 길며 뒤끝이 실젖을 넘어 뾰족하게 뻗었고, 윗면에 폭넓은 담갈색 나뭇잎무늬와 근점 2쌍이 있다. 아랫면에는 커다란 사각형 흰색 무늬가 있고, 갈색 실젖에도 흰색 점무늬가 2쌍 있다. 행동 습성 풀밭이나 산의 활엽수 잎 사이에 작고 둥근 그물을 만들며 5~8월에 관찰된다.

1 등면(수컷) **2** 가슴판(수컷) **3** 실젖(암컷) **4** 외부생식기(암컷) **5** 눈 배열

마불왕거미

Araneus marmoreus Clerck, 1757

● *Araneus marmoreus* Clerck, 1757: p. 29; Namkung, 2003: p. 246.

몸길이 암컷 17~22㎜, 수컷 10~22㎜
서식지 산
국내 분포 강원, 경북
국외 분포 일본, 중국, 몽고,
러시아, 유럽, 미국

주요 형질 등갑은 담갈색이며 정중선과 가장자리홈, 목홈, 방사홈 등은 갈색이다. 다리는 황색이며 고리무늬는 적갈색이다. 배는 공 모양으로 앞쪽 끝이 가슴을 덮어 누르는 편이고, 노란색 바탕에 나뭇잎처럼 생긴 복잡한 황갈색 무늬가 있다.

행동 습성 산지성으로 작은 나무의 가지 사이나 풀숲 등에 수직으로 둥글게 그물을 친다.

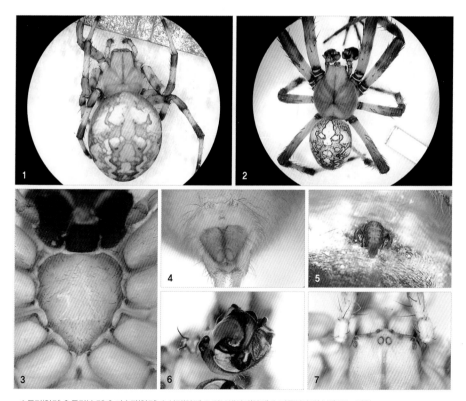

1 등면(암컷) 2 등면(수컷) 3 가슴판(암컷) 4 실젖(암컷) 5 외부생식기(암컷) 6 더듬이다리(수컷) 7 눈 배열

모서리왕거미
Araneus angulatus Clerck, 1757

● *Araneus angulatus* Clerck, 1757: p. 22; Namkung, 2003: p. 243.

몸길이 암컷 12~15㎜, 수컷 10~12㎜
서식지 고산지대
국내 분포 경기, 충남, 제주, 인천
국외 분포 중국, 러시아, 유럽

주요 형질 등갑은 황갈색이며 전체에 흰 털이 길게 난다. 가슴판은 암갈색이고 가운데에 노란색 무늬가 있다. 다리는 밝은 황갈색이며 각 마디에 암갈색 고리무늬가 있다. 배는 긴 달걀 모양이며 밝은 갈색 바탕에 나뭇잎 모양 암갈색 무늬가 있다. 뒷면은 어두운 노란색이며 가운데에 검은 무늬가 있다.
행동 습성 높은 산에서 볼 수 있으나 희귀하다.

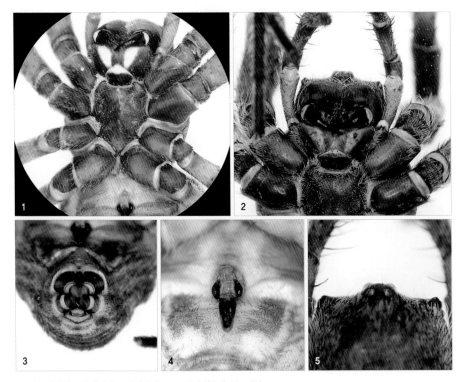

1 가슴판(암컷) **2** 위턱(암컷) **3** 실젖(암컷) **4** 외부생식기(암컷) **5** 눈 배열

미녀왕거미

Araneus mitificus (Simon, 1886)

- *Epeira mitifica* Simon, 1886: p. 150.
- *Araneus mitificus* Namkung, 2003: p. 248.

몸길이 암컷 8~10㎜, 수컷 5~6㎜
서식지 들판, 산
국내 분포 경기, 충남, 전남, 제주
국외 분포 일본, 중국, 필리핀, 인도

주요 형질 등갑은 적갈색이고 가슴홈은 'V' 자 모양이다. 가슴판은 암갈색이고 다리는 황록색이며 검은 고리무늬가 있다. 배는 원반 모양으로 둥글며, 윗면 앞쪽 가운데에 반달처럼 생긴 암회색 무늬가 있고, 그 뒤쪽에 검은 점무늬 4개가 가로로 붙어 있다.

행동 습성 산과 들의 나무 사이에 둥근 그물을 치며, 나뭇잎 뒤에 천막 같은 집을 만들고 숨는다.

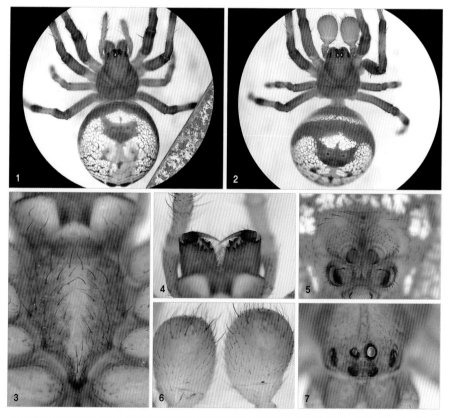

1 등면(암컷) 2 등면(수컷. 미성숙 개체) 3 가슴판(암컷) 4 위턱(암컷) 5 실젖(암컷) 6 더듬이다리(수컷. 미성숙 개체) 7 눈 배열

반야왕거미

Araneus nordmanni (Thorell, 1870)

- *Epeira nordmanni* Thorell, 1870: p. 77.
- *Araneus nordmanni* Namkung et al., 1972: p. 93; Namkung, 2003: p. 250.

몸길이 암컷 10~14㎜, 수컷 5~7㎜
서식지 고산지대
국내 분포 경기, 선남
국외 분포 일본, 러시아, 유럽, 미국

주요 형질 등갑은 회갈색이며 회백색 연한 털이 나고 옆면은 암갈색이다. 다리는 황갈색이며 각 마디에 폭넓은 암갈색 고리무늬와 검은 가시털이 있다. 배는 방패 모양으로 어깨 돌기가 있으며 한가운데에 암갈색 나뭇잎무늬가 있다.
행동 습성 키 작은 나무 사이나 풀숲 아래에 작은 그물을 치고 사는 희귀종이다.

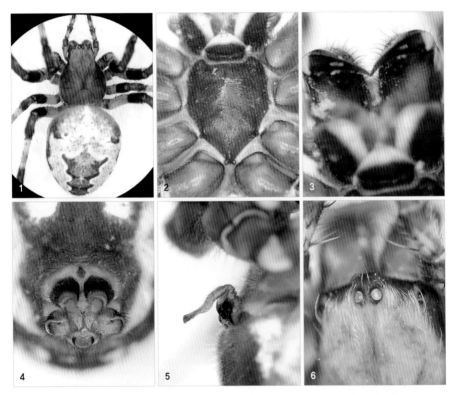

1 등면(암컷) **2** 가슴판(암컷) **3** 위턱(암컷) **4** 실젖(암컷) **5** 외부생식기(암컷) **6** 눈 배열

부석왕거미

Araneus ishisawai Kishida, 1920

● *Araneus ishisawai* Kishida, 1920: p. 474; Namkung, 2003: p. 245.

몸길이 암컷 18~20㎜, 수컷 10~12㎜
서식지 산
국내 분포 강원, 충북, 전남, 경북
국외 분포 일본, 러시아

주요 형질 등갑은 담황색이며 전체에 가는 회색 털이 나고, 정중선과 가장자리 줄은 갈색이다. 다리는 황백색이며 갈색 고리무늬와 같은 가시털이 있다. 배는 등황색이며 방패 모양이고 어깨 돌기가 있으며 황백색 나뭇잎무늬가 있다.
행동 습성 산 중턱의 작은 나무나 풀잎 사이에 수직으로 큰 원형 그물을 치고 넓은 잎 뒷면에 숨는다.

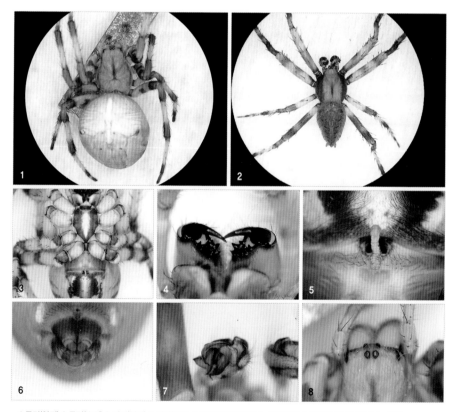

1 등면(암컷) **2** 등면(수컷) **3** 배면(암컷) **4** 위턱(암컷) **5** 외부생식기(암컷) **6** 실젖(수컷) **7** 더듬이다리(수컷) **8** 눈 배열

비단왕거미

Araneus variegatus Yaginuma, 1960

- *Araneus variegatus* Yaginuma, 1960: p. 4(appendix); Namkung, 2003: p. 244.

몸길이 암컷 15~18mm, 수컷 9~10mm
서식지 산
국내 분포 강원
국외 분포 일본, 중국, 러시아

주요 형질 등갑은 담갈색이며 목홈과 가슴홈이 뚜렷하다. 다리는 황갈색이며 흑갈색 고리무늬가 있다. 배는 황갈색이며 암갈색 나뭇잎무늬가 있다. 배 아랫면은 암갈색이며 가운데에 붉고 큰 무늬가 있다.
행동 습성 산의 사찰 건물, 석탑의 후미진 곳이나 나무 사이 등에 수직으로 둥글게 그물을 친다.

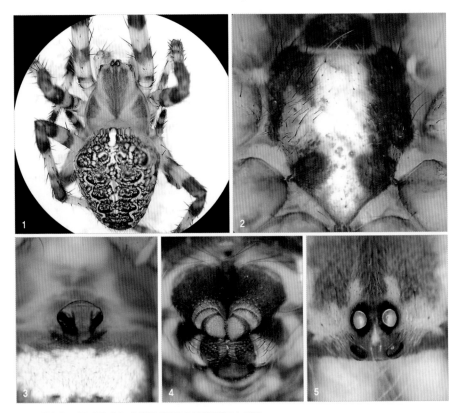

1 등면(암컷) **2** 가슴판(암컷) **3** 외부생식기(암컷) **4** 실젖(암컷) **5** 눈 배열

뿔왕거미

Araneus stella (Karsch, 1879)

- *Epeira stella Karsch, 1879: p. 69.*
- *Araneus stella Namkung, 2003: p. 252.*
- *Araneus tsuno Namkung, 2001: p. 250.*

몸길이 암컷 10~13㎜, 수컷 9~10㎜
서식지 산
국내 분포 경기, 강원, 충남, 전북,
경북, 제주
국외 분포 일본, 중국, 러시아

주요 형질 등갑은 황갈색이고 옆 가장자리는 다소 검다.
다리는 황갈색이며 끝쪽으로 갈수록 검어진다. 배는 방패
모양으로 뒤쪽으로 좁아지고 어깨가 뿔처럼 튀어나왔다. 배
윗면 뒷부분에 띠무늬가 4~5개 있으며 색이나 무늬는 개
체마다 차이가 있다.
행동 습성 산지성으로 고원이나 산골짜기, 나뭇가지나 풀
숲에 작고 둥근 그물을 친다.

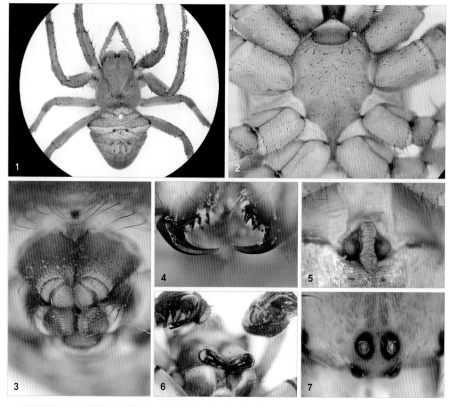

1 등면(암컷) 2 가슴판(암컷) 3 실젖(암컷) 4 위턱(암컷) 5 외부생식기(암컷) 6 더듬이다리(수컷) 7 눈 배열

산왕거미
Araneus ventricosus (L. Koch, 1878)

- *Epeira ventricosa* L. Koch, 1878: p. 739.
- *Araneus ventricosus* Paik and Namkung, 1979: p. 42; Namkung, 2003: p. 241; Shin, 2007: p. 146.

몸길이 암컷 20~30mm
　　　수컷 15~20mm
서식지 도시, 논밭, 들판, 강가,
냇가, 계곡, 산
국내 분포 경기, 강원, 충남, 충북,
전남, 전북, 경남, 경북, 제주
국외 분포 일본, 중국, 러시아, 대만

주요 형질 등갑은 적갈색 또는 암갈색이며 목홈, 방사홈이 뚜
렷하고 가슴홈은 가로로 놓여 있다. 다리는 크고 강하며 암갈
색 고리무늬가 있고 가시털이 많다. 배는 갈색 또는 흑갈색으
로 어깨 돌기와 검은 나뭇잎무늬가 있으나 개체마다 색깔이
많이 다르다.
행동 습성 들판, 인가 주변, 산에 널리 서식한다. 저녁에 크
고 둥근 모양으로 그물을 치고 아침에 거두며 낮에는 은신
처에 숨는다.

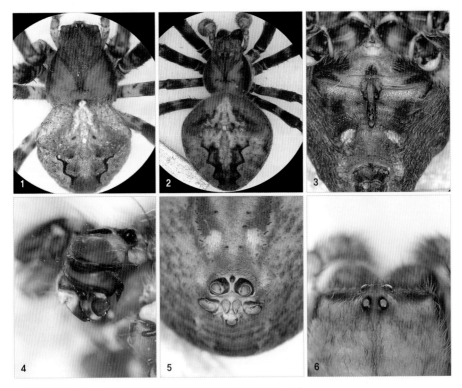

1 등면(암컷) 2 등면(수컷) 3 외부생식기(암컷) 4 더듬이다리(수컷) 5 실젖 6 눈 배열

선녀왕거미

Araneus pentagrammicus (Karsch, 1879)

- *Miranda pentagrammica* Karsch, 1879: p. 72.
- *Araneus pentagrammicus* Namkung, 2003: p. 249.

몸길이 암컷 9~11mm, 수컷 5~6mm
서식지 산
국내 분포 경남, 제주
국외 분포 일본, 중국, 대만

주요 형질 등갑은 황갈색이고 옆면은 녹색을 띤다. 다리는 청록색으로 무릎의 마디 쪽은 암갈색이며 가시털이 많다. 배는 공 모양이고, 윗면은 백록색이며 가로 금 몇 쌍과 가운데 부분 근처에 큰 점 3~4쌍이 늘어서 있다.

행동 습성 활엽수 사이에 그물을 치고 그 잎을 구부려 천막 모양 집을 만들어 숨어 있다가 먹이가 걸리면 뛰어나가 안으로 가지고 들어온다.

1 등면(암컷) **2** 위턱(암컷) **3** 실젖(암컷) **4** 외부생식기(암컷) **5** 눈 배열

어리먹왕거미

Araneus acusisetus Zhu and Song, 1994

- *Araneus acusisetus* Zhu and Song in Zhu et al., 1994: p. 27; Namkung, 2003: p. 255.
- *Araneus fuscocoloratoides* Namkung, 2001: p. 254.

몸길이 암컷 5~6㎜, 수컷 3.5~4㎜
서식지 산
국내 분포 경기, 강원, 충북, 경북
국외 분포 일본

주요 형질 등갑은 연한 황갈색이며 머리와 옆면에 검은 무늬와 흰 털이 늘어선다. 배는 너비가 조금 큰 마름모꼴이며, 윗면 앞쪽에 번갯불 모양 흰색 띠무늬가 있고 잇따르는 나뭇잎무늬가 있다.
행동 습성 나뭇가지 사이나 풀숲 사이에 작고 둥근 그물을 치고 나뭇잎 뒷면에 숨어 산다. 5~7월에 관찰된다.

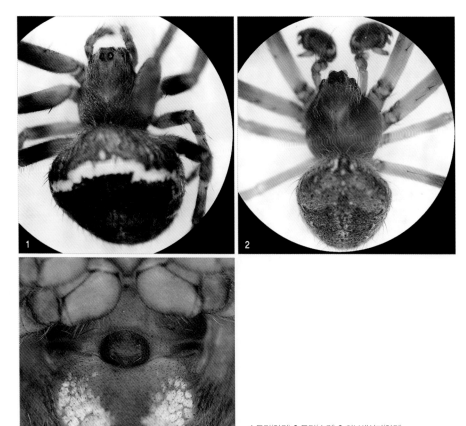

1 등면(암컷) **2** 등면(수컷) **3** 외부생식기(암컷)

탐라산왕거미

Araneus uyemurai Yaginuma, 1960

● *Araneus uyemurai* Yaginuma, 1960: p. 3(appendix); Namkung, 2003: p. 242.

몸길이 암컷 17~20mm
　　　 수컷 11~13mm
서식지 산
국내 분포 제주
국외 분포 일본, 러시아

주요 형질 등갑은 갈색이며 머리 뒤쪽과 목홈, 가슴 가장자리는 검다. 가슴판은 암갈색이며 가운데에 노란 줄무늬가 있다. 다리는 회갈색으로 암갈색 고리무늬와 긴 가시털이 있다. 배는 긴 편이며 윗면 앞쪽에 세로로 흰 무늬가 있고, 나뭇잎무늬는 선명한 황백색이며 선들이 둘러졌다. 아랫면은 검은색이고 실젖 앞쪽에 흰 반점이 1쌍 있다.
행동 습성 많은 수가 모여서 겨울을 난다.

1 등면(암컷) **2** 배면(암컷) **3** 위턱(암컷) **4** 외부생식기(암컷) **5** 눈 배열

195

각시꽃왕거미

Araniella displicata (Hentz, 1847)

- *Epeira displicata* Hentz, 1847: p. 476.
- *Araniella displicata* Kim, 1998: p. 2; Namkung, 2003: p. 279.

몸길이 암컷 6~11mm, 수컷 4~5mm
서식지 고산지대
국내 분포 강원
국외 분포 일본, 중국, 몽고, 러시아, 유럽, 미국

주요 형질 등갑은 황갈색이 도는 연한 적갈색이고, 가슴판은 황색으로 달걀 모양이다. 다리는 황갈색이며 가시털이 많고 각 마디 끝쪽은 색이 짙다. 배는 타원형이며 윗면은 노란색 바탕에 담녹색 나뭇잎무늬가 있고, 뒤쪽 옆면에 검은 점무늬가 3~4쌍 있다.

행동 습성 높은 산의 나뭇가지나 풀숲 사이에 작고 둥근 그물을 수직으로 만든다. 참꽃왕거미와 닮았으나 암수의 생식기 구조가 다르며, 5~8월에 관찰된다.

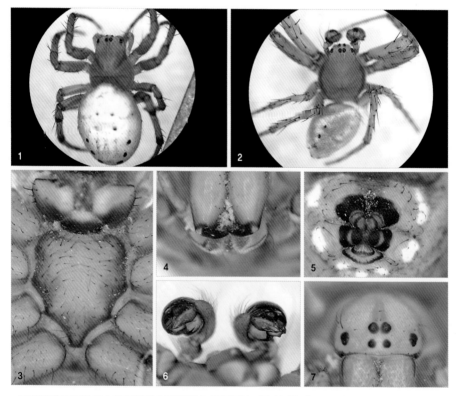

1 등면(암컷) 2 등면(수컷) 3 가슴판(암컷) 4 위턱(암컷) 5 실젖(암컷) 6 더듬이다리(수컷) 7 눈 배열

고려꽃왕거미

Araniella coreana Namkung, 2001

● *Araniella coreana* Namkung, 2001: p. 278, 2003: p. 280.

몸길이 암컷 6~8mm, 수컷 4~4.5mm
서식지 들판, 산
국내 분포 경기, 충남(한국 고유종)

주요 형질 등갑은 머리가 솟아올랐고 황백색이며 목홈, 방사홈, 가슴홈과 가장자리 선이 갈색이다. 가슴판은 볼록한 방패 모양으로 황갈색이며 갈색 털이 듬성듬성 나고 가장자리는 암갈색을 띤다. 다리는 적갈색이며 각 마디 끝쪽이 암갈색이고 긴 가시털이 있다. 배는 달걀 모양이고 윗면은 황백색 바탕에 근점이 3쌍 있으며 뒤쪽 옆면의 검은 점무늬 3쌍이 뚜렷하다.
행동 습성 산과 들의 키 작은 나무나 풀숲 사이에 작고 둥근 그물을 만들고 먹이를 사냥한다. 낮에는 나뭇잎 뒤에 숨어 있다가 밤에 사냥한다.

1 등면(암컷) **2** 가슴판(수컷) **3** 위턱(수컷) **4** 실젖(수컷) **5** 눈 배열

부리꽃왕거미

Araniella yaginumai Tanikawa, 1995

- *Araniella yaginumai* Tanikawa, 1995: p. 52; Namkung, 2003: p. 282.

몸길이 암컷 5~7mm, 수컷 4~5mm
서식지 들판, 산
국내 분포 경기, 강원, 충남, 충북,
전남, 경남, 경북
국외 분포 일본, 대만, 러시아

주요 형질 등갑은 연한 적갈색이며 머리와 가장자리 줄이 밝고 목홈, 방사홈, 가슴홈이 뚜렷하다. 다리는 연한 적갈색으로 마디 끝쪽 색이 진하며 갈색 가시털이 많다. 배는 달걀 모양이며 윗면은 황백색이고, 윗부분 옆면에 있는 검은 반점 3쌍이 뚜렷하다. 수컷은 대체로 색깔이 진하고 생식기에 부리처럼 생긴 말단 돌기가 있다
행동 습성 산과 들의 키 작은 나무 사이나 풀숲 사이에 작은 원형 그물을 치며, 낮에는 나뭇잎 뒤에 숨어 있다가 밤에 먹이를 잡는다.

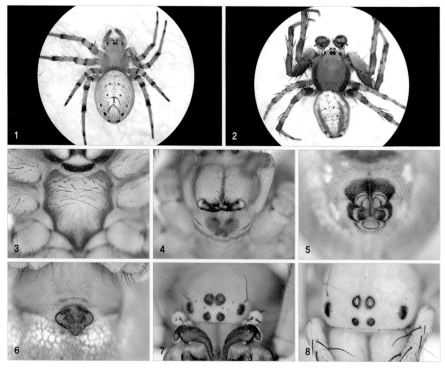

1 등면(암컷) **2** 등면(수컷) **3** 가슴판(암컷) **4** 위턱(암컷) **5** 실젖(암컷) **6** 외부생식기(암컷) **7** 더듬이다리(수컷) **8** 눈 배열

긴호랑거미

Argiope bruennichi (Scopoli, 1772)

- *Aranea brünnichii* Scopoli, 1772: p. 125.
- *Argiope bruennichi* Paik and Namkung, 1979: p. 42; Namkung, 2003: p. 276; Kim et al., 2008: p. 182.

몸길이 암컷 20~25㎜, 수컷 8~12㎜
서식지 논밭, 바닷가, 사구, 들판,
강가, 냇가, 계곡, 동굴, 산
국내 분포 경기, 강원, 충남, 충북,
전남, 전북, 경남, 경북, 제주
국외 분포 일본, 중국, 러시아, 유럽

주요 형질 등갑은 갈색이며 전체에 은백색 털이 덮인다.
가슴판은 검은색으로 한가운데에 폭넓은 황백색 줄무늬가
있다. 다리는 황갈색이며 각 마디 끝에 흑갈색 고리무늬가
있다. 배에는 검은 가로무늬 10여 개가 규칙적으로 늘어선
다. 암컷이 수컷보다 크며 윗면의 무늬도 훨씬 곱다.
행동 습성 산, 들의 풀숲에서 주로 생활한다. 둥근 그물
가운데에 지그재그 모양으로 흰 띠줄을 수직으로 달고 거
꾸로 매달려 있다가 자극을 받으면 몸을 흔들어 그물을
진동시킨다. 알주머니는 다갈색으로 둥근 항아리 모양이
며, 나뭇가지 사이나 풀숲 등에 매달려 겨울을 난다.

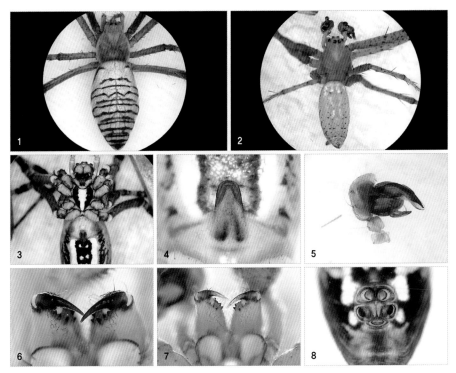

1 등면(암컷) **2** 등면(수컷) **3** 배면(암컷) **4** 외부생식기(암컷) **5** 더듬이다리(수컷) **6** 위턱(암컷) **7** 위턱(수컷) **8** 실젖(형태)

꼬마호랑거미

Argiope minuta Karsch, 1879

● *Argiope minuta* Karsch, 1879: p. 67; Namkung, 2003: p. 275; Shin, 2007: p. 158.

몸길이 암컷 8~12㎜, 수컷 4~5㎜
서식지 산
국내 분포 경기, 강원, 충북, 전남,
전북, 경남, 경북, 제주, 서울, 인천
국외 분포 일본, 중국, 대만,
방글라데시

주요 형질 등갑은 노란색이며 연한 흑갈색 무늬가 흰 털로 덮
인다. 가슴판은 바탕이 검은색이며 가운데 커다란 황백색 무
늬가 있다. 다리는 황갈색이며 검은 고리무늬가 있다. 배 윗면
은 노란색이며 앞쪽에 은빛 비늘무늬가 있고, 뒤쪽에 폭넓은
적갈색 가로무늬가 2줄 있다.
행동 습성 나뭇가지 사이나 풀숲 등에 뚜렷한 'X' 자 모양으
로 큰 띠줄을 치고서 앞다리와 뒷다리를 쭉 뻗고 있으며 자
극에 매우 민감하다. 알주머니는 가랑잎 모양 같은 편평한
다각형이다.

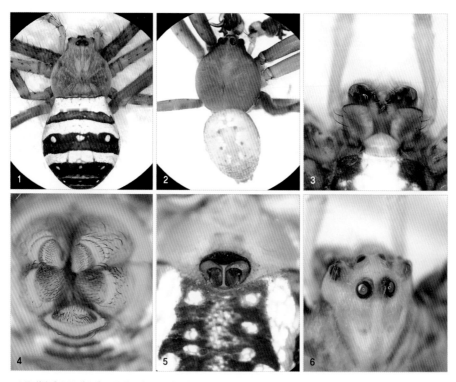

1 등면(암컷) 2 등면(수컷) 3 위턱(수컷) 4 실젖(수컷) 5 외부생식기(암컷) 6 눈 배열

레비호랑거미

Argiope boesenbergi Levi, 1983

● *Argiope boesenbergi* Levi, 1983: p. 279; Namkung, 2003: p. 274; Shin, 2007: p. 154.

몸길이 암컷 15~18㎜, 수컷 4~6㎜
서식지 산
국내 분포 제주
국외 분포 일본, 중국, 대만

주요 형질 등갑은 황갈색이며 흰 털이 덮이고, 배는 노란색이며 검은색 가로무늬가 늘어서 있다.
행동 습성 산과 들 키 작은 나무의 가지 사이나 풀숲에서 보이며 제주도 동남방에서 보이나 개체 수가 적은 편이다. 알주머니는 편평한 다각형이다.

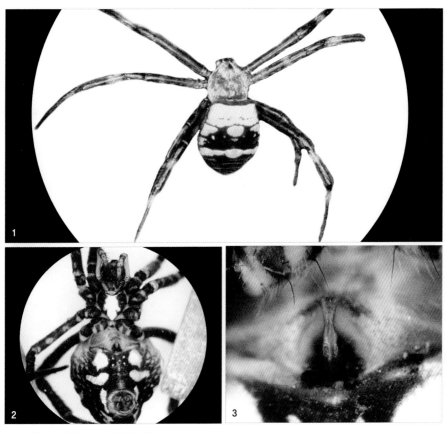

1 등면(암컷) **2** 배면(암컷) **3** 외부생식기(암컷)

호랑거미

Argiope amoena L. Koch, 1878

● *Argiope amoena* L. Koch, 1878: p. 735; Namkung, 2003: p. 273; Shin, 2007: p. 152.

몸길이 암컷 20~25㎜, 수컷 5~8㎜
서식지 들판, 산
국내 분포 경기, 강원, 충남, 충북, 전남, 경남, 경북, 제주
국외 분포 일본, 중국

주요 형질 등갑은 납작하며 암갈색 바탕에 회백색 털이 덮인다. 가슴판 가운데에 노란 줄무늬가 있다. 다리는 회갈색이며 검은 고리무늬가 있고 크고 단단한 가시털이 많다. 배는 앞쪽이 직선이고 뒤쪽은 넓은 방패 모양이다. 배 윗면에는 노란색과 암갈색이 엇갈리는 띠무늬가 늘어서 있다.

행동 습성 산과 들의 풀밭 같은 햇볕이 잘 드는 공간에 수직으로 크고 둥근 그물을 치고, 불완전한 'X' 자 모양 흰 띠줄 중앙에 거꾸로 매달린다. 알주머니는 담녹색이며 넓적한 다각형이다.

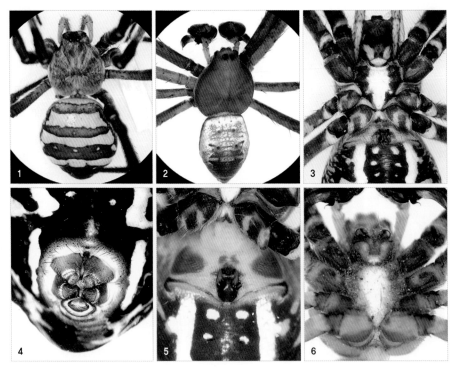

1 등면(암컷) **2** 등면(수컷) **3** 배면(암컷) **4** 실젖(수컷) **5** 외부생식기(암컷) **6** 가슴판(수컷)

머리왕거미

Chorizopes nipponicus Yaginuma, 1963

● *Chorizopes nipponicus* Yaginuma, 1963: p. 9; Namkung, 2003: p. 294.

몸길이 암컷 3.5~4.5㎜
　　　수컷 2.5~3㎜
서식지 산
국내 분포 경기, 강원, 충남, 충북,
전남, 경남
국외 분포 일본, 중국

주요 형질 등갑은 갈색이며 머리는 큰 공 모양이다. 가슴
판은 삼각형으로 흐린 갈색이며 가장자리 선이 진하다.
다리는 황갈색이며 가시털이 별로 없고 각 마디에 갈색
고리무늬가 있다. 배는 긴 사각형으로 넓적한 편이며 뒤
끝 쪽에 원뿔 돌기가 4개 있다. 배 윗면은 암갈색이며 흰
색 반점 몇 쌍이 들어 있는 폭넓은 나뭇잎무늬가 있다.
행동 습성 산의 나무나 풀숲 사이를 돌아다니며 다른 거
미의 그물에 침입해 주인 거미를 공격해서 잡아먹는 습성
이 있다.

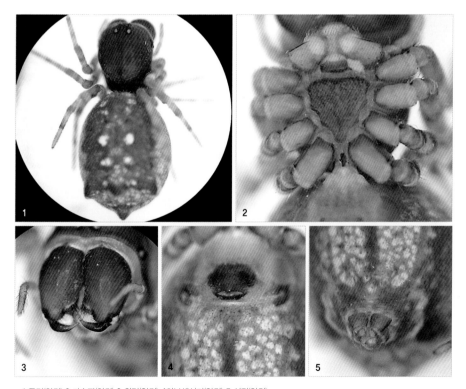

1 등면(암컷) **2** 가슴판(암컷) **3** 위턱(암컷) **4** 외부생식기(암컷) **5** 실젖(암컷)

넷혹먼지거미
Cyclosa sedeculata Karsch, 1879

● *Cyclosa sedeculata* Karsch, 1879: p. 74; Kim and Cho, 2002: p. 266; Namkung, 2003: p. 295.

몸길이 암컷 4~5㎜, 수컷 3~4㎜
서식지 들판, 산
국내 분포 경기, 강원, 충남, 충북, 경남, 경북
국외 분포 일본, 중국

주요 형질 등갑은 어두운 적갈색이며 머리가 볼록하나 너비가 가슴보다 좁다. 다리는 황색이며 갈색 고리무늬가 있다. 배 윗면은 황갈색이며 복잡한 암갈색 무늬가 늘어서고 뒤쪽 끝에 돌기가 4개 있다.
행동 습성 들판이나 산의 나뭇가지 사이에 수직으로 둥근 그물을 만들고 가운데에 먹이 찌꺼기나 먼지 등을 세로로 달아 놓은 먼지 주머니를 만들어 그 속에 숨어 지낸다.

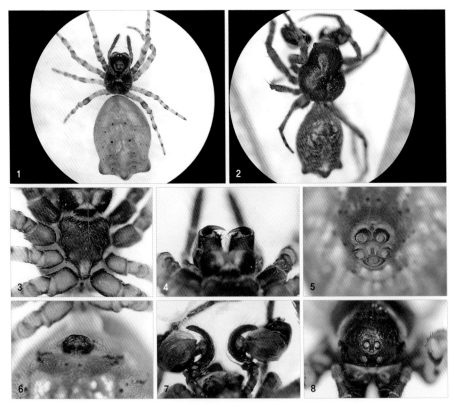

1 등면(암컷) **2** 등면(수컷) **3** 가슴판(암컷) **4** 위턱(암컷) **5** 실젖(암컷) **6** 외부생식기(암컷) **7** 더듬이다리(수컷) **8** 눈 배열

녹두먼지거미

Cyclosa vallata (Keyserling, 1886)

- *Epeira vallata* Keyserling, 1886: p. 149.
- *Cyclosa vallata* Namkung, 2003: p. 304.

몸길이 암컷 4~6㎜, 수컷 3~4㎜
서식지 섬, 바닷가
국내 분포 경기, 충남, 충북, 제주
국외 분포 일본, 중국, 대만,
오스트레일리아, 뉴기니

주요 형질 등갑은 짙은 갈색이나 머리 앞쪽은 밝은 황갈색이
다. 가슴판은 갈색이며 앞쪽에 황백색 가로무늬가 있고 옆 뒤
쪽에도 작은 반점이 있다. 다리는 황갈색이며 각 마디 끝쪽은
갈색이다. 배는 공 모양으로 둥글고 황갈색 바탕에 암갈색 나
뭇잎무늬가 있다.
행동 습성 따뜻한 지방의 섬이나 해안의 풀과 나무, 풀숲 사
이에 수평 또는 수직으로 둥근 그물을 만든다. 그물 가운데
에 먹이 찌꺼기, 알주머니, 그 밖에 부착물을 염주 모양으로
길게 매다는 것이 특징이다.

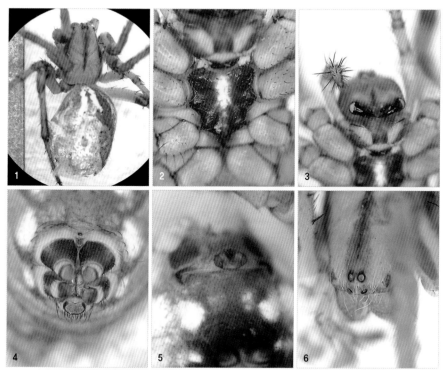

1 등면(암컷) 2 가슴판(암컷) 3 위턱(암컷) 4 실젖(수컷) 5 외부생식기(암컷) 6 눈 배열

복먼지거미

Cyclosa japonica Bösenberg and Strand, 1906

● *Cyclosa japonica* Bösenberg and Strand, 1906: p. 211; Kim and Cho, 2002: p. 265; Namkung, 2003: p. 300; Shin, 2007: p. 146.

몸길이 암컷 5~6mm, 수컷 4~5mm
서식지 산
국내 분포 경기, 강원, 충남, 충북, 전남, 경북, 제주
국외 분포 일본, 중국, 대만, 러시아

주요 형질 등갑은 암갈색이며 머리, 가슴홈 부근, 가장자리 쪽이 검다. 가슴판은 암갈색이며 앞쪽에 황백색 가로무늬가 있다. 다리는 황색이며 암갈색 고리무늬가 있다. 배윗면에 흰색 테두리가 있는 황갈색 점이 줄무늬를 이루고, 옆면은 검으나 전체적으로는 은빛 비늘무늬가 많다.
행동 습성 숲속 나무의 비교적 높은 곳, 나뭇가지 사이 등에 수직으로 둥근 그물을 만들고 가로 방향으로 매달려 있는 경우가 많다. 그물에 흰색 띠줄이나 먹이 찌꺼기 등을 붙여 놓기도 하며 자극에 매우 민감하다. 7~8월에 나뭇가지에 각뿔 모양 황갈색 알주머니를 만든다.

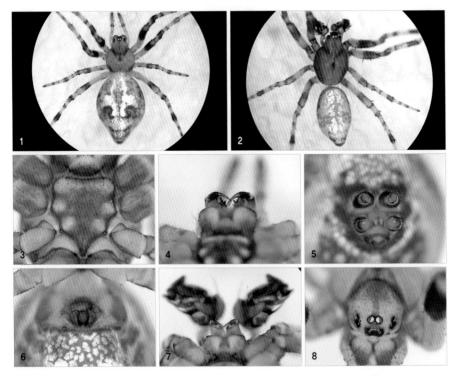

1 등면(암컷) **2** 등면(수컷) **3** 가슴판(암컷) **4** 위턱(암컷) **5** 실젖(암컷) **6** 외부생식기(암컷) **7** 더듬이다리(수컷) **8** 눈 배열

섬먼지거미

Cyclosa omonaga Tanikawa, 1992

- *Cyclosa omonaga* Tanikawa, 1992: p. 30; Namkung, 2003: p. 299.

몸길이 암컷 6~8㎜, 수컷 4~5㎜
서식지 섬, 바닷가
국내 분포 강원, 충남, 전남
국외 분포 일본, 중국, 대만

주요 형질 등갑은 황갈색이며 목홈과 가장자리 줄은 암갈색이다. 다리는 황갈색이며 갈색 고리무늬가 있다. 배는 볼록한 타원형으로 뒤쪽에 둔한 돌기가 1쌍 있고 끝쪽은 뾰족하다. 배 윗면에 황갈색 정중무늬가 있고 양 옆면에 암갈색 줄무늬와 'X' 자 모양 은백색 줄무늬가 있다.
행동 습성 주로 따뜻한 지방의 섬과 해안의 나무나 풀숲 사이에 수직으로 둥근 그물을 만든다. 중앙의 먼지 띠줄은 아주 약한 편이다. 자극에 민감해 위험을 느끼면 뒷면으로 몸을 숨긴다.

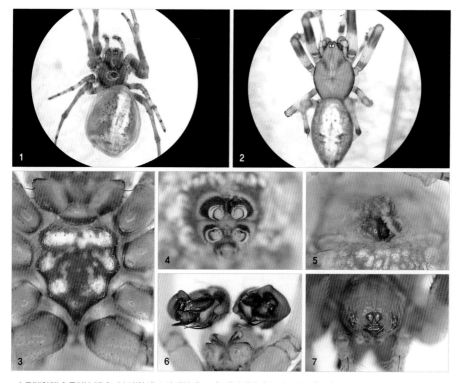

1 등면(암컷) 2 등면(수컷) 3 가슴판(암컷) 4 실젖(암컷) 5 외부생식기(암컷) 6 더듬이다리(수컷) 7 눈 배열

셋혹먼지거미

Cyclosa monticola Bösenberg and Strand, 1906

- *Cyclosa monticola* Bösenberg and Strand, 1906: p. 210; Namkung, 2003: p. 297.

몸길이 암컷 8~9㎜, 수컷 6~7㎜
서식지 산
국내 분포 경기, 강원, 충북, 전북, 경북
국외 분포 일본, 중국, 대만, 러시아

주요 형질 등갑은 황갈색이며 머리와 가슴 뒤쪽, 목홈과 가슴홈 등은 암갈색이다. 다리는 황갈색이나 각 마디 끝에 짙은 갈색 고리무늬가 있다. 배 윗면은 길쑥하고 가운데에 폭넓은 흰색 무늬가 있으며 뒤끝에 돌기가 3개 있다.
행동 습성 나무나 풀숲 사이에 수직으로 둥근 그물을 만들며 중앙에 먹이 찌꺼기나 먼지 등으로 굵은 띠를 만들고 그 한가운데 숨는다.

1 등면(암컷) 2 등면(수컷) 3 가슴판(암컷) 4 실젖(암컷) 5 외부생식기(암컷) 6 더듬이다리(수컷) 7 눈 배열

어리장은먼지거미

Cyclosa kumadai Tanikawa, 1992

- *Cyclosa kumadai* Tanikawa, 1992: p. 74; Namkung, 2003: p. 302.

몸길이 암컷 7~8mm, 수컷 5~7mm
서식지 산
국내 분포 강원, 충북
국외 분포 일본

주요 형질 등갑은 암갈색이며 목홈이 'U' 자처럼 깊다. 다리는 황색이며 암갈색 고리무늬가 있다. 배는 긴 타원형이며 앞쪽은 볼록하고 뒤쪽은 잘록하다. 배 윗면은 은백색이며 옆면 쪽으로 불규칙한 암갈색 무늬가 몇 쌍 있고 아랫면에도 불규칙한 암회색 무늬가 있다. 개체마다 색깔과 무늬가 다르다.
행동 습성 나뭇가지 사이에 수직으로 둥글게 그물을 만든다. 외부 자극에 민감해 자극을 받으면 즉시 그물에서 뛰어내린다.

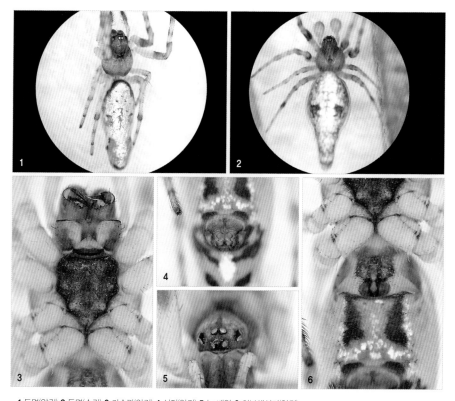

1 등면(암컷) 2 등면(수컷) 3 가슴판(암컷) 4 실젖(암컷) 5 눈 배열 6 외부생식기(암컷)

여덟혹먼지거미

Cyclosa octotuberculata Karsch, 1879

● *Cyclosa octotuberculata* Karsch, 1879: p. 74; Kim and Cho, 2002: p. 266; Namkung, 2003: p. 296.

몸길이 암컷 12~15㎜, 수컷 7~8㎜
서식지 들판, 산
국내 분포 경기, 강원, 충남, 충북,
전남, 경남, 경북, 제주, 인천
국외 분포 일본, 중국, 대만

주요 형질 등갑은 암갈색이며 머리쪽에 흰 털이 나고 목홈,
방사홈도 흰색이다. 다리는 황갈색이며 암갈색 고리무늬가
있다. 배는 암갈색이며 길쭉하고 윗면 앞쪽에 2개, 뒤쪽에 6개
씩 원뿔형 돌기가 있다. 배 윗면에 'I' 자 모양 황백색 무늬와
갈색, 검은색 등으로 이루어진 복잡한 무늬가 있으나 개체마
다 차이가 있다.

행동 습성 인가 주변의 들판, 산의 나뭇가지 사이에 수직으
로 둥근 그물을 치고 가운데에 먹이 찌꺼기, 먼지, 탈피한
허물, 알주머니 등을 세로로 이어 매달고 한가운데에 감쪽
같이 숨는다. 위험이 닥치면 밑으로 내려가 다리를 움츠리
고 죽은 체하므로 눈에 잘 띄지 않는다.

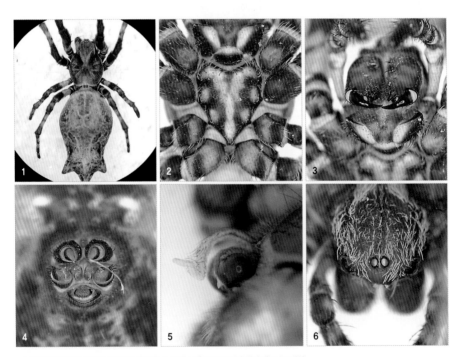

1 등면(암컷) **2** 가슴판(암컷) **3** 위턱(암컷) **4** 실젖(수컷) **5** 외부생식기(암컷) **6** 눈 배열

여섯혹먼지거미

Cyclosa laticauda Bösenberg and Strand, 1906

● *Cyclosa laticauda* Bösenberg and Strand, 1906: p. 209; Kim and Cho, 2002: p. 265; Namkung, 2003: p. 298.

몸길이 암컷 8~10㎜, 수컷 6~7㎜
서식지 산
국내 분포 경기, 강원, 충남, 전남,
경북, 제주
국외 분포 일본, 대만

주요 형질 등갑과 가슴판은 황갈색이며 앞쪽과 한가운데 부분 뒤쪽으로 황백색 무늬가 있다. 다리는 황갈색이며 갈색 고리무늬가 있다. 배는 길고, 앞쪽에 1쌍, 뒤끝 쪽에 돌기가 4개 있다. 배 윗면은 황백색이고 뒤쪽은 갈색을 띠며 가운데 양쪽에 암갈색 무늬가 있다. 배 아랫면은 흰색이나 실젖 둘레가 검고, 암컷의 생식기 뒤쪽에도 검은색 무늬가 1쌍 있다.
행동 습성 산의 나무나 풀숲 사이에 수직으로 둥근 그물을 만든다. 그물 한가운데에 먹이 찌꺼기 등을 세로로 붙이고 그 속에 숨는다.

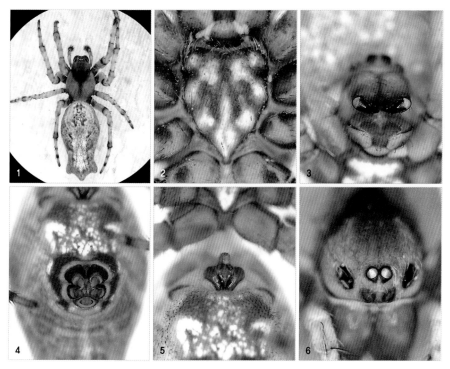

1 등면(암컷) 2 가슴판(암컷) 3 위턱(암컷) 4 실젖(수컷) 5 외부생식기(암컷) 6 눈 배열

울도먼지거미

Cyclosa atrata Bösenberg and Strand, 1906

- *Cyclosa atrata* Bösenberg and Strand, 1906: p. 204; Namkung, 2003: p. 303; Lee et al., 2004: p.99.

몸길이 암컷 7~11mm, 수컷 4~5mm
서식지 들판, 산
국내 분포 경기, 강원, 충남, 인천
국외 분포 일본, 중국, 러시아

주요 형질 등갑은 암갈색이며 목홈이 깊어 머리와 가슴이 뚜렷이 구분된다. 배는 암갈색이고 중앙부를 달리는 은회색 줄무늬와 은빛 반점 2쌍이 있다.
행동 습성 산과 들의 풀숲 아래쪽에 수평으로 둥근 그물을 치고 그 중앙에 가로로 누워 있으며, 자극에 민감해 사람이 접근하면 재빨리 뛰어 달아난다.

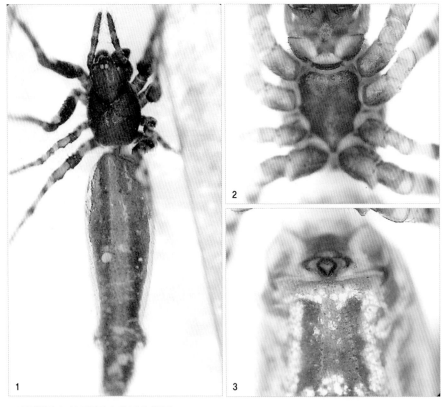

1 등면(암컷) **2** 가슴판(암컷) **3** 외부생식기(암컷)

은먼지거미

Cyclosa argenteoalba Bösenberg and Strand, 1906

● Cyclosa argenteoalba Bösenberg and Strand, 1906: p. 202; Kim and Cho, 2002: p. 256; Namkung, 2003: p. 301.

몸길이 암컷 6~7㎜, 수컷 4~5㎜
서식지 풀밭, 산
국내 분포 경기, 충남, 충북, 경남, 경북, 제주
국외 분포 일본, 중국, 대만, 러시아

주요 형질 등갑은 암갈색이며 가운데가 볼록하고, 목홈은 깊으나 방사홈은 뚜렷하지 않다. 다리는 황갈색이며 짙은 갈색 고리무늬가 있다. 배는 비교적 굵직하고 뒤끝은 각이 지지 않는다. 배 윗면은 은백색 바탕에 앞과 옆 가장자리가 검은색을 띠나 개체마다 차이가 커 거의 전체가 검은색으로 덮이기도 한다.
행동 습성 풀밭이나 산의 나뭇가지 사이에 수직으로 둥근 그물을 만들고 머리를 위쪽으로 향해 매달려 있다.

1 등면(암컷) 2 가슴판(암컷) 3 위턱(암컷) 4 외부생식기(암컷) 5 눈 배열

민새똥거미

Cyrtarachne bufo (Bösenberg and Strand, 1906)

- *Poecilopachys bufo* Bösenberg and Strand, 1906: p. 241.
- *Cyrtarachne bufo* Namkung and Kim, 1985: p. 23; Namkung, 2003: p. 288.

몸길이 암컷 8~10㎜
　　　　수컷 1.5~2.5㎜
서식지 들판, 산
국내 분포 충북, 경북, 제주
국외 분포 일본, 중국, 대만

주요 형질 등갑은 황갈색이며 머리가 솟았고, 목홈이 뚜렷하지 않다. 배는 둥그스름하며 뒤끝이 모나지 않는다. 배 윗면은 황백색이며 앞쪽은 회갈색이고 어깨 돌기의 흰색 고리무늬는 완전한 원을 이루지 못한다. 수컷은 매우 작고 편평하며 황갈색 바탕에 흑갈색 무늬가 있다.

행동 습성 산과 들의 활엽수나 억새 등의 잎 뒤에 숨어 있다가 해가 진 뒤에 활동한다. 수직으로 둥글게 그물을 쳤다가 새벽에 거둬들인다. 알주머니는 다갈색 공 모양이다.

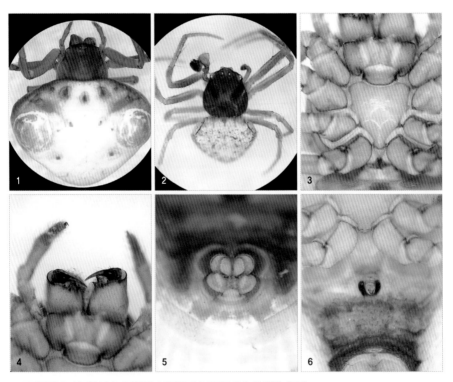

1 등면(암컷) **2** 가슴판(수컷) **3** 배면(암컷) **4** 위턱(암컷) **5** 실젖(수컷) **6** 외부생식기(암컷)

큰새똥거미

Cyrtarachne inaequalis Thorell, 1895

- Cyrtarachne inaequalis Thorell, 1895: p. 201; Namkung, 2003: p. 287.

몸길이 암컷 10~13mm, 수컷 2~2.5mm
서식지 산
국내 분포 경기, 강원, 충북, 경북
국외 분포 일본, 중국, 대만, 인도

주요 형질 등갑은 흐린 황색이며 머리가 볼록하고 가슴의 너비가 넓다. 다리는 황색이며 가시털이나 무늬가 없다. 배는 앞쪽이 둥글고 큰 방패 모양이며 노란색 바탕에 회백색 고리무늬가 둘린 큰 어깨 돌기가 선명하다.
행동 습성 낮에는 산속 활엽수 잎 뒷면에 숨어 있다가 밤에 큰 동심원 그물을 치고 모기 같은 작은 곤충을 잡는다. 큰 원뿔처럼 생긴 황갈색 알주머니 2~4개를 나뭇잎 밑에 매달아 놓고 어미가 근처에서 감시하며 보호한다.

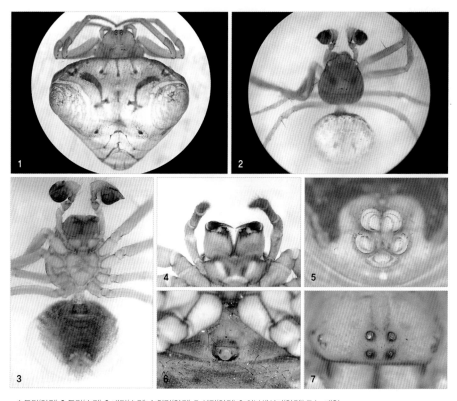

1 등면(암컷) **2** 등면(수컷) **3** 배면(수컷) **4** 위턱(암컷) **5** 실젖(암컷) **6** 외부생식기(암컷) **7** 눈 배열

가시거미

Gasteracantha kuhli C. L. Koch, 1837

- *Gasteracantha kuhlii* C. L. Koch, 1837: p. 20; Kim and Cho, 2002: p. 267.
- *Gasteracantha kuhli* Namkung, 2003: p. 291; Shin, 2007: p. 160.

몸길이 암컷 6~8mm, 수컷 3~4mm
서식지 논밭, 계곡, 산림
국내 분포 경기, 강원, 충남, 충북, 전남, 전북, 경남, 경북, 제주
국외 분포 일본, 중국, 인도, 필리핀

주요 형질 등갑은 흑갈색이며 볼록하고 뒤쪽은 배로 짓눌려 있다. 다리는 황갈색이나 넓적다리마디는 암갈색이다. 배는 단단한 키틴 판(딱딱한 표피나 껍데기 골격)으로 양 옆과 뒤쪽에 날카로운 가시돌기가 있다. 수컷은 몸이 매우 작고 옆쪽에 가시돌기가 없다.

행동 습성 울창한 숲 사이에 둥근 그물을 만들며, 자극에 매우 민감해 적이 다가가면 즉시 땅으로 뛰어내려 도망친다.

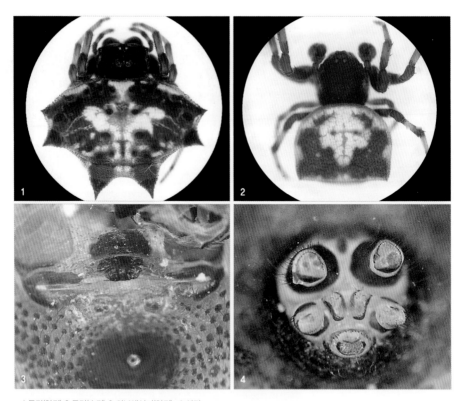

1 등면(암컷) **2** 등면(수컷) **3** 외부생식기(암컷) **4** 실젖

층층왕거미
Gibbaranea abscissa (Karsch, 1879)

- *Epeira abscissa* Karsch, 1879: p. 69.
- *Araneus abscissus* Namkung, 1964: p. 37.
- *Gibbaranea abscissa* Namkung, 2003: p. 258.

몸길이 암컷 8~10㎜, 수컷 6~8㎜
서식지 산
국내 분포 경기, 충북
국외 분포 일본, 중국, 러시아

주요 형질 등갑과 배는 황갈색이며 앞쪽에 작은 어깨 돌기가 있고 뒤쪽으로는 나뭇잎무늬가 계단식으로 층을 이룬다.
행동 습성 산의 계곡, 풀숲 사이에 수평으로 둥근 그물을 치고, 근처 잎 뒷면에 숨어 지낸다.

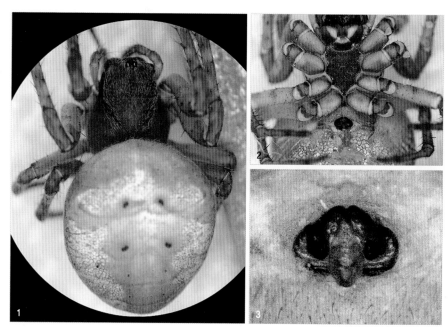

1 등면(암컷) **2** 가슴판(암컷) **3** 외부생식기(암컷)

넉점애왕거미

Hypsosinga pygmaea (Sundevall, 1831)

- *Theridion pygmaeum* Sundevall, 1831: p. 14.
- *Hypsosinga pygmaea* Namkung, 2003: p. 284.
- *Singa pygmaea* Paik and Namkung, 1979: p. 48.

몸길이 암컷 4~5㎜, 수컷 2.5~3㎜
서식지 논, 산
국내 분포 경기, 충북, 경남, 제주
국외 분포 일본, 중국, 몽고, 러시아

주요 형질 등갑은 갈색이고 머리와 목홈 쪽에 검은 무늬가 있기도 하며 가슴판은 검은색을 띤다. 다리는 황갈색이며 비교적 짧고, 발끝마디 끝쪽은 색깔이 짙다. 배는 긴 타원형이며 윗면은 황백색 바탕에 검은 반점이 2쌍 있으나 자라면 전체가 갈색인 것, 가운데와 양 옆면에 검은 줄무늬가 있는 것 등 개체마다 크게 다르다.

행동 습성 벼과식물의 잎을 접고 그 속에 알을 낳는다.

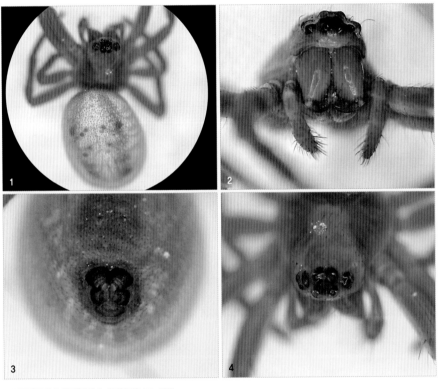

1 등면(암컷) **2** 위턱(암컷) **3** 실젖(암컷) **4** 눈 배열

산짜애왕거미

Hypsosinga sanguinea (C. L. Koch, 1844)

- *Singa sanguinea* C. L. Koch, 1844: p. 155.
- *Hypsosinga sanguinea* Namkung, 2003: p. 285

몸길이 암컷 3~5㎜, 수컷 2.5~3㎜
서식지 산
국내 분포 경기, 강원, 충남, 충북, 전북, 제주, 인천
국외 분포 일본, 중국, 몽고, 러시아, 유럽

주요 형질 몸은 붉은빛을 띤 갈색이다. 다리는 몸에 비해 작은 편이고 노란빛을 띠나 앞다리 넓적다리마디는 검붉다. 배 윗면의 색깔이나 무늬는 개체마다 차이가 크며 전체가 적갈색인 것, 흑갈색인 것, 뒤쪽에 검고 둥근 점무늬가 1쌍 있는 것 등 다양하다. 암컷의 생식기는 '山' 자처럼 생겼다.
행동 습성 산지 고원의 숲 밑에 수직으로 둥근 그물을 만들며, 벼과식물의 잎을 3겹으로 접어 알자리를 만든다.

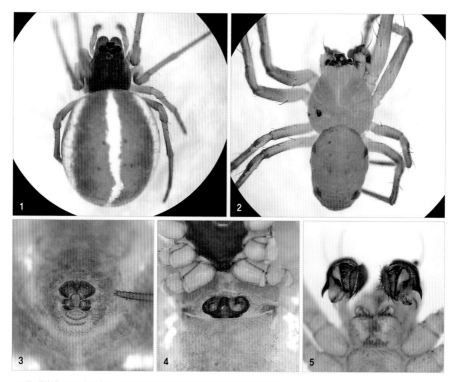

1 등면(암컷) **2** 등면(수컷) **3** 실젖(암컷) **4** 외부생식기(암컷) **5** 더듬이다리(수컷)

어리호랑거미

Lariniaria argiopiformis (Bösenberg and Strand, 1906)

- *Larinia argiopiformis* Bösenberg and Strand, 1906: p. 212.
- *Lariniaria argiopiformis* Namkung, 2003: p. 278.

몸길이 10~12㎜, 수컷 6~8㎜
서식지 들판, 산
국내 분포 경기, 강원, 충남, 충북,
전남, 경남, 경북, 제주, 인천
국외 분포 일본, 중국, 러시아

주요 형질 등갑은 황갈색이고 가운데에 검은 무늬가 있으며 목홈이 뚜렷하다. 가슴판은 갈색이며 가운데 부분이 노랗다. 다리는 황색이며 긴 가시털이 많다. 배는 황갈색 긴 타원형이며 가운데에 노란 무늬가 있고 양 옆에 암갈색 점무늬가 줄지어 있다.

행동 습성 산과 들의 풀숲 사이에 수직으로 둥근 그물을 치고 밤에는 그물 한가운데에 있으나 낮에는 잎 뒷면에 숨는다.

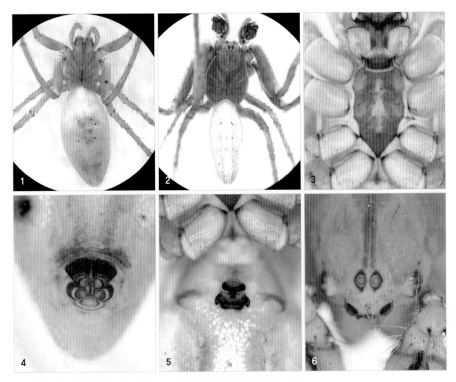

1 등면(암컷) 2 등면(수컷) 3 가슴판(암컷) 4 실젖(수컷) 5 외부생식기(암컷) 6 눈 배열

골목왕거미

Larinioides sclopetarius (Clerck, 1757)

- *Araneus sclopetarius* Clerck, 1757: p. 43.
- *Larinioides sclopetarius* Namkung, 2003: p. 260.

몸길이 암컷 10~14㎜, 수컷 8~9㎜
서식지 인가 주변
국내 분포 경기, 강원, 충남, 경북
국외 분포 일본, 중국, 러시아,
유럽, 미국

주요 형질 등갑은 암갈색이며 흰 털이 빽빽하고 목홈 부분
에 'V' 자 모양이 뚜렷하다. 다리와 더듬이다리는 담갈색이
며 갈색 고리무늬가 있다. 배는 갈색 달걀 모양이며 흑갈색
나뭇잎 무늬가 있다.
행동 습성 집의 처마 밑이나 골목 담장, 다리 또는 물가의 풀
과 나무 사이에서 발견되며 최근에는 점점 보기 어려워지고
있다.

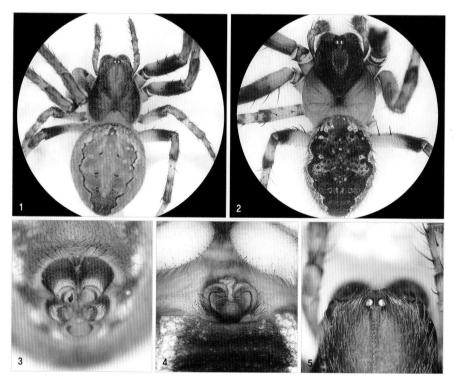

1 등면(암컷) 2 등면(수컷) 3 실젖(암컷) 4 외부생식기(암컷) 5 눈 배열

기생왕거미
Larinioides cornutus (Clerck, 1757)

- *Araneus cornutus* Clerck, 1757: p. 39.
- *Larinioides cornutus* Namkung, 2003: p. 259.
- *Nuctenea cornuta* Paik, 1978: p. 98.

몸길이 암컷 10~12㎜, 수컷 7~9㎜
서식지 도시, 논밭, 습지, 들판,
강가, 냇가, 산
국내 분포 경기, 강원, 충남, 충북,
전남, 전북, 경남, 경북, 제주
국외 분포 일본, 중국, 러시아,
몽고, 유럽, 미국

주요 형질 등갑은 갈색이며 흰 털이 나고 목홈, 방사홈, 가
슴홈이 뚜렷하다. 다리는 황갈색이며 암갈색 고리무늬가
있고, 검은 가시털이 많다. 배는 달걀 모양이며 황백색 바탕
에 암갈색 무늬가 짝을 지어 늘어선 것이 특징이다.
행동 습성 산속 키 작은 나무나 풀밭의 풀숲 사이에 경사진
둥근 그물을 치며, 풀잎을 접어 집을 만들고 숨어서 먹이를 기
다린다.

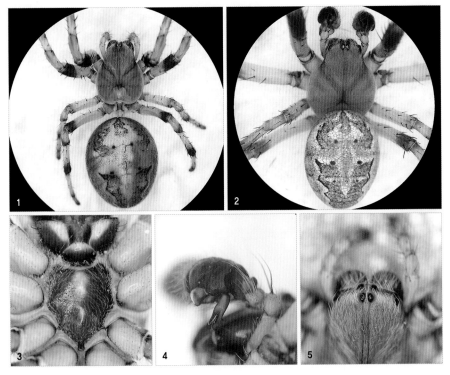

1 등면(암컷) **2** 등면(수컷) **3** 가슴판(암컷) **4** 더듬이다리(수컷) **5** 눈 배열

귀털거미

Mangora herbeoides (Bösenberg and Strand, 1906)

● *Aranea herbeoides* Bösenberg and Strand, 1906: p. 227.
● *Mangora herbeoides* Namkung, 2003: p. 283.

몸길이 암컷 5~6㎜, 수컷 5~6㎜
서식지 들판, 산
국내 분포 경기
국외 분포 일본, 중국

주요 형질 배갑은 황갈색이며 목홈, 방사홈, 가슴홈이 뚜렷하다. 다리는 황갈색이며 튼튼하고 가시털이 많다. 셋째, 넷째 다리 종아리마디 아랫면에 깃털 모양 귀털이 있는 것이 특징이며, 수컷의 셋째, 넷째 다리 아랫면에는 가시털이 여러 개가 직각에 가깝게 줄지어 있다. 배는 고운 황록색으로 긴 타원형이며, 검은 점무늬 5쌍이 늘어서고, 뒤쪽의 1~2쌍은 연속된다.

행동 습성 산과 들의 풀숲 사이에 둥근 그물을 치며, 자극을 받으면 몸빛깔이 갈색으로 변한다.

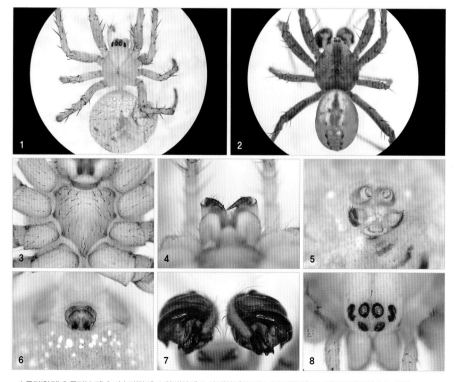

1 등면(암컷) **2** 등면(수컷) **3** 가슴판(암컷) **4** 위턱(암컷) **5** 실젖(암컷) **6** 외부생식기(암컷) **7** 더듬이다리(수컷) **8** 눈 배열

각시어리왕거미

Neoscona adianta (Walckenaer, 1802)

- *Aranea adianta* Walckenaer, 1802: p. 199.
- *Neoscona adianta* Kim, 1998: p. 1; Namkung, 2003: p. 267.
- *Neoscona adiantum* Paik and Namkung, 1979: p. 46.
- *Neoscona doenitzi* Paik and Namkung, 1979: p. 46.

몸길이 암컷 6~9㎜, 수컷 5~7㎜
서식지 논밭, 들판, 사구, 습지, 냇가, 계곡, 산
국내 분포 경기, 강원, 충남, 충북, 전남, 전북, 경남, 경북, 제주
국외 분포 일본, 중국, 러시아, 몽고, 유럽

주요 형질 등갑은 엷은 황갈색이며 한가운데와 양 가장자리에 검은 줄무늬가 있다. 다리도 엷은 황갈색이며 가시털이 많고 마디 끝의 색이 진하다. 배는 황갈색이며 암갈색 가로무늬 여러 쌍이 나란히 있다.
행동 습성 풀밭, 습지, 논 등에서 볼 수 있으며 벼 해충의 천적이다.

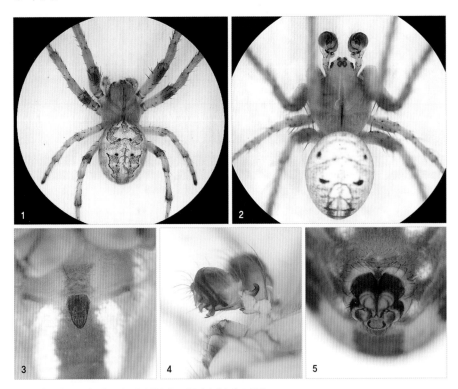

1 등면(암컷) **2** 등면(수컷) **3** 외부생식기(암컷) **4** 더듬이다리(수컷) **5** 실젖

검은테연두어리왕거미

Neoscona melloteei (Simon, 1895)

- *Araneus mellotteei* Simon, 1895: p. 812.
- *Neoscona melloteei* Namkung, 2003: p. 268.
- *Neoscona mellotteei* Kim and Kim, 2002: p. 215.

몸길이 암컷 8~10㎜, 수컷 7~8㎜
서식지 산, 들판
국내 분포 경기, 강원, 충남, 충북,
전남, 전북, 경남, 경북, 제주,
대전, 서울
국외 분포 일본, 중국, 대만

주요 형질 등갑은 황갈색이며 흰 털이 많다. 다리는 황갈색이
며 암갈색 고리무늬와 가시털이 있다. 배는 달걀 모양으로 볼
록하고 윗면은 녹색이다.
행동 습성 낮에는 잎 뒤에 숨어 있다가 저녁에 수직으로 둥
근 거미줄을 치고 먹이를 잡은 뒤 아침에 거미줄을 거둬들
인다.

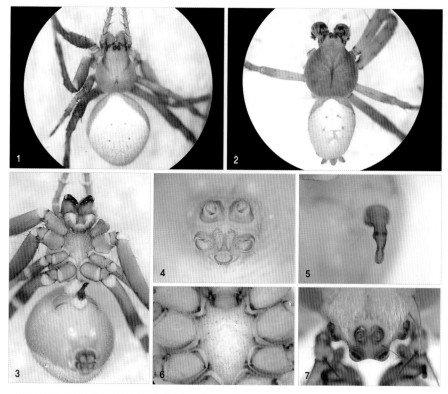

1 등면(암컷) 2 등면(수컷) 3 배면(암컷) 4 실젖(암컷) 5 외부생식기(암컷) 6 가슴판(수컷) 7 눈 배열

분왕거미

Neoscona subpullata (Bösenberg and Strand, 1906)

- *Aranea subpullata* Bösenberg and Strand, 1906: p. 234.
- *Araneus subpullatus* Paik, 1970: p. 85.
- *Neoscona subpullata* Namkung, 2003: p. 272.

몸길이 암컷 7~9㎜, 수컷 4~5㎜
서식지 논밭, 들판, 바닷가, 강가, 계곡, 산
국내 분포 경기, 강원, 충남, 충북, 전남, 전북, 경남, 경북, 제주
국외 분포 일본, 중국, 러시아

주요 형질 등갑은 황갈색이며 목홈이 뚜렷하다. 다리는 암갈색이며 각 마디의 끝쪽 색깔이 진하다. 배는 너비가 넓은 방패처럼 생겼으며 연한 황갈색 바탕에 나뭇잎무늬가 늘어서 있으나 무늬가 없는 것, 검은 무늬가 있는 것 등 개체마다 차이가 있다.
행동 습성 키 작은 나무나 풀숲 사이에 수직으로 작은 원형 그물을 친다.

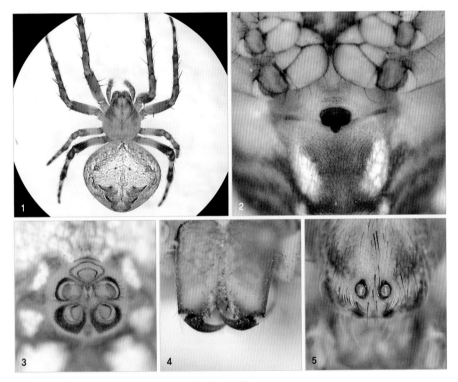

1 등면(암컷) **2** 외부생식기(암컷) **3** 실젖(암컷) **4** 위턱(암컷) **5** 눈 배열

삼각무늬왕거미

Neoscona semilunaris (Karsch, 1879)

- *Atea semilunaris* Karsch, 1879: p. 73.
- *Araneus semilunaris* Namkung, 2001: p. 255.
- *Neoscona semilunaris* Namkung, 2003: p. 263.

몸길이 암컷 6~7㎜, 수컷 4~5㎜
서식지 논밭, 들판, 바닷가, 강가,
계곡, 산
국내 분포 경기, 강원, 충남, 경북
국외 분포 일본, 중국

주요 형질 등딱지는 갈색이며 무늬가 둥그스름하고 흰색
털이 드문드문 나 있다. 배는 삼각형으로 앞쪽너비가 크고
전반부는 담황색, 후반부는 갈색바탕에 검은 무늬가 있으
나 차이가 있다.
행동 습성 산의 비교적 높은 나무 사이에 수직 둥근 그물을
치고 있다. 출현기는 5~8월이다.

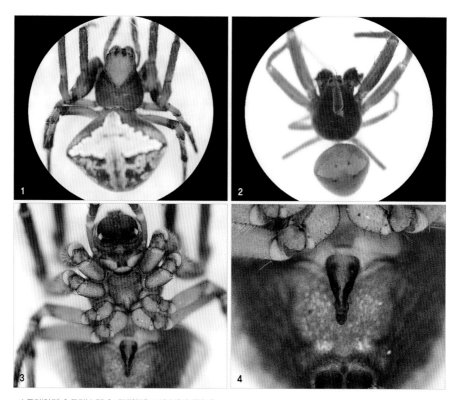

1 등면(암컷) **2** 등면(수컷) **3** 배면(암컷) **4** 외부생식기(암컷)

석어리왕거미

Neoscona theisi (Walckenaer, 1842)

- *Epeira theis* Walckenaer, 1842: p. 53.
- *Neoscona theisi* Namkung, 2003: p. 271.

몸길이 암컷 8~10㎜, 수컷 5~7㎜
서식지 바닷가
국내 분포 전남, 경남, 제주
국외 분포 일본, 중국, 인도

주요 형질 등갑은 황갈색이며 한가운데와 가장자리에 검은 줄이 있다. 다리는 연한 황갈색이며 각 마디 끝쪽에 암갈색 고리무늬가 있고 가시털이 많다. 배는 황갈색이고 짙은 갈색 굵은 줄무늬가 양쪽 옆면에 뻗었으며 그 가장자리에 달처럼 생긴 노란색 무늬가 늘어선다. 남방계 거미로 검은색, 황갈색 등 개체마다 차이가 많다.

행동 습성 바닷가의 키 작은 나무나 풀숲 사이에 수직으로 둥근 그물을 만든다.

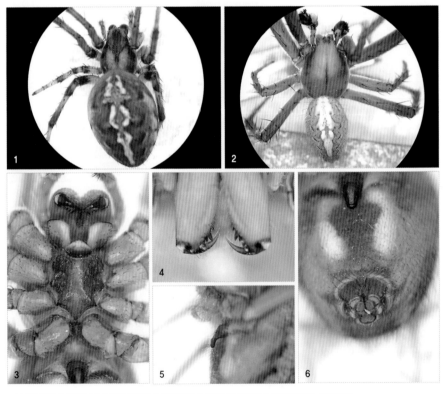

1 등면(암컷) 2 등면(수컷) 3 가슴판(암컷) 4 위턱(암컷) 5 외부생식기(암컷) 6 외부생식기와 실젖(암컷)

아기지어리왕거미

Neoscona multiplicans (Chamberlin, 1924)

- Aranea multiplicans Chamberlin, 1924: p. 18.
- Neoscona minoriscylla Namkung and Kim, 1999: p. 213.
- Neoscona multiplicans Namkung, 2003: p. 265.

몸길이 암컷 9.2~10.3㎜
서식지 산
국내 분포 경기, 충남, 충북, 전남, 전북, 경남, 경북, 제주, 울산
국외 분포 일본, 중국

주요 형질 등갑은 황갈색이며 가느다란 흰 털이 덮이고 가장자리는 적갈색이다. 가슴판은 암갈색이며 한가운데에 은백색 줄무늬가 뻗었다. 더듬이다리와 다리는 황갈색이며 적갈색 고리무늬가 있다. 배는 긴 알 모양으로 황갈색 바탕에 윗면 가운데를 달리는 황백색 줄무늬가 있으며, 그 양 옆으로 암갈색 나뭇잎무늬가 5~6쌍 늘어서 있다. 아랫면 가운데 부분에 회갈색 줄무늬가 있고, 그 아래 쪽 옆면에도 원 모양 은백색 무늬가 1쌍 있다. 실젖은 갈색이며, 그 양 옆에 흰색 점무늬가 있다. 암컷의 생식기는 밑 부분의 너비가 넓고 끝쪽 양 옆에 혹처럼 생긴 돌기가 1쌍 있다.
행동 습성 비교적 남쪽에 사는 것으로 보인다. 산에 살며 행동 습성에 대해서는 아직까지 밝혀진 바가 없다.

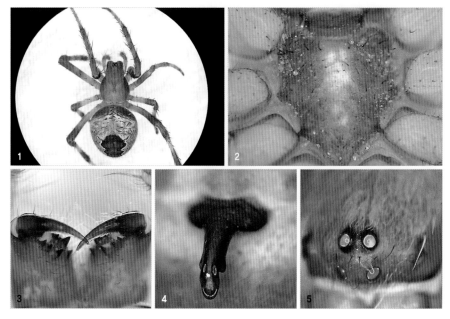

1 등면(암컷) **2** 가슴판(암컷) **3** 위턱(암컷) **4** 외부생식기(암컷) **5** 눈 배열

어리집왕거미

Neoscona pseudonautica Yin et al., 1990

● *Neoscona pseudonautica* Yin et al., 1990: p. 107; Namkung, 2003: p. 262.

몸길이 암컷 6~9.5㎜, 수컷 5~6.5㎜
서식지 산
국내 분포 경기, 강원, 충남, 충북,
전남, 전북, 경남, 경북
국외 분포 중국

주요 형질 등갑은 황갈색이며 흰 털로 덮인다. 가슴판은 암
갈색이며 가운데에 엷은 띠무늬가 있다. 배는 달걀 모양이
고 윗면은 회황색 바탕에 담갈색 하트무늬가 있다. 앞면에
활처럼 생긴 무늬가 1쌍 있고 그 뒤로 뿔처럼 생긴 무늬가
4~5쌍 있다.
행동 습성 풀밭이나 물가의 키 작은 나무에 작은 원형 그물
을 친다.

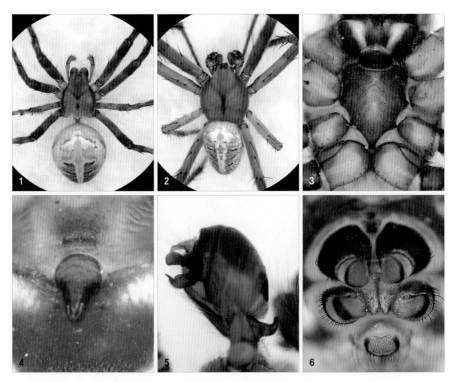

1 등면(암컷) **2** 등면(수컷) **3** 가슴판(암컷) **4** 외부생식기(암컷) **5** 더듬이다리(수컷) **6** 실젖

연두어리왕거미

Neoscona scylloides (Bösenberg and Strand, 1906)

- *Aranea scylloides* Bösenberg and Strand, 1906: p. 217.
- *Neoscona scylloides* Namkung, 2003: p. 269.

몸길이 암컷 8~10㎜, 수컷 7~8㎜
서식지 논밭, 들판, 산
국내 분포 경기, 강원, 충남, 충북,
전남, 전북, 경남, 경북
국외 분포 일본, 중국, 대만

주요 형질 등갑은 황갈색이며 흰 털이 드문드문 난다. 다리는 황갈색이며 각 마디 끝쪽은 적갈색이고 검은 가시털이 많다. 배는 공 모양으로 볼록하고 윗면은 연두색으로 고우며 앞쪽 양 옆면에 노란 테두리가 있다.

행동 습성 나뭇가지나 수풀 사이에 수직으로 원형 그물을 치며 낮에는 그물 주변의 나뭇잎 뒤에 숨는다.

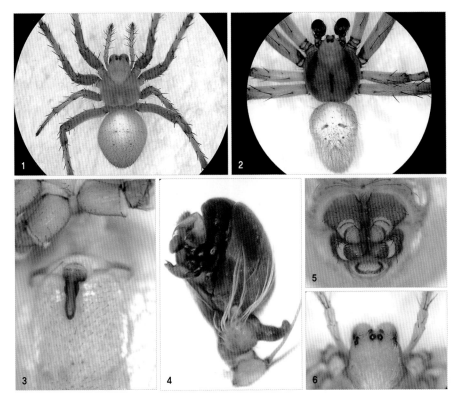

1 등면(암컷) **2** 등면(수컷) **3** 외부생식기(암컷) **4** 더듬이다리(수컷) **5** 실젖 **6** 눈 배열

적갈어리왕거미

Neoscona punctigera (Doleschall, 1857)

- *Epeira punctigera* Doleschall, 1857: p. 420.
- *Neoscona punctigera* Namkung, 2003: p. 266.

몸길이 암컷 10~13㎜, 수컷 7~9㎜
서식지 들판, 산
국내 분포 경기, 강원, 충남, 전남,
경남, 경북, 제주
국외 분포 일본, 중국, 대만

주요 형질 등갑은 적갈색이며 흰 털이 듬성듬성 나고 목홈,
방사홈이 뚜렷하다. 다리도 적갈색이며 담갈색 고리무늬가
있다. 배 또한 적갈색으로 공 모양이고, 길고 노란 털이 촘
촘하게 나며, 나뭇잎무늬는 윤곽이 희미하다. 수컷은 색깔
에 차이가 있다.
행동 습성 산과 들의 활엽수 사이나 풀숲 사이 등에 수직으
로 둥근 그물을 친다.

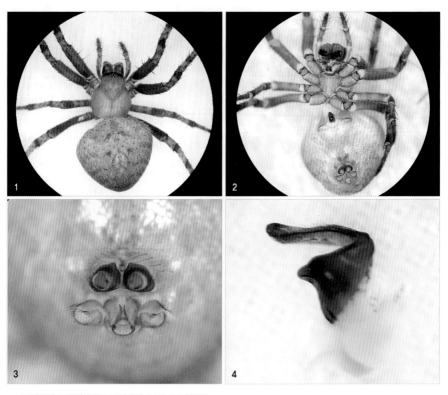

1 등면(암컷) **2** 배면(암컷) **3** 실젖(암컷) **4** 외부생식기(암컷)

지이어리왕거미

Neoscona scylla (Karsch, 1879)

- *Epeira scylla* Karsch, 1879: p. 71.
- *Neoscona scylla* Paik, 1978: p. 107; Namkung, 2003: p. 264.

몸길이 암컷 12~15mm, 수컷 8~10mm
서식지 논밭, 들판, 사구, 습지, 강가, 냇가, 계곡, 산
국내 분포 경기, 강원, 충남, 충북, 전남, 전북, 경남, 경북
국외 분포 일본, 중국, 러시아

주요 형질 등갑은 적갈색이며 머리쪽 색이 진하고 흰 털이 듬성듬성 있다. 다리는 황갈색이며 각 마디 끝쪽에 갈색 무늬가 있고 가시털이 많다. 배는 공 모양으로 볼록하고 황갈색 바탕에 복잡한 나뭇잎무늬가 있으며 변이가 많다.
행동 습성 산과 들에 있는 나무나 풀숲 사이에 수직으로 큰 원형 그물을 치고, 그 한가운데에 멈추어 먹이를 기다린다.

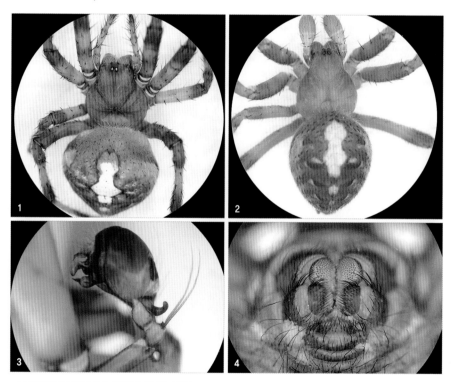

1 등면(암컷) **2** 등면(수컷) **3** 더듬이다리(수컷) **4** 실젖

집왕거미

Neoscona nautica (L. Koch, 1875)

- *Epeira nautica* L. Koch, 1875: p. 17.
- *Neoscona nautica* Namkung, 2003: p. 261.

몸길이 암컷 8~12㎜, 수컷 6~7㎜
서식지 인가, 도시, 논밭, 들판, 강가, 냇가, 계곡, 산
국내 분포 경기, 강원, 충남, 충북, 전남, 전북, 경남, 경북
국외 분포 일본, 중국, 유럽

주요 형질 등갑은 암갈색이며 흰 털이 빽빽하고 목홈 부분에 'V'자 모양이 뚜렷하다. 기슴판은 검다. 다리와 더듬이다리는 담갈색이며 갈색 고리무늬가 있다. 배는 갈색으로 달걀 모양이며 흑갈색 나뭇잎무늬가 있다.
행동 습성 건물의 처마 밑이나 골목, 담장, 다리 또는 물가의 풀과 나무 사이에서 관찰할 수 있다.

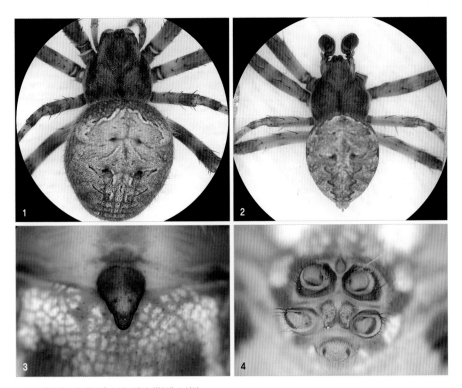

1 등면(암컷) **2** 등면(수컷) **3** 외부생식기(암컷) **4** 실젖

천문어리왕거미

Neoscona tianmenensis Yin et al., 1990

- *Neoscona tianmenensis* Yin et al., 1990: p. 126; Namkung, 2003: p. 270.

몸길이 암컷 10~13mm,
　　　　수컷 6.3mm 내외
서식지 산
국내 분포 경기, 강원, 충남, 경북,
서울
국외 분포 중국

주요 형질 등갑은 황갈색이며 흰 털이 듬성듬성 난다. 다리
는 황갈색이며 각 마디 끝쪽은 적갈색이고 검은 가시털이
많다. 배는 공 모양으로 볼록하며 윗면은 연두색으로 곱고
앞쪽 양 옆면에 노란 테두리가 있다.
행동 습성 풀산에 있는 나뭇가지나 풀숲 사이에 수직으로
둥글게 그물을 치며, 낮에는 잎 뒷면에 숨는다.

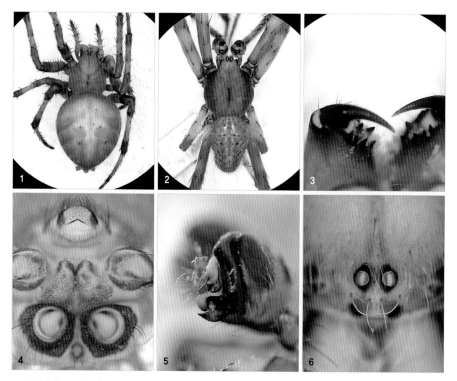

1 등면(암컷) **2** 등면(수컷) **3** 위턱(암컷) **4** 실젖(암컷) **5** 더듬이다리(수컷) **6** 눈 배열

여섯뿔가시거미

Ordgarius sexspinosus (Thorell, 1894)

- *Notocentria sex-spinosa* Thorell, 1894: p. 48.
- *Ordgarius sexspinosus* Namkung, 2003: p. 292.

몸길이 암컷 8~10㎜
서식지 산
국내 분포 충북, 경북
국외 분포 일본, 중국, 인도

주요 형질 등갑은 갈색이며 중앙부 앞쪽에 볼록한 돌기가 2개 있고, 그 뒤쪽에 앞을 향한 것 2개, 옆을 향한 것 각 2개로 돌기가 모두 6개 있다. 배는 회갈색이며 앞쪽에 회색 그물무늬가 있고, 어깨에 작은 돌기가 있으며, 뒤쪽에는 돌기가 24개 있다.

행동 습성 나뭇가지 등에 간단한 줄을 늘이고 기다리다가 모기 등 먹이가 접근하면 끈끈이 공이 달린 줄을 휘둘러 잡는 특이한 습성이 있다.

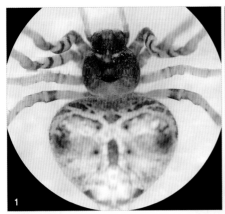 

1 등면(암컷) **2** 배면(암컷)

북왕거미

Plebs sachalinensis (Saito, 1934)

- *Argiope sachalinensis* Saito, 1934: p. 332.
- *Eriophora sachalinensis* Namkung, 2003: p. 306.
- *Zilla sachalinensis* Namkung, 1964: p. 38.

몸길이 암컷 7~9㎜, 수컷 4~5㎜
서식지 들판, 산
국내 분포 경기, 강원, 충남, 충북,
전북, 경남, 경북, 제주, 서울, 인천
국외 분포 일본, 중국, 러시아

주요 형질 등갑은 황갈색이며 목홈, 방사홈, 가슴홈은 암갈
색이다. 다리는 황갈색이며 갈색 고리무늬와 가시털이 많
다. 배는 갈색을 띤 긴 타원형이며 가운데에 흰색 무늬가 있
고, 뒤쪽에 있는 나뭇잎무늬는 윤곽이 뚜렷하다.
행동 습성 산과 들의 나뭇가지 사이에 수직으로 둥근 그물
을 친다. 공을 반으로 자른 듯한 모양의 노란색 알주머니를
나무껍질이나 잎 등에 붙여 놓는다.

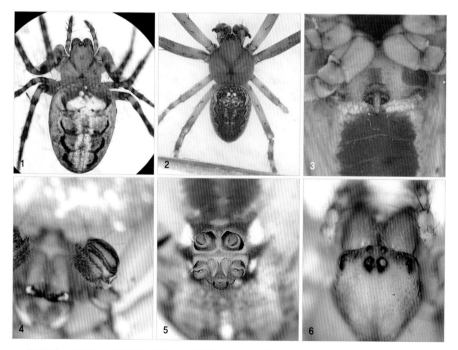

1 등면(암컷) **2** 등면(수컷) **3** 외부생식기(암컷) **4** 더듬이다리(수컷) **5** 실젖 **6** 눈 배열

어깨왕거미

Plebs astridae (Strand, 1917)

- *Aranea astridae* Strand, 1917: p. 71.
- *Eriophora sagana* Namkung, 2003: p. 307.
- *Zilla astridae* Kim et al., 1988: p. 146.

몸길이 암컷 9~10㎜, 수컷 5~7㎜
서식지 산
국내 분포 충남, 제주
국외 분포 일본, 중국, 대만

주요 형질 등갑은 연한 황갈색이며 가슴홈 앞쪽에 암갈색 점무늬가 있고 머리에 흰 털이 드문드문 있다. 다리는 황갈색이며 암갈색 고리무늬가 있고 가시털이 많다. 배는 길쭉한 삼각형으로 어깨 돌기가 앞쪽으로 뻗었다. 배 윗면은 황갈색 바탕에 흰색 비늘무늬가 덮이고 나뭇잎무늬에 변이가 많다. 암컷 생식기에 있는 현수체는 특이하게 길고 가늘다.
행동 습성 산속 나뭇가지 사이에 수직으로 둥근 그물을 만들며 흰 띠줄을 붙이기도 한다. 자극에 민감해 적이 다가오면 즉시 땅으로 뛰어내려 도망친다.

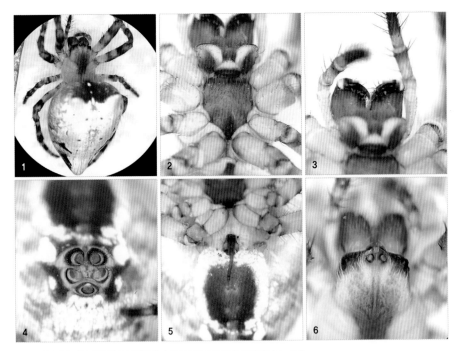

1 등면(암컷) 2 가슴판(암컷) 3 위턱(암컷) 4 실젖(암컷) 5 외부생식기(암컷) 6 눈 배열

콩왕거미

Pronoides brunneus Schenkel, 1936

- *Pronoides brunneus* Schenkel, 1936: p. 120.
- *Pronous minutus* Namkung, 2003: p. 293.
- *Wixia minuta* Namkung, 1964: p. 40.

몸길이 암컷 4~5㎜, 수컷 3~4㎜
서식지 산
국내 분포 경기, 강원, 충북, 전북, 제주
국외 분포 일본, 중국, 러시아

주요 형질 등갑은 갈색이며 가장자리 빛깔이 짙은 편이고 머리가 솟았다. 다리는 흐린 갈색이며 앞다리 넓적다리마디와 무릎마디는 검고, 첫째다리 넓적다리마디에 긴 가시털이 있다. 배 윗면은 공 모양이고 앞쪽에 어깨 돌기가 2개 있으며 뒷부분에 암갈색 가로무늬가 있다.
행동 습성 높은 산지성으로 산림 풀숲에 그물을 만들고 먹이를 사냥한다.

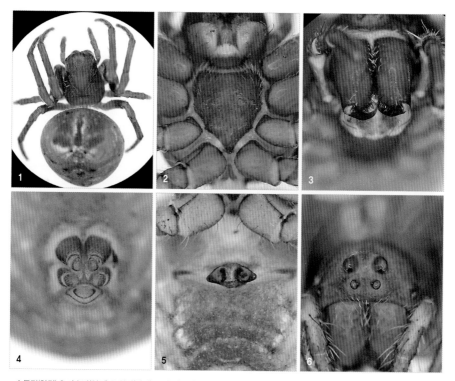

1 등면(암컷) **2** 가슴판(암컷) **3** 위턱(암컷) **4** 실젖(암컷) **5** 외부생식기(암컷) **6** 눈 배열

천짜애왕거미

Singa hamata (Clerck, 1757)

- *Araneus hamatus* Clerck, 1757: p. 51.
- *Singa hamata* Paik and Namkung, 1979: p. 47; Namkung, 2003: p. 286.

몸길이 암컷 5~7㎜, 수컷 4~5㎜
서식지 논밭, 들판, 산
국내 분포 경기, 강원, 충북
국외 분포 일본, 중국, 몽고,
러시아, 유럽

주요 형질 등갑은 갈색이며 머리쪽이 약간 솟았다. 가슴판은 암길색이고, 다리는 황갈색이니 미디 끝은 색이 짙다. 배는 흑갈색으로 긴 달걀 모양이며, 윗면 가운데에 흰색 세로 무늬가 선명하게 보이나 개체에 따라 차이가 있다.
행동 습성 들판, 풀숲, 산, 논밭 등에 수직으로 둥근 그물을 만든다. 풀잎을 말고 그 속에 알을 낳아 보호한다.

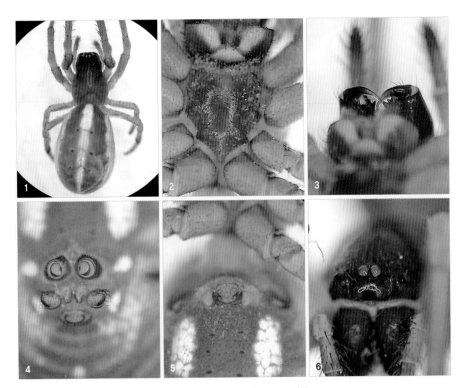

1 등면(암컷) 2 가슴판(암컷) 3 위턱(암컷) 4 실젖(암컷) 5 외부생식기(암컷) 6 눈 배열

그늘왕거미

Yaginumia sia (Strand, 1906)

- *Aranea sia* Strand in Bösenberg and Strand, 1906: p. 237.
- *Yaginumia sia* Namkung et al., 1972: p. 93; Namkung, 2003: p. 305.

몸길이 암컷 10~13mm, 수컷 8~10mm
서식지 섬, 도시, 논밭, 강가, 산
국내 분포 경기, 강원, 충남, 충북, 전남, 전북, 경남, 경북, 제주
국외 분포 일본, 중국, 대만

주요 형질 등갑은 갈색이다. 머리쪽은 암갈색이며 흰 털이 많다. 다리는 회갈색이며 검은 고리무늬가 있다. 배 옆면은 회갈색이고 아랫면은 암갈색이며 양 옆에 흰색 줄무늬가 있다.
행동 습성 처마 밑, 다리 난간 등에 둥근 그물을 치고 숨어 있으며, 등불 아래를 좋아하는 습성이 있다

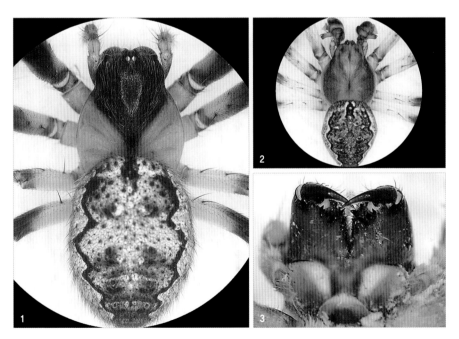

1 등면(암컷) **2** 등면(수컷) **3** 위턱(암컷)

늑대거미과
Lycosidae

당늑대거미

Alopecosa auripilosa (Schenkel, 1953)

- *Lycosa auripilosa* Schenkel, 1953: p. 74.
- *Alopecosa auripilosa* Paik, 1988: p. 90; Kim and Cho, 2002: p. 202; Namkung, 2003: p. 311.

몸길이 암컷 11~15㎜
        수컷 10~13㎜
서식지 논밭, 들판, 산
국내 분포 강원, 충북, 제주
국외 분포 중국, 러시아

주요 형질 등갑은 암갈색이고 가운데 세로무늬는 황갈색이다. 목홈과 방사홈은 갈색이고 가슴홈은 적갈색이다. 다리는 황갈색이며 앞다리 발바닥마디와 뒷다리 발끝마디에 털다발이 있다. 배는 회갈색이며 검은 점무늬가 늘어서고, 아랫면은 검고 호흡기관 부분은 황갈색이며, 실젖은 갈색이다.
행동 습성 배회성이다.

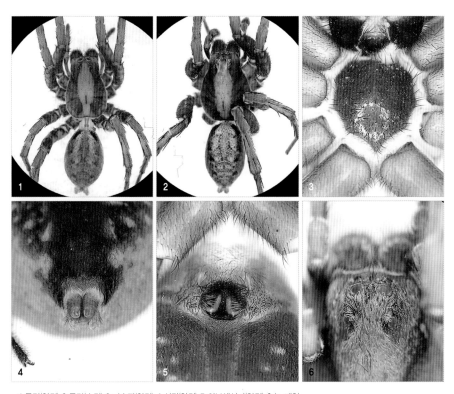

1 등면(암컷) 2 등면(수컷) 3 가슴판(암컷) 4 실젖(암컷) 5 외부생식기(암컷) 6 눈 배열

먼지늑대거미

Alopecosa pulverulenta (Clerck, 1757)

- *Araneus pulverulentus* Clerck, 1757: p. 93.
- *Alopecosa pulverulenta* Namkung, 2003: p. 314.

몸길이 암컷 7~10㎜, 수컷 6~9㎜
서식지 산
국내 분포 충북, 제주
국외 분포 일본, 중국, 러시아, 유럽

주요 형질 등갑은 암갈색이며 한가운데를 달리는 폭넓은 적갈색 세로무늬에 흰 털이 덮여 있다. 다리는 적갈색이고 넓적다리마디에 갈색 고리무늬가 있으며, 수컷은 거의 검은색을 띤다. 배 윗면은 어두운 적갈색이며 가운데 있는 줄무늬가 뒤끝까지 뻗는 것이 특징이다. 길쭉한 하트무늬와 그 뒤쪽으로 늘어서는 빗살무늬가 5~6쌍 있다.
행동 습성 산의 풀숲에서 보이며 배회성이다.

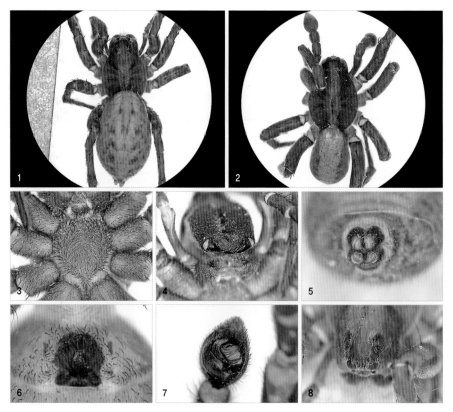

1 등면(암컷) **2** 등면(수컷) **3** 가슴판(암컷) **4** 위턱(암컷) **5** 실젖(암컷) **6** 외부생식기(암컷) **7** 더듬이다리(수컷) **8** 눈 배열

안경늑대거미

Alopecosa licenti (Schenkel, 1953)

- *Tarentula licenti* Schenkel 1953: p. 77.
- *Alopecosa licenti* Kim et al., 1987: p. 30; Kim and Cho, 2002: p. 202; Namkung, 2003: p. 309.

몸길이 암컷 10~15㎜, 수컷 8~11㎜
서식지 논밭, 풀밭
국내 분포 경기, 강원, 충북, 경남,
경북
국외 분포 중국, 몽고, 러시아

주요 형질 등갑 한가운데에 넓은 세로무늬가 뻗었고, 담갈색 가장자리와 넓은 흑갈색 세로무늬에 가는 흰색 줄이 둘러졌다. 다리는 적갈색이며 넓적다리마디에 희미한 얼룩무늬가 있다. 배 윗면 가운데에 넓은 황갈색 세로무늬가 있고, 양쪽 옆면에 암갈색 '八' 자 무늬가 5~6쌍 있으나 변이가 많다. 암컷의 생식기는 안경 모양이다.
행동 습성 배회성이다.

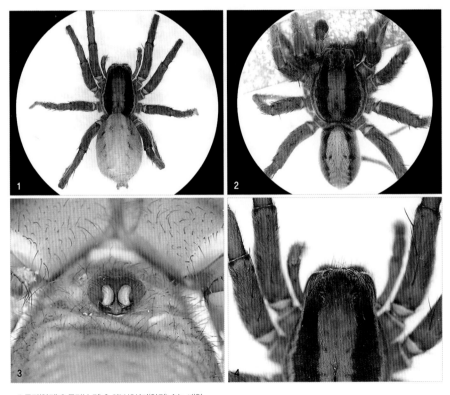

1 등면(암컷) 2 등면(수컷) 3 외부생식기(암컷) 4 눈 배열

어리별늑대거미

Alopecosa cinnameopilosa (Schenkel, 1963)

- *Tarentula cinnameopilosa* Schenkel, 1963: p. 333.
- *Alopecosa cinnameopilosa* Paik, 1988: p. 92; Namkung, 2003: p. 315.

몸길이 암컷 8~13㎜, 수컷 7.5~9.5㎜
서식지 습지, 냇가, 논밭
국내 분포 경기
국외 분포 일본, 중국, 몽고

주요 형질 등갑은 암갈색이며 한가운데와 양 가장자리에 있는 세로무늬는 연한 황갈색이다. 가슴판은 갈색이며 가운데와 가장자리는 연한 황갈색을 띤다. 다리는 갈색이며 넓적다리마디 윗면에 암갈색 얼룩무늬가 있다. 배는 암갈색이며 하트무늬와 옆면의 살깃무늬는 황갈색을 띤다. 배 아랫면도 황갈색이다.
행동 습성 배회성이다.

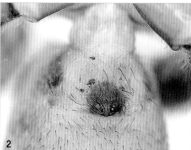

1 등면(암컷) **2** 외부생식기(암컷) **3** 위턱(암컷)

채찍늑대거미

Alopecosa virgata (Kishida, 1909)

- *Lycosa virgata* Kishida, 1909: p. 101.
- *Alopecosa virgata* Paik, 1988: p. 98; Kim and Cho, 2002: p. 203; Namkung, 2003: p. 312.

몸길이 암컷 10~13mm, 수컷 9~11mm
서식지 풀밭, 산
국내 분포 경기, 강원, 충남, 충북,
전남, 경북, 제주
국외 분포 일본, 러시아

주요 형질 등갑은 어두운 적갈색이고 한가운데 있는 세로
무늬는 황갈색이며, 가장자리 쪽에 희미한 줄무늬가 있다.
다리는 황갈색이며 거무스름한 고리무늬가 있다. 배는 황
갈색이고 하트무늬에 살깃무늬가 잇따라 있으며 그 양쪽에
불규칙한 점무늬가 있다. 수컷은 등갑에서 배끝까지 가운
데로 흰색 무늬가 이어진다.
행동 습성 배회성이다.

1 등면(암컷) 2 등면(수컷) 3 가슴판(암컷) 4 실젖(암컷) 5 외부생식기(암컷) 6 눈 배열

논늑대거미

Arctosa subamylacea (Bösenberg and Strand, 1906)

- *Tarentula subamylacea* Bösenberg and Strand, 1906: p. 322.
- *Arctosa stigmosa* Kim and Cho, 2002: p. 205.
- *Arctosa subamylacea* Paik and Namkung, 1979: p. 64; Yoo et al., 2007: p. 175.

몸길이 암컷 9~11㎜, 수컷 7~8㎜
서식지 논밭, 들판, 산
국내 분포 경기, 충북, 서울
국외 분포 일본, 중국, 카자흐스탄

주요 형질 배갑은 황갈색이며 가슴홈은 적갈색이고 방사홈과 가장자리는 검다. 가슴판, 아랫입술, 아래틱은 모두 엷은 노란색이다. 다리는 황갈색이며, 넷째 발바닥마디는 종아리마디와 무릎마디 길이의 합보다 짧다. 배는 암회색으로 앞쪽 너비가 다소 넓은 담황색 나뭇잎무늬가 길쭉하게 뻗어 있다.
행동 습성 배회성이다.

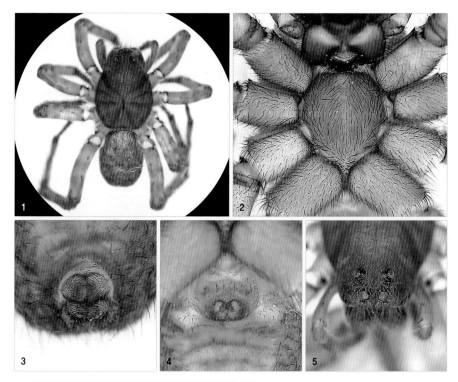

1 등면(암컷) 2 가슴판(암컷) 3 실젖(암컷) 4 외부생식기(암컷) 5 눈 배열

광릉논늑대거미

Arctosa kwangreungensis Paik and Tanaka, 1986

● *Arctosa kwangreungensis* Paik and Tanaka, 1986: p. 16; Namkung, 2003: p. 320.

몸길이 암컷 6~8㎜, 수컷 5~6㎜
서식지 들판, 풀숲, 산
국내 분포 경기, 강원, 충남, 전남,
제주, 서울, 울산, 인천
국외 분포 중국

주요 형질 등갑은 적갈색이며 가운데에 넓은 황갈색 무늬가 세로로 있고, 머리 뒤쪽에 암갈색 무늬가 2조각 있다. 다리는 황갈색이며 암갈색 고리무늬가 있다. 배는 회황갈색 바탕에 거무스름한 얼룩무늬가 있다. 암컷의 생식기는 가로로 긴 타원형이며 수컷의 생식기에 있는 밑단 돌기는 큰 뿔 모양으로 불거져 있다.

행동 습성 배회성이다.

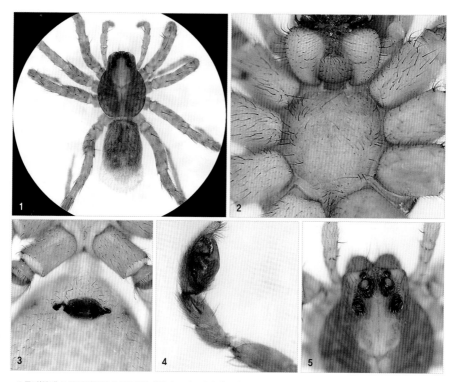

1 등면(암컷) **2** 가슴판(암컷) **3** 외부생식기(암컷) **4** 더듬이다리(수컷) **5** 눈 배열

적갈논늑대거미

Arctosa ebicha Yaginuma, 1960

● *Arctosa ebicha* Yaginuma, 1960: p. 6 (appendix); Kim and Cho, 2002: p. 204; Namkung, 2003: p. 319.

몸길이 암컷 12~14mm, 수컷 10~12mm
서식지 풀밭
국내 분포 경기, 강원, 충남, 충북,
전북, 경북, 서울
국외 분포 일본, 중국

주요 형질 등갑은 적갈색이며 전면에 검은 털이 듬성듬성
나고 색깔도 짙은 편이다. 가슴판은 밝은 적갈색이며 염통
형이다. 다리는 적갈색이며 첫째다리 발끝마디에 긴 털이 2
개 나고 종아리마디 아랫면에 가시털이 3쌍 있다. 배는 흐
린 적갈색이며 길쭉한 염통무늬와 가로무늬 3~4개가 있다.
행동 습성 풀밭의 돌 밑에서 보이며 산란기에는 땅속에 구
멍을 파고 방을 만든다.

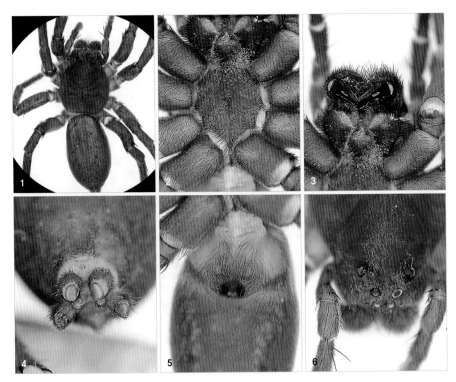

1 등면(암컷) **2** 가슴판(암컷) **3** 위턱(암컷) **4** 실젖(암컷) **5** 외부생식기(암컷) **6** 눈 배열

풍천논늑대거미

Arctosa pungcheunensis Paik, 1994

● *Arctosa pungcheunensis* Paik, 1994: p. 50; Namkung, 2003: p. 322.

몸길이 암컷 6.5mm 내외
서식지 습지, 풀숲
국내 분포 경기, 충북(한국 고유종)

주요 형질 등갑은 적갈색이며 가운데 줄무늬는 밝은 황갈색
이고 눈 부위는 검다. 다리는 황갈색이며 무늬가 없다. 배는
달걀 모양이고 윗면은 암갈색 바탕에 노란색 하트무늬와 그
뒤를 이어 '八' 자 무늬가 줄지어 있다. 배 아랫면은 회황색이
며 실젖은 황갈색이다.
행동 습성 배회성이다.

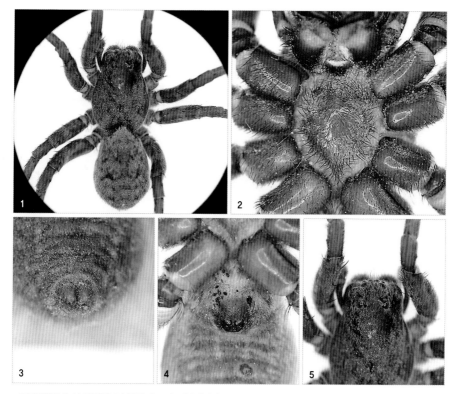

1 등면(암컷) **2** 가슴판(암컷) **3** 실젖(암컷) **4** 외부생식기(암컷) **5** 눈 배열

흰털논늑대거미

Arctosa ipsa (Karsch, 1879)

- *Lycosa ipsa* Karsch, 1879: p. 101.
- *Arctosa ipsa* Namkung, 2003: p. 324.

몸길이 암컷 7~10mm, 수컷 6~9mm
서식지 산
국내 분포 경북
국외 분포 일본

주요 형질 등갑은 적갈색이며 흰 털로 덮이고 다리는 적갈색
이다. 앞다리 종아리마디 윗면에 흰 털이 있고 뒷다리에는 가
시털이 많다. 배는 갸름한 달걀 모양이며 회갈색을 띠고 가운
데에 줄무늬가 늘어선다. 수컷은 등갑과 배 윗면에 뚜렷한 흰
색 줄무늬가 있다.
행동 습성 낙엽층 위를 배회하며 작은 동물을 섭취한다.

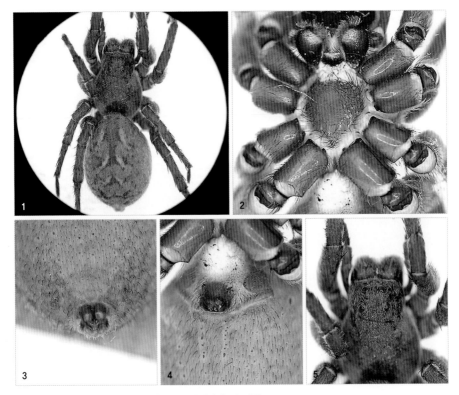

1 등면(암컷) 2 가슴판(암컷) 3 실젖(암컷) 4 외부생식기(암컷) 5 눈 배열

땅늑대거미

Lycosa suzukii Yaginuma, 1960

● *Lycosa suzukii* Yaginuma, 1960: p. 83; Kim and Cho, 2002: p. 206; Namkung, 2003: p. 327.

몸길이 암컷 16~21㎜
　　　　 수컷 10~15.5㎜
서식지 풀숲, 논밭
국내 분포 충북, 전남, 경남, 제주
국외 분포 일본, 중국

주요 형질 등갑은 어두운 적갈색이며 한가운데와 양 가장자리는 밝은 황갈색에 흰 털이 있다. 다리는 어두운 적갈색이며 고리무늬가 없다. 배는 달걀 모양이며 황갈색 바탕에 검은색 하트무늬와 그 양 옆으로 검은 점무늬가 4~5쌍 늘어선다. 배 아랫면에는 황백색 선이 둘려진 원 모양 검은 무늬가 있다.

행동 습성 암컷은 수직으로 땅굴을 파고 밤에는 굴속에 있다가 아침에 밖으로 나와 배끝의 알주머니를 햇볕에 쬐어 부화시킨다.

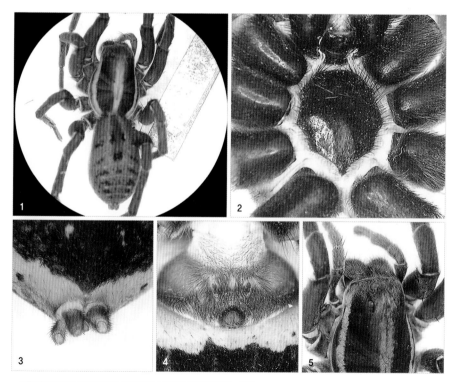

1 등면(암컷) **2** 가슴판(암컷) **3** 실젖(암컷) **4** 외부생식기(암컷) **5** 눈 배열

입술늑대거미
Lycosa labialis Mao and Song, 1985

- *Lycosa labialis* Mao and Song, 1985: p. 264; Namkung, 2003: p. 328.

몸길이 암컷 6~8㎜, 수컷 4.5~6㎜
서식지 습지, 논밭
국내 분포 경기, 강원, 충북, 경북
국외 분포 중국

주요 형질 등갑은 암갈색이며 가운데에 폭넓은 황갈색 줄무늬가 있고 가장자리는 담갈색을 띤다. 다리는 황갈색이며 어두운 회갈색으로 이루어진 복잡한 무늬가 있고, 앞끝쪽에 긴 흰 털이 있다. 배 아랫면은 황갈색이며 긴 털이 듬성듬성 나고 실젖은 갈색이다.
행동 습성 배회성이다.

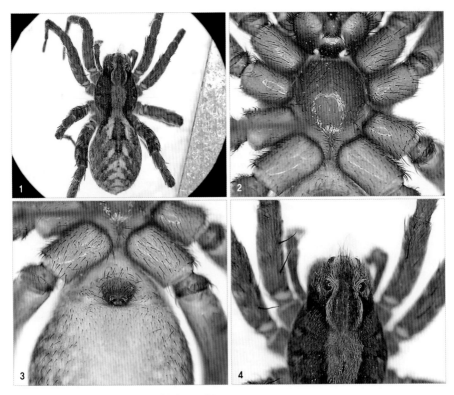

1 등면(암컷) **2** 가슴판(암컷) **3** 외부생식기(암컷) **4** 눈 배열

제주늑대거미

Lycosa coelestis L. Koch, 1878

- *Lycosa coelestis* L. Koch, 1878: p. 772; Namkung, 2003: p. 325; Yoo et al., 2007: p. 25.
- *Lycosa auribrachialis* Paik, 1988: p. 114.

몸길이 암컷 10~15.5㎜
　　　　수컷 9.5~11.5㎜
서식지 논밭, 풀밭, 습지, 산
국내 분포 제주
국외 분포 일본, 중국

주요 형질 등갑은 암갈색이며 한가운데에 폭넓은 황갈색
줄무늬가 뻗었다. 다리는 적갈색이며 넓적다리마디 윗면
과 각 마디 끝쪽에 거무스름한 무늬가 있다. 배 윗면은 회
갈색이며 길쭉한 하트무늬와 황갈색 '八' 자 모양 무늬가
여러 쌍 있고, 아랫면은 검은색이다. 수컷의 배 윗면 가운
데에 뚜렷한 흰색 무늬가 뻗어 있다.
행동 습성 배회성이다.

1 등면(암컷) 2 등면(수컷) 3 가슴판(암컷) 4 실젖(암컷) 5 외부생식기(암컷) 6 위턱(수컷) 7 더듬이다리(수컷) 8 눈 배열

한국늑대거미

Lycosa coreana Paik, 1994

● *Lycosa coreana* Paik, 1994: p. 24; Namkung, 2003: p. 326.

몸길이 암컷 6.5~7.5㎜, 수컷 5~6㎜
서식지 들판, 산
국내 분포 경기, 충북, 경북
(한국 고유종)

주요 형질 등갑은 어두운 황갈색이며 가운데로 폭넓은 황갈색 무늬가 있고 눈구역은 검다. 다리도 황갈색이며 앞다리 넓적다리마디는 검고 뒷다리 넓적다리마디는 어두운 황갈색을 띤다. 배는 갸름한 달걀 모양이며 황갈색 바탕에 암회색 '八' 자 무늬가 늘어서고, 앞끝 쪽에 센털이 한 무더기 뻗어 있다.
행동 습성 배회성이다.

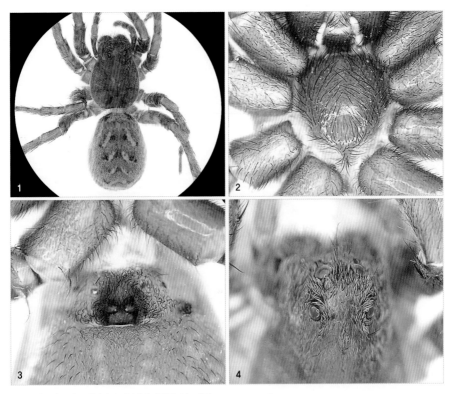

1 등면(암컷) **2** 가슴판(암컷) **3** 외부생식기(암컷) **4** 눈 배열

가시늑대거미

Pardosa laura Karsch, 1879

- *Pardosa laura* Karsch, 1879: p. 102; Paik and Namkung, 1979: p. 66; Namkung, 2003: p. 332; Yoo and Kim, 2002: p. 28.

몸길이 암컷 6~8㎜, 수컷 5~7㎜
서식지 논밭, 냇가, 계곡, 산
국내 분포 경기, 강원, 충남, 충북, 전남, 전북, 경남, 경북, 제주
국외 분포 일본, 중국, 러시아, 대만

주요 형질 등갑은 흑갈색이며 가운데에 앞쪽이 넓은 황백색 줄무늬가 있다. 다리는 갈색이며 검은 고리무늬가 있고 긴 가시털이 많다. 배는 갸름한 달걀 모양이며 갈색이고 가운데에 황백색 줄무늬가 있다. 옆면에는 검은 빗살무늬가 4~5쌍 늘어선다. 수컷은 머리에서 배끝까지 흰색 세로무늬가 뻗어 있다.
행동 습성 해충을 잡아먹으며 배회성이다.

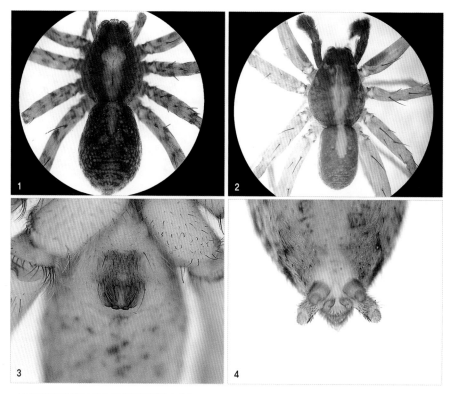

1 등면(암컷) 2 등면(수컷) 3 외부생식기(암컷) 4 실젖

대륙늑대거미

Pardosa palustris (Linnaeus, 1758)

- *Aranea palustris* Linnaeus, 1758: p. 623.
- *Pardosa palustris* Kim and Yoo, 1997: p. 36; Kim and Cho, 2002: p. 218; Namkung, 2003: p. 333.

몸길이 암컷 4.5~6.5㎜
　　　수컷 4.5~5.5㎜
서식지 고산지대
국내 분포 제주
국외 분포 전북구

주요 형질 등갑은 암갈색이고 가운데에 'T' 자 모양 황갈색 무늬가 있으며 앞면과 가장자리 선은 검고 밝은 황갈색 테두리가 있다. 다리는 황갈색이며 넓적다리마디에 막대 같은 흑갈색 줄무늬가 있고, 종아리마디와 발바닥마디에 거무스름한 고리무늬가 있다. 배는 갈색이며 황갈색 하트무늬와 가로무늬 4~5개가 있다. 암컷의 생식기는 사다리꼴이며 뚜렷하게 크고 붉다.

행동 습성 고산지대 풀밭에서 보이며 배회성이고 행동이 매우 빠르다.

1 등면(암컷) **2** 외부생식기(암컷) **3** 더듬이다리(수컷) **4** 눈 배열

들늑대거미

Pardosa pseudoannulata (Bösenberg and Strand, 1906)

- *Tarentula pseudoannulata* Bösenberg and Strand, 1906: p. 319.
- *Lycosa pseudoannulata* Paik and Namkung, 1979: p. 65.
- *Pardosa pseudoannulata* Yoo and Kim, 2002: p. 28; Namkung, 2003: p. 331.

몸길이 암컷 10~13㎜, 수컷 8~9㎜
서식지 논밭, 들판
국내 분포 경기, 강원, 전북, 경북, 제주, 서울
국외 분포 파키스탄, 일본, 필리핀, 인도네시아

주요 형질 등갑은 담갈색이며 가운데 있는 담갈색 줄무늬 옆의 앞쪽 폭이 넓다. 가슴판은 노란색 달걀 모양이며 좌우에 3개씩 검은 반점이 있다. 다리는 황갈색이며 검은 고리무늬가 있고 가시털이 많다. 배는 갸름한 달걀 모양이며 갈색 바탕에 황갈색 하트무늬와 별처럼 생긴 살깃무늬 4~5쌍이 있다. 일반적으로 덜 자란 것은 색이 엷으며, 수컷은 색이 진하고 더듬이 다리 끝마디가 검다.
행동 습성 해충을 잡아먹으며 배회성이다.

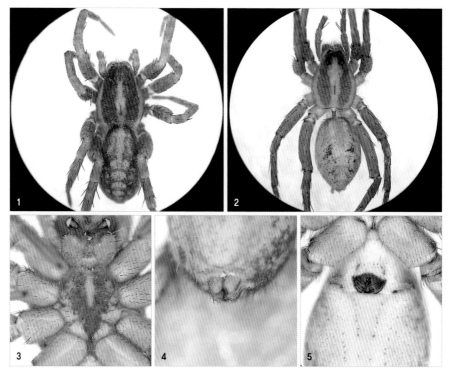

1 등면(암컷) 2 등면(수컷) 3 가슴판(암컷) 4 실젖(암컷) 5 외부생식기(암컷)

모래톱늑대거미

Pardosa lyrifera Schenkel, 1936

- *Pardosa lyrifera* Schenkel, 1936: p. 234; Namkung, 2003: p. 334.
- *Pardosa koreana* Jo and Paik, 1984: p. 192.

몸길이 암컷 6~8㎜, 수컷 4.5~5㎜
서식지 논, 풀숲, 냇가, 산림
국내 분포 경기, 강원, 충북, 전남,
전북, 경남, 경북, 울산
국외 분포 일본, 중국

주요 형질 등갑은 회갈색이며 한가운데 'T' 자처럼 생긴 부분
은 황갈색을 띤다. 다리는 암갈색이며 검은 고리무늬가 있다.
수컷은 첫째다리 발바닥마디와 발끝마디에 깃털처럼 더부룩
한 털다발이 있다. 배는 달걀 모양으로 볼록하고, 암갈색 바탕
에 가느다랗고 노란 하트무늬와 갈색 무늬 4~5쌍이 있다.
행동 습성 배회성이다.

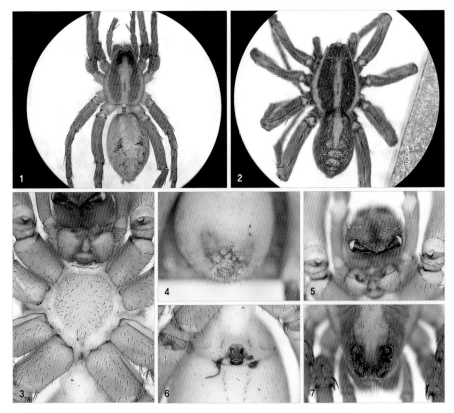

1 등면(암컷) 2 등면(수컷) 3 가슴판(암컷) 4 실젖(암컷) 5 위턱(암컷) 6 외부생식기(암컷) 7 눈 배열

뫼가시늑대거미

Pardosa brevivulva Tanaka, 1975

● *Pardosa brevivulva* Tanaka, 1975: p. 21; Namkung, 2003: p. 330; Yoo and Kim 2002: p. 28.

몸길이 암컷 5~7mm, 수컷 4.5~6mm
서식지 논밭, 강가, 냇가, 계곡, 산
국내 분포 경기, 강원, 충남, 충북,
전남, 전북, 경남, 경북, 제주
국외 분포 일본, 중국, 러시아

주요 형질 등갑은 어두운 적갈색이고 가운데에 황갈색 줄
무늬가 있으며 전체에 가늘고 흰 털이 빽빽하다. 다리는 적
갈색이며 검은 고리무늬가 있다. 배의 하트무늬는 뚜렷하
지 않다. 별늑대거미와 비슷하나 암컷의 생식기가 뚜렷이
다르다.
행동 습성 배회성이다.

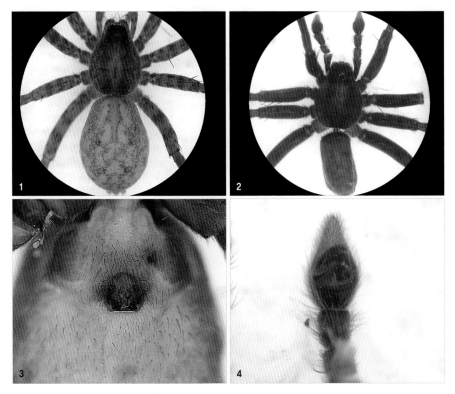

1 등면(암컷) 2 등면(수컷) 3 외부생식기(암컷) 4 더듬이다리(수컷)

별늑대거미

Pardosa astrigera L. Koch, 1878

- *Pardosa astrigera* L. Koch, 1878: p. 775; Namkung, 2003: p. 329; Yoo et al., 2007: p. 25.
- *Lycosa T-insignita* Namkung, 1964: p. 41.

몸길이 암컷 7~10㎜, 수컷 6~8.5㎜
서식지 도시, 과수원, 논밭, 사구,
들판, 냇가, 계곡, 동굴, 산
국내 분포 경기, 강원, 충남, 충북,
전남, 전북, 경남, 경북, 제주
국외 분포 일본, 중국, 러시아, 대만

주요 형질 등갑은 흑갈색이며 가운데에 중간이 잘록한 황색
줄무늬가 있어 'T' 자 모양을 이룬다. 다리는 황갈색이며 각 마
디에 암갈색 고리무늬가 있다. 배는 갸름한 달걀 모양이고 회
갈색 바탕에 담갈색 하트무늬가 있으며, 아랫면도 갈색으로
노란색 'V' 자 무늬가 있다.
행동 습성 배회성이다.

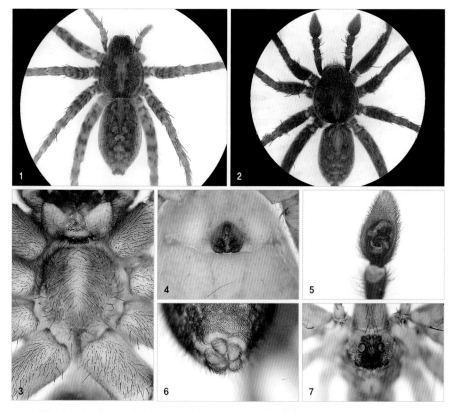

1 등면(암컷) 2 등면(수컷) 3 가슴판(암컷) 4 외부생식기(암컷) 5 더듬이다리(수컷) 6 실젖 7 눈 배열

중국늑대거미

Pardosa hedini Schenkel, 1936

● *Pardosa hedini* Schenkel, 1936: p. 230; Namkung, 2003: p. 336; Kim and Cho, 2002: p. 208.

몸길이 암컷 4.5~5.5mm, 수컷 4~5mm
서식지 논밭, 들판, 사구, 냇가, 산
국내 분포 경기, 강원, 충남, 충북,
전남, 전북, 경남, 경북
국외 분포 일본, 중국, 러시아

주요 형질 등갑은 암갈색이고 가운데에 폭넓은 회백색 줄무늬가 있으며, 양 옆면은 흑갈색을 띤다. 가슴판은 암갈색이며, 앞부분에 뻗는 가운데 무늬와 각 다리 밑마디에 있는 점무늬는 노란색이다. 다리는 황갈색이며 검은 고리무늬가 넓적다리마디와 종아리마디에 4개, 발바닥마디에 3개, 무릎마디에 1개씩 있다. 배는 달걀 모양이며 윗면에 황갈색 하트무늬가 있고, 양 옆면은 암갈색이며 뒤쪽으로 가로무늬가 몇 개 있다. 배 아랫면은 회황색이며 검은 얼룩무늬가 있다.

행동 습성 해충을 잡아먹으며 배회성이다.

1 등면(암컷) 2 등면(수컷) 3 외부생식기(암컷) 4 더듬이다리(수컷) 5 실젖

한라늑대거미

Pardosa bifasciata C. L. Koch, 1834

- *Lycosa bifasciata* C. L. Koch, 1834: p. 125.
- *Pardosa bifasciata* Namkung, 2003: p. 337.
- *Pardosa hanrasanensis* Jo and Paik, 1984: p. 194.

몸길이 암컷 5.3㎜ 내외
　　　　수컷 4.1㎜ 내외
서식지 풀밭
국내 분포 경남, 제주
국외 분포 구북구

주요 형질 등갑은 암갈색으로 가운데에 말뚝처럼 생긴 황갈색 무늬가 있고 가슴 가장자리에 검은 테두리가 있다. 가슴판은 황갈색이며 가운데로 회갈색 타원형 무늬가 있다. 다리도 황갈색이며 희미한 고리무늬가 있다. 배는 달걀 모양이고 윗면은 연한 적갈색이며 황갈색 창검처럼 생긴 하트무늬와 가로무늬 4~5개가 늘어선다. 배 아랫면은 회황색이며 검은 얼룩무늬가 있다.
행동 습성 배회성이다.

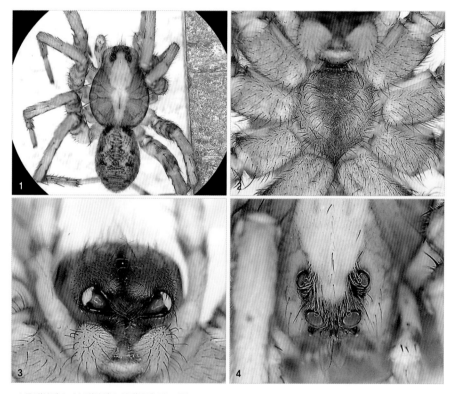

1 등면(암컷) **2** 가슴판(암컷) **3** 위턱(암컷) **4** 눈 배열

264

흰표늑대거미

Pardosa lugubris Walckenaer, 1802

- *Aranea lugubris* Walckenaer, 1802: p. 239.
- *Pardosa lugbris* Yoo and Kim, 2002: p. 28.
- *Pardosa lugubris* Namkung et al., 1972: p. 94; Namkung, 2003: p. 335.

몸길이 암컷 5~6㎜, 수컷 4.5~5.5㎜
서식지 산
국내 분포 경기, 강원, 충북, 전북, 경북, 제주
국외 분포 구북구

주요 형질 등갑은 어두운 적갈색이며 가운데 폭넓은 황갈색 줄무늬가 있다. 암컷은 머리쪽에, 수컷은 가운데 줄무늬에 흰 털이 빽빽하다. 다리는 황갈색이며 암갈색 고리무늬가 있고 가시털이 많다. 배는 달걀 모양이며 가운데 부분이 밝고, 암갈색 무늬가 있으며 양 옆면은 흑갈색이다.

행동 습성 산의 고원 숲, 풀밭, 땅바닥, 낙엽층에서 보이며 암컷은 공 모양 회백색 알주머니를 꽁무니에 달고 다닌다.

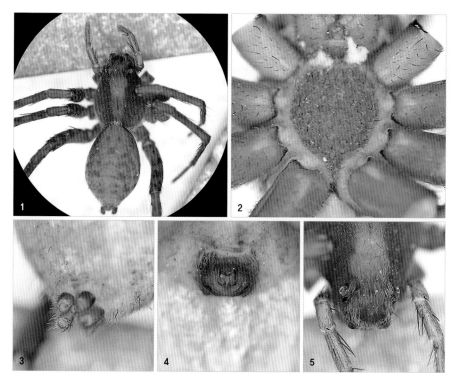

1 등면(암컷) **2** 가슴판(암컷) **3** 실젖(암컷) **4** 외부생식기(암컷) **5** 눈 배열

황산적늑대거미

Pirata subpiraticus (Bösenberg and Strand, 1906)

- *Tarentula subpiratica* Bösenberg and Strand, 1906: p. 317.
- *Pirata subpiraticus* Paik and Namkung, 1979: p. 68; Namkung, 2003: p. 340.

몸길이 암컷 6~10㎜, 수컷 5~7㎜
서식지 논밭, 풀밭
국내 분포 경기, 강원, 충남, 충북,
전남, 전북, 경남, 경북, 제주,
대전, 서울, 울산
국외 분포 일본, 중국

주요 형질 등갑은 황갈색이며 중앙의 'V' 자 무늬와 양 옆 줄
무늬는 연한 회갈색이고, 가슴홈은 적갈색이다. 다리는 황
갈색이며 별다른 무늬가 없다. 배는 갸름한 달걀 모양이고
황갈색 바탕에 노란 하트무늬가 있다. 뒤쪽에는 가로무늬가
5~6개 있으며 흰 털로 덮인 하얀 점무늬가 흩어져 있다.
행동 습성 해충을 잡아먹으며 배회성이다.

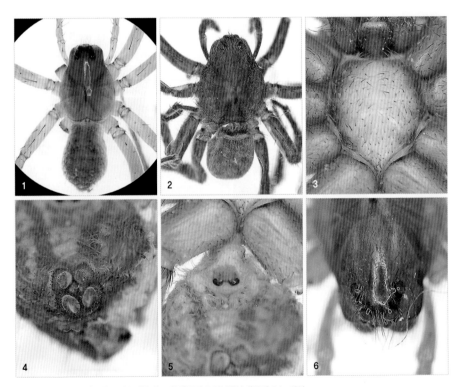

1 등면(암컷) **2** 등면(수컷) **3** 가슴판(암컷) **4** 실젖(암컷) **5** 외부생식기(암컷) **6** 눈 배열

공산늑대거미

Piratula piratoides (Bösenberg and Strand, 1906)

- *Tarentula piratoides* Bösenberg and Strand, 1906: p. 318.
- *Pirata piratoides* Namkung, 2003: p. 344.

몸길이 암컷 4.5~6mm, 수컷 4~5mm
서식지 논밭, 들판
국내 분포 경기, 강원, 충남, 충북,
전북, 경남, 경북, 제주
국외 분포 일본, 중국

주요 형질 등갑은 엷은 황갈색이며 가운데 'V'자 무늬와
양 옆 줄무늬는 회갈색이고, 가슴 가장자리에 검은 테두리
가 있다. 가슴판은 엷은 회갈색이고 가운데 줄무늬와 양
옆에 있는 점무늬 3~4쌍은 노란색이다. 다리는 황갈색이
며 희미한 무늬가 보인다. 배는 달걀 모양이며 회갈색 또
는 황갈색이고, 밝은 하트무늬와 양 옆면으로 늘어선 '八'
자 무늬 4~5쌍, 흰 털로 덮인 점무늬 여러 쌍이 보인다.
행동 습성 배회성이다.

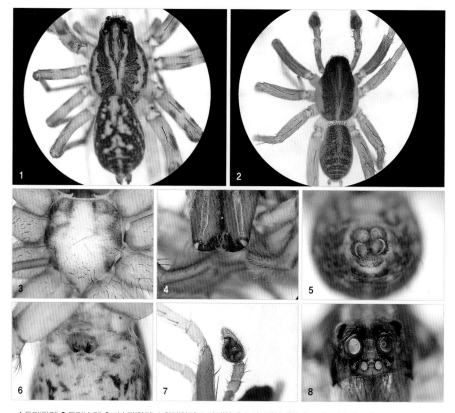

1 등면(암컷) **2** 등면(수컷) **3** 가슴판(암컷) **4** 위턱(암컷) **5** 실젖(암컷) **6** 외부생식기(암컷) **7** 더듬이다리(수컷) **8** 눈 배열

방울늑대거미

Piratula yaginumai (Tanaka, 1974)

● *Pirata yaginumai* Tanaka, 1974: p. 27; Namkung, 2003: p. 341.

몸길이 암컷 5~7㎜, 수컷 4~6㎜
서식지 논밭
국내 분포 경기, 강원, 충남, 충북,
경남, 경북, 서울
국외 분포 일본, 중국, 러시아

주요 형질 등갑은 황갈색이며 가운데 'V' 자 무늬와 양 옆 줄
무늬는 회갈색을 띤다. 다리는 황갈색이고 넓적다리마디와
종아리마디에 고리무늬가 2~3개 있다. 배는 긴 달걀 모양이며
흑회색 바탕에 노란색 하트무늬와 '八' 자 무늬 몇 쌍이 있다.
암컷의 생식기는 올빼미 눈처럼 생겼으며 뚜렷하다.
행동 습성 배회성이다.

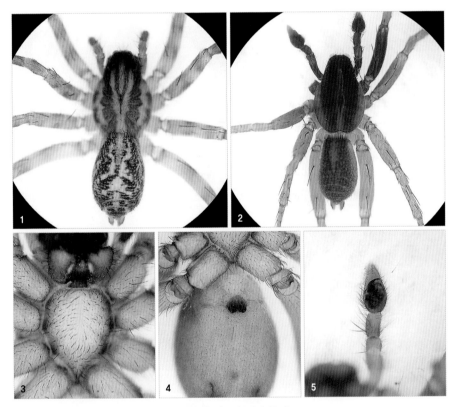

1 등면(암컷) **2** 등면(수컷) **3** 가슴판(암컷) **4** 외부생식기(암컷) **5** 더듬이다리(수컷)

양산적늑대거미

Piratula clercki (Bösenberg and Strand, 1906)

- *Tarentula clercki* Böenberg and Strand, 1906: p. 316.
- *Pirata clercki* Namkung, 2003: p. 342; Lee et al., 2004: p. 99.

몸길이 암컷 6~8㎜, 수컷 5~7㎜
서식지 들판, 산
국내 분포 경기, 충북, 경남, 경북, 제주
국외 분포 일본, 중국, 대만

주요 형질 등갑은 황갈색이며 한가운데에 있는 'V' 자 무늬와 양 옆 줄무늬는 적갈색이고, 가장자리는 엷은 흑갈색이다. 다리는 황갈색이고 희미한 고리무늬가 보인다. 배는 흑갈색 바탕에 노란색 하트무늬와 '八' 자 무늬 3~4쌍이 있으며, 양 옆면에 흰색 점무늬 몇 쌍이 흩어져 있다.
행동 습성 들이나 산의 풀밭에서 보이며 배회성이다.

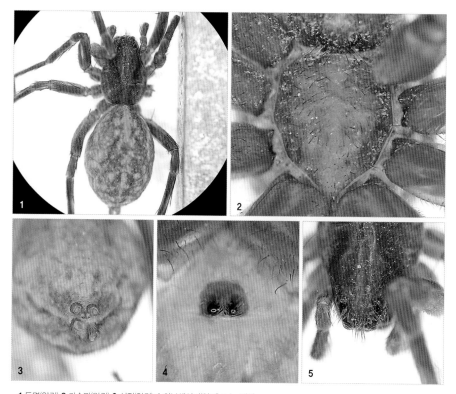

1 등면(암컷) 2 가슴판(암컷) 3 실젖(암컷) 4 외부생식기(암컷) 5 눈 배열

좀늑대거미

Piratula procurvus (Bösenberg and Strand, 1906)

- *Tarentula procurva* Bösenberg and Strand, 1906: p. 315.
- *Pirata procurvus* Namkung, 2003: p. 345; Lee et al., 2004: p. 99.

몸길이 암컷 4.5~5㎜, 수컷 3~4㎜
서식지 논밭, 강기, 냇가, 계곡, 산
국내 분포 경기, 강원, 충남, 충북,
전남, 전북, 경남, 경북
국외 분포 일본, 중국

주요 형질 등갑은 황갈색이며 중앙부의 'V' 자 무늬와 양 옆
줄무늬는 암회색이다. 배는 긴 타원형이며 어두운 회갈색
바탕에 노란색 염통무늬와 '八' 자 무늬 몇 쌍이 있다.
행동 습성 배회성이다.

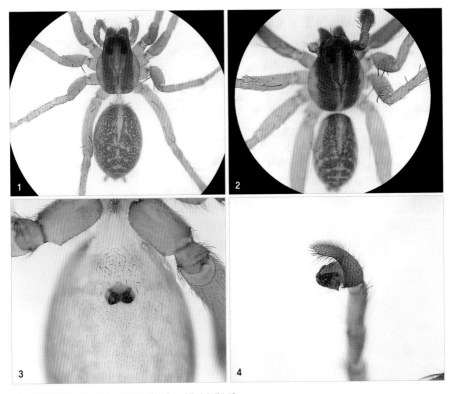

1 등면(암컷) **2** 등면(수컷) **3** 외부생식기(암컷) **4** 더듬이다리(수컷)

포천늑대거미

Piratula meridionalis (Tanaka, 1974)

● *Pirata meridionalis* Tanaka, 1974: p. 31; Namkung, 2003: p. 343.

몸길이 암컷 4.5~6mm, 수컷 3.5~5mm
서식지 들판, 풀밭
국내 분포 경기, 충남, 경북
국외 분포 일본, 중국

주요 형질 등갑은 황갈색이며 한가운데에 있는 'V' 자 무늬와 그 양 옆의 줄무늬는 엷은 흑회색을 띤다. 가슴판은 엷은 흑회색이며 가운데 노란 줄무늬가 있고 양 옆으로 점무늬가 3~4쌍 있다. 배는 긴 타원형이며 흑회색 바탕에 노란색 하트무늬와 'ㅅ' 자 무늬 몇 쌍이 있다.
행동 습성 배회성이다.

 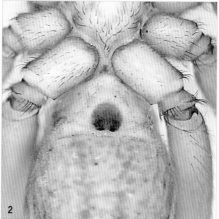

1 등면(암컷) 2 외부생식기(암컷)

촌티늑대거미

Trochosa ruricola (De Geer, 1778)

- *Aranea lupus ruricola* De Geer, 1778: p. 282.
- *Trochosa ruricola* Namkung et al., 1971: p. 51; Namkung, 2003: p. 316.

몸길이 암컷 10~14㎜, 수컷 8~10㎜
서식지 논밭, 들판, 산
국내 분포 경기, 강원, 충남, 충북,
전남, 전북, 경남, 경북, 제주,
광주, 서울, 인천
국외 분포 전북구, 버뮤다

주요 형질 등갑은 암갈색이고 가운데에 황색 세로무늬가 있
으며, 앞쪽에 막대처럼 생긴 무늬가 1쌍 있다. 다리는 황갈색
이며 적갈색 고리무늬가 있다. 수컷 더듬이의 마디 끝에 갈고
리가 있다. 배는 암갈색이며 달걀 모양이고 윗면에 밝은 하트
무늬가 있으며 뒤쪽으로 가로무늬 몇 개가 있다. 배 아랫면은
황갈색이다.
행동 습성 땅속에 오목한 구멍을 파고 주머니 모양 집을 만
들어 알을 낳고 보호한다. 돌 밑에서 선 채로 겨울을 난다.

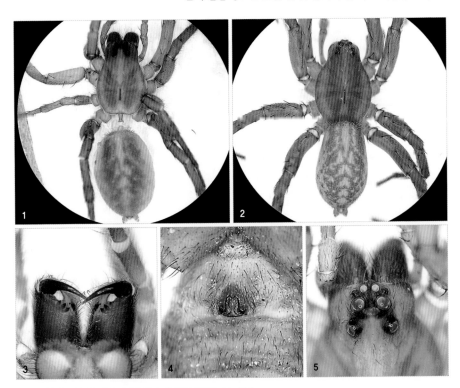

1 등면(암컷) **2** 등면(수컷) **3** 위턱(암컷) **4** 외부생식기(암컷) **5** 눈 배열

흰줄늑대거미

Xerolycosa nemoralis (Westring, 1861)

- *Lycosa nemoralis* Westring, 1861: p. 472.
- *Xerolycosa nemoralis* Namkung and Yoon, 1980: p. 19; Namkung, 2003: p. 317; Yoo et al., 2007: p. 25.

몸길이 암컷 6~8.5㎜, 수컷 5~6㎜
서식지 들판, 산
국내 분포 경기, 강원, 충북
국외 분포 구북구

주요 형질 등갑은 암갈색이며 가운데 폭넓은 세로무늬는 황갈색 바탕에 흰 털이 빽빽하다. 다리는 넓적다리마디만 검고 나머지는 황갈색을 띤다. 배는 갸름한 달걀 모양이며 황갈색 바탕에 밝은 하트무늬와 희미한 검은 무늬가 있다.
행동 습성 들판이나 산의 숲 주변에서 보이며 배회성이다.

1 등면(암컷) **2** 등면(수컷) **3** 가슴판(암컷) **4** 위턱(암컷) **5** 실젖(암컷) **6** 외부생식기(암컷) **7** 눈 배열

닻거미과
Pisauridae

먹닷거미

Dolomedes raptor Bösenberg and Strand, 1906

- *Dolomedes raptor* Böenberg and Strand, 1906: p. 309; Namkung, 2003: p. 350.

몸길이 암컷 22~25㎜
　　　수컷 12~15㎜
서식지 물가, 동굴
국내 분포 경기, 강원, 충북, 경북,
제주
국외 분포 일본, 중국, 러시아

주요 형질 등갑은 암갈색이며 테두리는 적갈색이다. 목홈, 방사홈, 가슴홈은 검고 뚜렷하다. 배는 달걀 모양이며 암갈색 바탕에 검은색 줄무늬와 노란색, 흰색 점무늬로 얼룩져 있다. 개체마다 색깔이 많이 다르다.
행동 습성 어둡고 습기가 많은 물가나 동굴에서 보이며 적을 만나면 물속으로 도망친다.

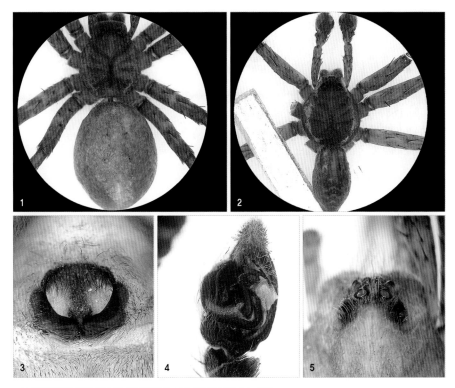

1 등면(암컷) **2** 등면(수컷) **3** 외부생식기(암컷) **4** 더듬이다리(수컷) **5** 눈 배열

줄닷거미

Dolomedes japonicus (Bösenberg and Strand, 1906)

- *Dolomedes japonicus* Bösenberg and Strand, 1906: p. 313.
- *Dolomedes stellatus* Paik, 1969: p. 39; Namkung, 2003: p. 349.

몸길이 암컷 19~26㎜
　　　수컷 16.5㎜ 내외
서식지 물가, 동굴
국내 분포 경기, 충북, 경북, 제주
국외 분포 일본, 중국

주요 형질 등갑은 어두운 적갈색이고 가운데의 줄무늬, 방사선 무늬, 가장자리 무늬는 노란색을 띤다. 다리는 암갈색이며 넓적다리마디에 황살색 무늬가 있고 긴 가시털이 많다. 배는 갸름한 달걀 모양이며 황갈색 바탕에 검은 얼룩무늬가 발달했다.

행동 습성 물가의 바위틈이나 동굴의 습한 곳에서 보이며 배회성이다.

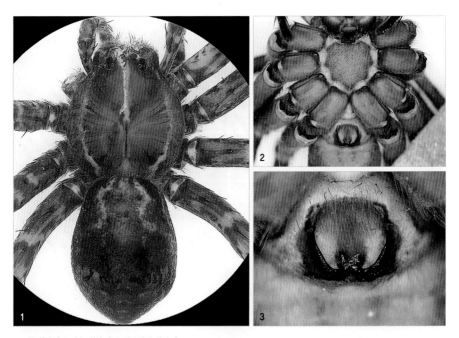

1 등면(암컷) **2** 가슴판(암컷) **3** 외부생식기(암컷)

황닷거미

Dolomedes sulfureus L. Koch, 1878

- *Dolomedes sulfureus* L. Koch, 1878: p. 778; Namkung, 2003: p. 348; Yoo et al., 2007: p. 25.
- *Dolomedes hercules* Paik, 1969: p. 33.

몸길이 암컷 20~28mm, 수컷 14~20mm
서식지 들판, 산
국내 분포 경기, 강원, 충남, 충북,
전남, 전북, 경남, 경북, 제주,
광주, 서울, 인천
국외 분포 일본, 중국, 러시아

주요 형질 등갑은 황갈색이며 볼록하고 개체에 따라 가운데를 지나는 회갈색 띠무늬가 있다. 다리는 황갈색이며 길고 고리무늬는 없으나 가시털이 많다. 배는 갸름한 달걀 모양이며 황갈색 바탕에 회갈색 줄무늬가 있다. 암컷 생식기는 넓적한 밤처럼 생겼고, 수컷은 몸체는 작으나 다리가 길다.

행동 습성 들판이나 산의 나뭇잎 또는 풀숲에서 보이며 공 모양 알주머니를 입에 물고 다닌다.

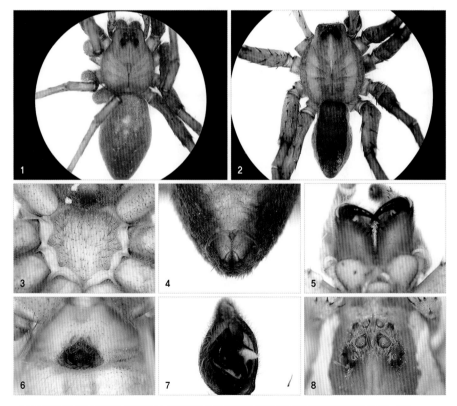

1 등면(암컷) **2** 등면(수컷) **3** 가슴판(암컷) **4** 실젖(암컷) **5** 위턱(암컷) **6** 외부생식기(암컷) **7** 더듬이다리(수컷) **8** 눈 배열

번개닷거미

Perenethis fascigera (Bösenberg and Strand, 1906)

- *Tetragonophthalma fascigera* Bösenberg and Strand, 1906: p. 306.
- *Perenethis fascigera* Paik, 1978: p. 375; Namkung, 2003: p. 351.

몸길이 암컷 10~11mm, 수컷 9~10mm
서식지 산, 풀숲
국내 분포 경기, 제주
국외 분포 일본, 중국

주요 형질 등갑은 황갈색이며 가운데에 폭넓은 세로무늬가 줄지어 있다. 다리는 황갈색이며 고리무늬는 없으나 가시털이 많다. 배는 황갈색이며 가운데 부분 갈색 줄무늬에 흰색 선이 뚜렷하게 보인다.
행동 습성 배회성이다.

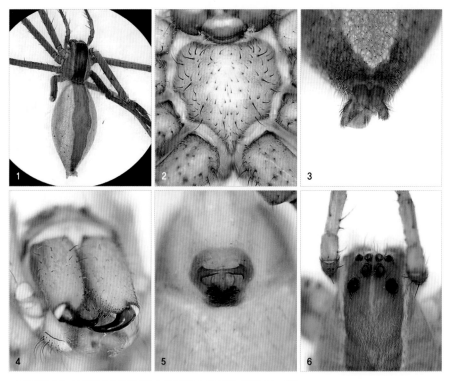

1 등면(암컷) **2** 가슴판(암컷) **3** 실젖(암컷) **4** 위턱(암컷) **5** 외부생식기(암컷) **6** 눈 배열

닺표늪서성거미

Pisaura ancora Paik, 1969

● *Pisaura ancora* Paik, 1969: p. 49; Kim and Cho, 2002: p. 191; Namkung, 2003: p. 352.

몸길이 암컷 10~12㎜, 수컷 9~10㎜
서식지 들판, 산
국내 분포 경기, 강원, 충북, 전남,
전북, 경북, 제주, 대전, 서울, 인천
국외 분포 중국, 러시아

주요 형질 등갑은 황갈색이며 가운데에 흰색 줄무늬가 1가닥
있다. 다리는 황갈색이며 넓적다리마디 아랫면은 검은색을
띤다. 배는 긴 달걀 모양이며 황갈색 바탕에 빗살무늬가 여러
개 있다. 암컷의 생식기는 굵직한 닺처럼 생겼다.
행동 습성 들판이나 산의 키 작은 나무나 풀숲에서 보이며 배
회성이다.

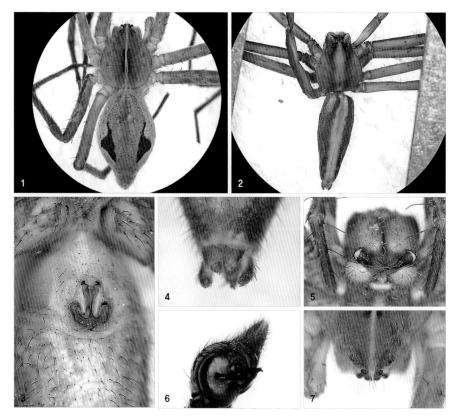

1 등면(암컷) **2** 등면(수컷) **3** 외부생식기(암컷) **4** 실젖(암컷) **5** 위턱(암컷) **6** 더듬이다리(수컷) **7** 눈 배열

아기늪서성거미

Pisaura lama Bösenberg and Strand, 1906

● *Pisaura lama* Bösenberg and Strand, 1906: p. 306; Kim and Cho, 2002: p. 192; Namkung, 2003: p. 353.

몸길이 암컷 10~13mm, 수컷 7~11mm
서식지 논밭, 들판, 강가, 냇가,
계곡, 산
국내 분포 경기, 강원, 충남, 충북,
전남, 전북, 경남, 경북, 제주
국외 분포 일본, 중국, 러시아

주요 형질 등갑은 황갈색이며 가운데에 노란색 줄무늬가
있다. 다리는 갈색이고 넓적다리마디 아랫면은 검다. 배는
긴 타원형이고 양 옆면으로 검은 빗금무늬가 뻗으나 개체
에 따라 차이가 있다. 닻표서성거미와 매우 비슷하지만, 암
컷의 생식기가 가늘고 길며, 수컷의 더듬이다리에 있는 종
아리마디 돌기가 훨씬 길다.
행동 습성 배회성이다.

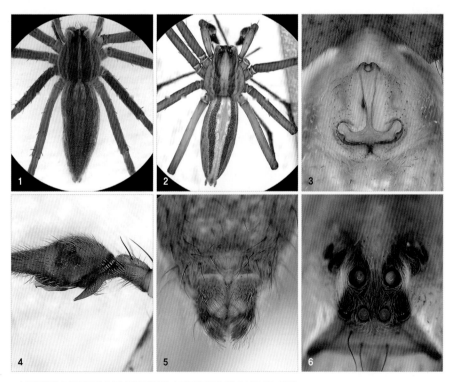

1 등면(암컷) **2** 등면(수컷) **3** 외부생식기(암컷) **4** 더듬이다리(수컷) **5** 실젖 **6** 눈 배열

스라소니거미과

Oxyopidae

낮표스라소니거미

Oxyopes sertatus L. Koch, 1878

● *Oxyopes sertatus* L. Koch, 1878: p. 779; Namkung, 2003: p. 355.

몸길이 암컷 9~11mm, 수컷 7~9mm
서식지 섬, 들판
국내 분포 경기, 강원, 충북, 전남, 경북, 제주
국외 분포 일본, 중국, 대만

주요 형질 등갑은 달걀 모양으로 볼록하고 황갈색 바탕에 검은 줄무늬 4개가 세로로 뻗어 있다. 다리는 황갈색이며 긴 가시털이 많고, 넓적다리마디 아랫면과 무릎마디, 종아리마디 윗면에 검은 줄무늬가 있다. 배 윗면은 황갈색 바탕에 검은색, 갈색, 붉은색 등 화려한 줄무늬가 있다.

행동 습성 따뜻한 바다에 둘러싸인 섬 지역에 흔하며, 풀숲과 나무 사이에서 뛰어올라 곤충을 잡아먹는다.

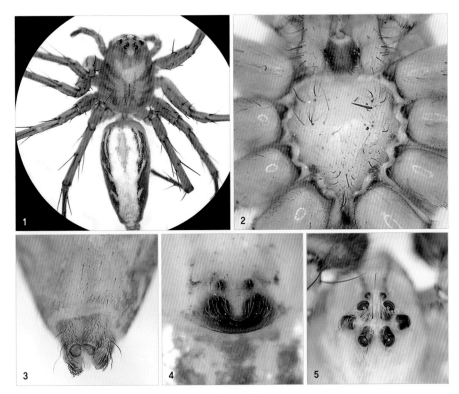

1 등면(암컷) **2** 가슴판(암컷) **3** 실젖(암컷) **4** 외부생식기(암컷) **5** 눈 배열

분스라소니거미

Oxyopes koreanus Paik, 1969

- Oxyopes koreanus Paik, 1969: p. 110; Namkung, 2003: p. 356.

몸길이 암컷 6.5~9mm, 수컷 4.5~6mm
서식지 풀밭, 산
국내 분포 경남, 경북
국외 분포 일본

주요 형질 등갑은 황백색이며 검은 줄무늬가 4개 있다. 가슴판은 하트 모양이다. 배는 길쭉한 편으로 뒤쪽이 홀쭉하다. 배 윗면에는 황갈색 하트무늬가 길게 뻗었고 양 옆면에 거무스름한 얼룩무늬가 있다.
행동 습성 그물을 만들지 않는다.

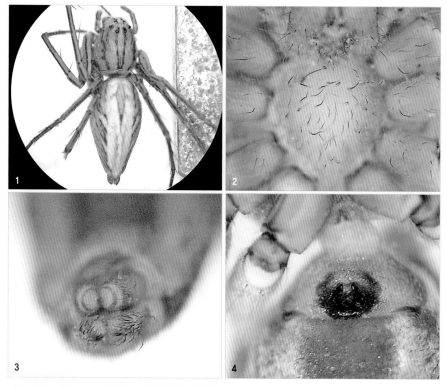

1 등면(암컷) **2** 가슴판(암컷) **3** 실젖(암컷) **4** 외부생식기(암컷)

아기스라소니거미
Oxyopes licenti Schenkel, 1953

- *Oxyopes licenti* Schenkel, 1953: p. 81; Namkung, 2003: p. 357.
- *Oxyopes parvus* Paik, 1969: p. 114.

몸길이 암컷 6.5~9.5mm, 수컷 5~7mm
서식지 들판, 풀숲, 산
국내 분포 경기, 강원, 충남, 충북,
전남, 전북, 경북, 제주, 대전,
서울, 울산
국외 분포 일본, 중국, 러시아

주요 형질 등갑은 황갈색이며 검은 세로 줄무늬가 2쌍 있
다. 다리는 갈색이며 긴 가시털이 많다. 배는 원뿔형이며
황갈색 바탕에 암갈색 하트무늬가 있고, 양 옆면으로 뻗는
암갈색 줄무늬에는 회백색 빗살무늬가 있다.
행동 습성 배회성이다.

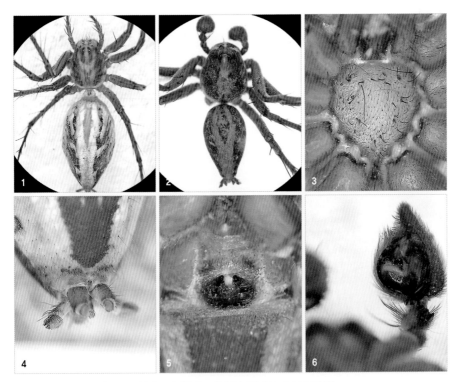

1 등면(암컷) 2 등면(수컷) 3 가슴판(암컷) 4 실젖(암컷) 5 외부생식기(암컷) 6 더듬이다리(수컷)

풀거미과
Agelenidae

고려풀거미
Agelena koreana Paik, 1965

● *Agelena koreana* Paik, 1965: p. 59; Kim and Cho, 2002: p. 224.

몸길이 암컷 9~10㎜, 수컷 7~8㎜
서식지 들판, 신림
국내 분포 경기, 강원, 전북, 경남,
경북, 제주(한국 고유종)

주요 형질 등갑은 황갈색이고, 암갈색 세로무늬가 2줄 있으
나 가장자리 선은 둘려 있지 않다. 다리는 탁한 노란색이며 종
아리마디와 발바닥마디 끝쪽에 희미한 갈색 고리무늬가 있
다. 배는 갸름한 달걀 모양이며 암갈색이다. 배 윗면 앞부분에
긴 타원처럼 생긴 황백색 무늬가 3쌍 있고, 그 뒤로 '八' 자처럼
생긴 무늬가 4~5쌍 있다. 배 아랫면은 암갈색에 흰 가장자리
선이 있고 뒤에 있는 실젖이 매우 길다.
행동 습성 주로 식물의 잎에서 서식하며 7~9월에 관찰된다.

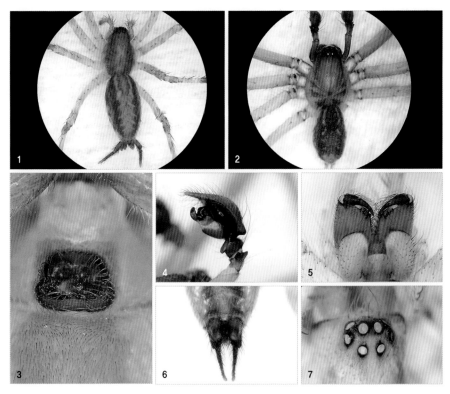

1 등면(암컷) **2** 등면(수컷) **3** 외부생식기(암컷) **4** 더듬이다리(수컷) **5** 위턱 **6** 실젖 **7** 눈 배열

대륙풀거미

Agelena labyrinthica (Clerck, 1757)

- *Araneus labyrinthicus* Clerck, 1757: p. 79.
- *Agelena labyrinthica* Paik 1962: p. 77; Namkung, 2003: p. 360.

몸길이 암컷 14~17㎜, 수컷 12~14㎜
서식지 들판, 산림
국내 분포 경기, 강원, 충남, 충북,
경북, 제주
국외 분포 일본, 중국, 몽골,
러시아, 유럽

주요 형질 등갑은 황갈색이고, 가운데에서 양 옆으로 난 넓은 갈색 세로무늬의 가장자리 줄이 뚜렷하다. 배는 회갈색이며 넓은 암갈색 세로무늬와 흰색 빗살무늬 6~7쌍이 있다. 암컷의 생식기 개구부는 불거져 나온 반원 모양이다. 수컷이 암컷보다 몸집이 작고, 다리가 길며, 털이 많은 편이다. 더듬이다리의 종아리마디 돌기는 엄지손가락처럼 생겼다.
행동 습성 산과 들판의 풀숲과 나뭇가지 사이에 큰 깔때기 모양 그물을 친다.

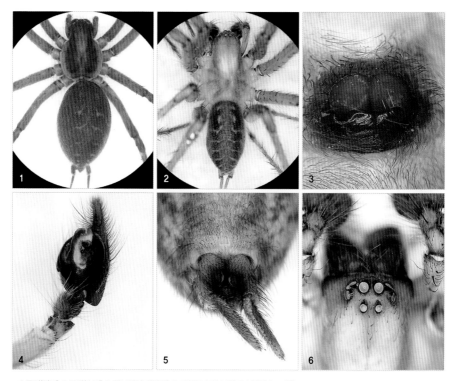

1 등면(암컷) 2 등면(수컷) 3 외부생식기(암컷) 4 더듬이다리(수컷) 5 실젖 6 눈 배열

들풀거미

Agelena limbata Thorell, 1897

- *Agalena limbata* Thorell, 1897: p. 225.; Paik, 1978: p. 322; Namkung, 2001: p. 357; 2003: p. 359; Kim and Cho, 2002: p. 233.

몸길이 암컷 15~19㎜, 수컷 12~14㎜
서식지 산림
국내 분포 경기, 강원, 충북, 전남,
전북, 경남, 경북, 제주
국외 분포 일본, 중국, 러시아,
미얀마

주요 형질 배갑은 머리쪽 너비가 좁고 황갈색이며, 정중선 양쪽에 폭넓은 암갈색 세로줄이 있으나 가장자리에 검은 색 띠는 없다. 배는 황갈색이며 흰색 빗살무늬가 7~8쌍 있다. 수컷은 암컷에 비해 몸이 날씬하고 다리가 길며 털이 많다.
행동 습성 산림의 풀숲이나 나뭇가지 사이에 불규칙한 그물을 치고, 터널 속 중앙부에 숨어 있다가 먹이가 걸리면 나와 포획한다.

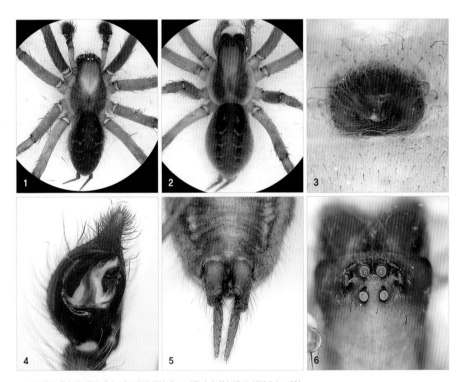

1 등면(수컷) **2** 등면(암컷) **3** 외부생식기(암컷) **4** 더듬이다리(수컷) **5** 실젖 **6** 눈 배열

애풀거미

Allagelena opulenta (L. Koch, 1878)

- *Agalena opulenta* L. Koch, 1878: p. 757; Namkung, 2003: p. 364.
- *Allagelena opulenta* Zhang et al., 2006: p. 81; Ono, 2009: p. 210.

몸길이 암컷 9~11㎜, 수컷 8~10㎜
서식지 들판, 산림
국내 분포 경기, 강원, 충남, 충북, 경북, 제주
국외 분포 일본, 중국, 대만, 몽고

주요 형질 등갑은 황갈색이고 양 옆의 띠무늬는 밝은 방사선 무늬로 잘려 있으며, 가장자리에 갈색 줄이 있다. 배는 긴 타원형이며 회갈색 바탕에 '八' 자처럼 생긴 빗살무늬가 5~6쌍 있다. 암컷의 생식기는 커다란 원 모양으로 둥글며, 수컷은 더듬이다리 종아리마디 돌기가 엄지손가락 모양으로 굵직하다.

행동 습성 풀숲, 울타리, 낮은 나뭇가지 사이 등에 선반 모양 작은 가게그물을 치고 그물 입구에서 먹이가 걸리기를 기다린다.

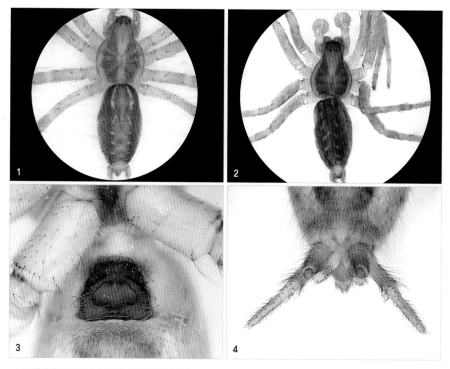

1 등면(암컷) **2** 등면(수컷) **3** 외부생식기(암컷) **4** 실젖

타래풀거미

Allagelena difficilis (Fox, 1936)

- *Agelena difficilis* Fox, 1936: p. 121; Kim et al., 2008: p. 184.

몸길이 암컷 8~10㎜, 수컷 7~8㎜
서식지 산림
국내 분포 경기, 강원, 충남, 충북,
전남, 경남, 경북, 제주
국외 분포 중국

주요 형질 배갑은 황갈색이며 길이가 약간 길고 목홈, 방사
홈, 가장자리는 암갈색이다. 위턱은 갈색이며 앞두덩니 3개,
뒷두덩니 4개이고 옆혹이 발달했다. 가슴판은 황갈색 염통형
이며 뒤끝이 검다. 배는 갈색 또는 암갈색이며 흰색 빗살무늬
가 5~6쌍 있다.
행동 습성 산과 들의 키 작은 나무나 풀숲에 깔때기 그물을
치며, 알주머니는 볼록한 타원형이다.

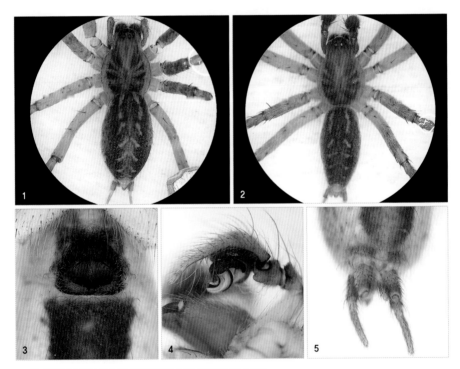

1 등면(암컷) **2** 등면(수컷) **3** 외부생식기(암컷) **4** 더듬이다리(수컷) **5** 실젖

모가게거미

Alloclubionoides quadrativulvus (Paik, 1974)

- *Coelotes quadrativulvus* Paik, 1974: p. 173.
- *Ambanus quadrativulvus* Namkung, 2001: p. 397; 2003: p. 399.

몸길이 암컷 10.5~12.5㎜,
　　　　수컷 9.5~11.5㎜
서식지 산림
국내 분포 전북, 제주(한국 고유종)

주요 형질 등갑은 갈색이며 길쭉하고, 머리는 볼록하며 검은색을 띤다. 다리는 황갈색이며 끝쪽으로 갈수록 색이 진해진다. 배는 달걀 모양이며 회황색이고 윗면에 암회색 하트무늬와 흩어진 점무늬가 있으나 개체마다 차이가 크다.
행동 습성 산의 낙엽층이나 돌 밑에 깔때기 모양 그물을 만든다. 제주도 한라산 전역에서 1년 내내 관찰할 수 있다.

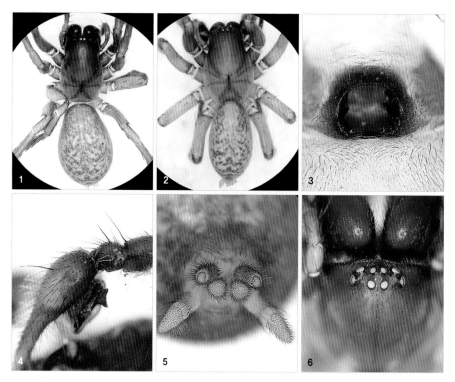

1 등면(암컷) 2 등면(수컷) 3 외부생식기(암컷) 4 더듬이다리(수컷) 5 실젖 6 눈 배열

민무늬가게거미

Alloclubionoides bifidus (Paik, 1976)

- *Coelotes bifidus* Paik, 1976: p. 82; Namkung, 2003: p. 393.

몸길이 암컷 12~13mm
서식지 산림
국내 분포 경남(한국 고유종)

주요 형질 등갑은 밝은 갈색이며, 머리는 볼록하고 색이 짙다. 가슴판은 갈색이며 하트 모양이다. 다리는 황갈색이며 끝쪽의 색이 진하다. 배는 회황색이며 특별한 무늬가 없다. 실젖은 황적색이고 사이젖에 센털이 있다.
행동 습성 경남 합천군 가야산에서 4~8월에 관찰된다.

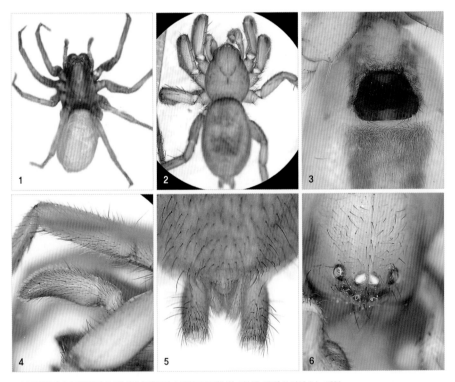

1 등면(암컷) **2** 등면(수컷) **3** 외부생식기(암컷) **4** 더듬이다리(수컷, 미성숙 개체) **5** 실젖 **6** 눈 배열

백운가게거미

Alloclubionoides paikwunensis (Kim and Jung, 1993)

- *Coelotes paikwunensis* Kim and Jung, 1993: p. 2.
- *Ambanus paikwunensis* Namkung, 2003: p. 394.

몸길이 암컷 12.5㎜ 내외
　　　수컷 11.5㎜ 내외
서식지 산림
국내 분포 경기, 강원, 충북
(한국 고유종)

주요 형질 등갑은 암갈색이며 머리는 볼록하고 색이 짙은 편이다. 다리는 황갈색이며 끝쪽 색이 진하다. 배는 갸름한 달걀 모양이며 황갈색 바탕에 회갈색 하트무늬가 있고 아랫면은 황갈색이다.
행동 습성 산의 돌 밑이나 낙엽층 안에 작은 깔때기 모양 그물을 친다.

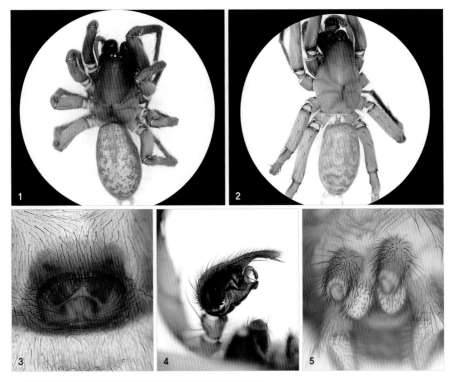

1 등면(암컷) 2 등면(수컷) 3 외부생식기(암컷) 4 더듬이다리(수컷) 5 실젖

속리가게거미

Alloclubionoides lunatus (Paik, 1976)

● *Coelotes lunatus* Paik, 1976: p. 84.Ambanus lunatus Namkung, 2001: p. 393.

몸길이 암컷 7~10.3㎜, 수컷 6~11㎜
서식지 산림
국내 분포 경기, 충남, 충북, 경북
(한국 고유종)

주요 형질 등갑은 갈색이며 머리쪽은 색이 짙고 볼록하다. 다리는 황갈색이며 끝쪽으로 갈수록 색이 진해진다. 배는 달걀 모양이며 암회색이고 위쪽에 황갈색 '八' 자 무늬가 늘어선다. 배 아랫면은 흐린 황색이고 실젖은 갈색이다.
행동 습성 산비탈, 돌 밑 등에 작은 깔때기 모양 그물을 친다. 연중 성체를 관찰할 수 있다.

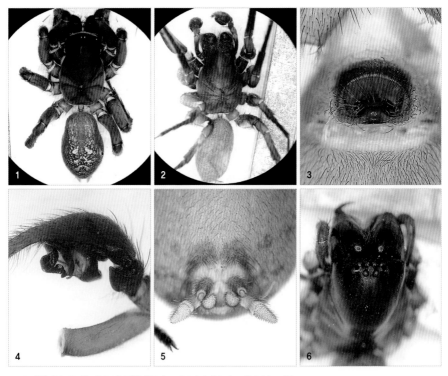

1 등면(암컷) **2** 등면(수컷) **3** 외부생식기(암컷) **4** 더듬이다리(수컷) **5** 실젖 **6** 눈 배열

융기가게거미
Alloclubionoides kimi (Paik, 1974)

● *Coelotes kimi* Paik, 1974: p. 169. Ambanus kimi Namkung, 2001: p. 395; Kim and Lee, 2008: p. 66.

몸길이 암컷과 수컷 10㎜ 내외
서식지 산림
국내 분포 강원, 충북(한국 고유종)

주요 형질 등갑은 밝은 갈색이며 머리쪽이 가슴보다 높고 색이 진하다. 다리는 황갈색이며 끝쪽으로 갈수록 색이 짙어진다. 배는 달걀 모양이며 회황색이고 복잡한 암회색 무늬가 있다. 수컷의 더듬이다리 종아리마디에 엄지손가락 모양 돌기가 있다.
행동 습성 산에 있는 돌 아래에 간단한 깔때기 모양 그물을 치고 먹이를 잡는다.

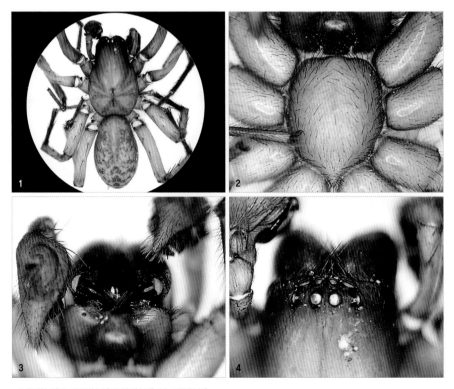

1 등면(수컷) **2** 가슴판(수컷) **3** 위턱(수컷) **4** 눈 배열(수컷)

입가게거미

Alloclubionoides euini (Paik, 1976)

- *Coelotes euini* Paik, 1976: p. 78.
- *Ambanus euini* Namkung, 2001: p. 398; Kim, 2007: p. 704.

몸길이 암컷과 수컷 10~12.5㎜
서식지 산림
국내 분포 경기, 강원, 충남, 충북, 경남, 경북
국외 분포 일본, 중국, 러시아 등

주요 형질 등갑은 밝은 갈색이며 머리쪽이 볼록하고 다소 검다. 다리는 황갈색이며 끝쪽이 짙고 가시털이 흩어져 난다. 배는 회황색이며 암회색 하트무늬가 있고 '八' 자 무늬 5~6쌍이 늘어선다. 암컷의 생식기에 있는 개구부는 입 모양이고, 수컷의 생식기에 있는 삽입기는 철사 모양으로 길게 꼬여 있다.
행동 습성 산에 있는 돌 밑이나 낙엽층 속에 작은 깔때기 모양으로 그물을 친다. 5~9월에 관찰된다.

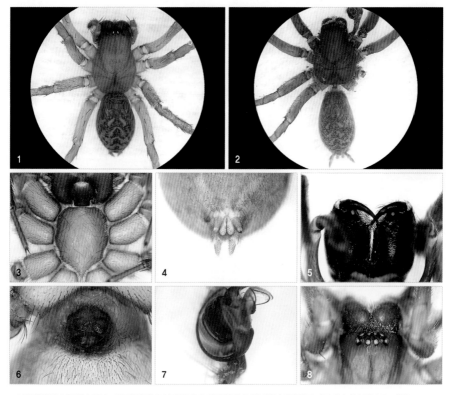

1 등면(암컷) **2** 등면(수컷) **3** 가슴판(암컷) **4** 실젖(암컷) **5** 위턱(암컷) **6** 외부생식기(암컷) **7** 더듬이다리(수컷) **8** 눈 배열

팔공가게거미

Alloclubionoides dimidiatus (Paik, 1974)

- *Coelotes dimidiatus* Paik, 1974: p. 171.
- *Ambanus dimidiatus* Namkung, 2001: p. 394.
- *Ambanus kimi* Namkung, 2003: p. 397.

몸길이 암컷 8.5~12.5mm
　　　수컷 10mm 내외
서식지 산림
국내 분포 경기, 강원, 충북, 전남
(한국 고유종)

주요 형질 등갑은 밝은 갈색이고 가슴홈은 검붉으며 뾰족한 원뿔형이다. 목홈, 방사홈은 갈색이다. 다리는 황갈색이며 끝이 검고 넷째다리가 길다. 배는 달걀 모양이며 회황색 바탕에 검은색 무늬가 있다. 실젖은 갈색이다.

행동 습성 산에 있는 돌 아래에 작은 깔때기 모양으로 그물을 친다.

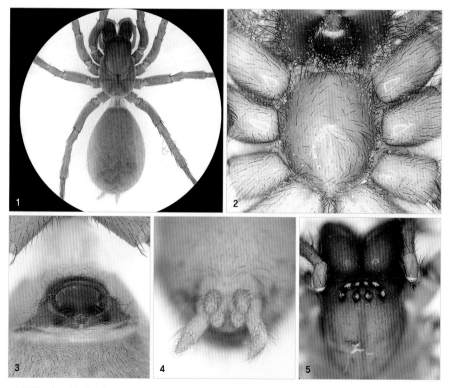

1 등면(암컷) **2** 가슴판(암컷) **3** 외부생식기(암컷) **4** 실젖 **5** 눈 배열

가야산가게거미

Draconarius kayasanensis (Paik, 1972)

- *Coelotes kayasanensis* Paik, 1972: p. 49.
- *Ambanus kayasanensis* Namkung, 2001: p. 396.
- *Draconarius kayasanensis* Kim and Lee, 2007: p. 119.

몸길이 수컷 8.5~10mm
서식지 산림
국내 분포 경기, 충북, 제주
(한국 고유종)

주요 형질 등갑은 황갈색이며 길쭉하고 머리쪽이 볼록하고 약산 검나. 나리는 매우 길며 끝쪽이 암갈색을 띤다. 배는 긴 달걀 모양이며 황색 바탕에 암회색 빗살무늬가 있다.
행동 습성 산속의 돌이나 나무 밑둥에 작은 깔때기 모양으로 그물을 친다.

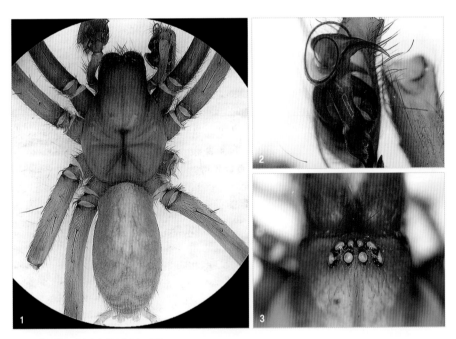

1 등면(수컷) 2 더듬이다리(수컷) 3 눈 배열

고려가게거미

Draconarius coreanus (Paik and Yaginuma, 1969)

● *Coelotes coreanus* Paik et al., 1969: p. 837; Kim and Lee, 2007: p. 114.

몸길이 암컷 10~11㎜, 수컷 8~9㎜
서식지 논밭, 들판, 동굴, 산
국내 분포 경기, 강원, 충남, 충북,
전남, 전북, 경남, 경북, 제주
국외 분포 일본

주요 형질 배갑은 암갈색이고 배는 황갈색이다. 배갑과 배에
는 무늬가 없다. 배갑은 달걀 모양으로 폭보다 길이가 길다.
가운데홈, 목홈, 방사홈이 뚜렷하다. 다리 종아리마디, 발바닥
마디, 발끝마디에 귀털이 있고 발톱은 3개다.
행동 습성 동굴 속 또는 산의 돌 밑이나 점토층 등에 작은 선
반 모양으로 그물을 친다.

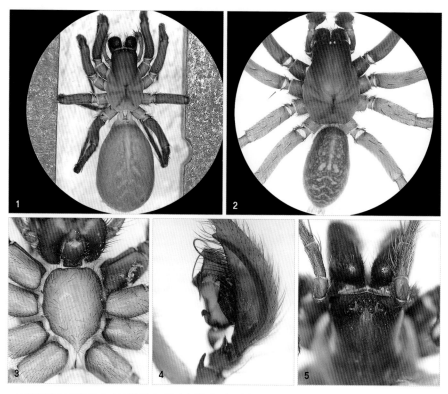

1 등면(암컷) **2** 등면(수컷) **3** 가슴판(암컷) **4** 더듬이다리(수컷) **5** 눈 배열

민자가게거미

Iwogumoa songminjae (Paik and Yaginuma, 1969)

- *Coelotes songminjae* Paik et al., 1969: p. 839; Namkung, 2003: p. 390.
- *Asiacoelotes songminjae* Kim and Lee, 2006: p. 50.

몸길이 암컷 6~10㎜, 수컷 4~9㎜
서식지 도시, 과수원, 논밭, 들판, 강가, 냇가, 계곡, 동굴, 산
국내 분포 경기, 강원, 충남, 충북, 전남, 전북, 경남, 경북, 제주
국외 분포 중국, 러시아

주요 형질 배갑은 황갈색이고 가장자리에 띠무늬가 있다. 배는 회황색이며 얼룩무늬가 있다. 배갑은 달걀 모양으로 폭보다 길이가 길고 가운데홈, 목홈, 방사홈이 뚜렷하다. 다리에는 고리무늬가 있고 발톱은 3개다.
행동 습성 산의 돌 밑이나 동굴 속에 살며 작은 깔때기 모양으로 그물을 친다.

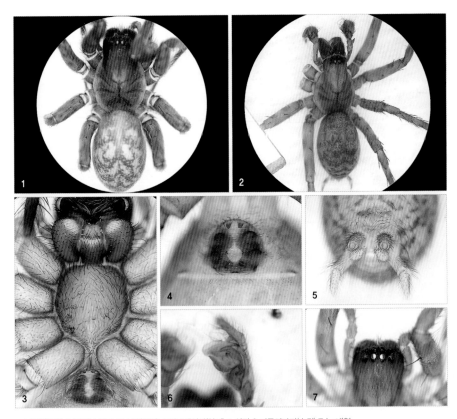

1 등면(암컷) **2** 등면(수컷) **3** 가슴판(암컷) **4** 외부생식기(암컷) **5** 실젖 **6** 더듬이다리(수컷) **7** 눈 배열

한국깔때기거미

Pireneitega spinivulva (Simon, 1880)

- *Coelotes spinivulva* Simon, 1880: p. 116.
- *Coelotes vulgaris* Yoo and Kim, 2002: p. 30.
- *Paracoelotes spinivulva* Namkung, 2001: p. 401; Kim and Cho, 2002: p. 186.

몸길이 암컷 14~19㎜
　　　 수컷 12~16㎜
서식지 농가 인근, 산림
국내 분포 경기, 강원, 충남, 충북,
전남, 경남, 경북, 제주
국외 분포 일본, 중국, 러시아

주요 형질 등갑은 암갈색이며 길쭉하고 머리는 볼록하며 검은색이다. 가슴판은 황갈색이며 가장자리가 검다. 배는 긴 달걀 모양이며 암회색 바탕에 염통무늬와 빗금무늬 4~5쌍이 있으나 개체에 따라 무늬가 보이지 않는 것도 있다.
행동 습성 산의 절벽이나 바위틈 등에 깔때기 모양 그물을 친다. 처마 밑이나 축대, 배수구에서도 관찰할 수 있다.

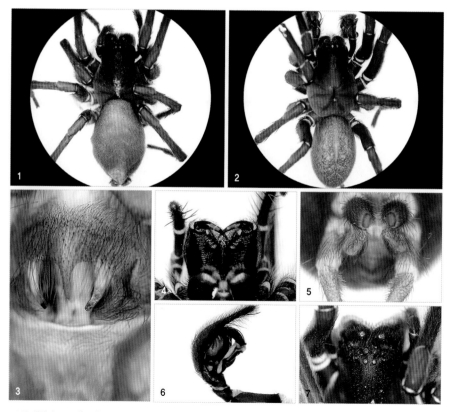

1 등면(암컷) **2** 등면(수컷) **3** 외부생식기(암컷) **4** 위턱(암컷) **5** 실젖 **6** 더듬이다리(수컷) **7** 눈 배열

가야집가게거미

Tegecoelotes secundus (Paik, 1971)

- *Tegenaria secunda* Paik, 1971: p. 22.
- *Tegecoelotes secundus* Namkung, 2003: p. 402.

몸길이 암컷 8.5㎜ 내외
　　　　수컷 8.1㎜ 내외
서식지 산림
국내 분포 경기, 강원
국외 분포 일본, 중국, 러시아

주요 형질 등갑은 황갈색이며 길쭉하고 검은색 털이 듬성 듬성 난다. 다리는 황갈색이며 끝쪽 색이 짙다. 배는 갸름한 달걀 모양이며 회황색 바탕에 암회색 무늬가 퍼져 있고, 사이젖에 센털이 약간 있다.

행동 습성 산의 돌 밑이나 낙엽층 속에 작은 깔때기 모양 그물을 친다. 5~10월에 관찰된다.

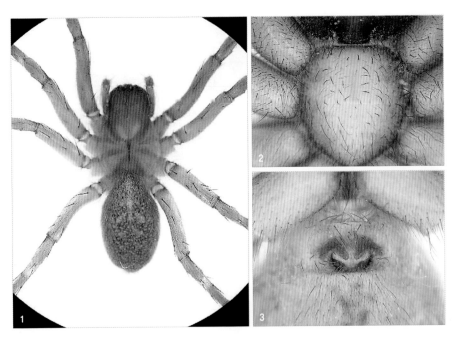

1 등면(암컷) **2** 가슴판(암컷) **3** 외부생식기(암컷)

집가게거미

Tegenaria domestica (Clerck, 1757)

- *Araneus domesticus* Clerck, 1757: p. 76.
- *Tegenaria domestica* Paik, 1971: p. 19; Kim and Cho, 2002: p. 234.

몸길이 암컷 10~12㎜, 수컷 8~10㎜
서식지 인가
국내 분포 경기, 강원, 충북, 경북, 제주
국외 분포 전 세계

주요 형질 등갑은 길쭉한 편이며 황갈색 바탕에 희미한 회색 띠무늬가 1쌍 보인다. 가슴판 가운데 띠무늬가 있고 양 옆에 황갈색 둥근 점무늬가 3쌍 있다. 다리는 황갈색이며 넓적다리 마디에 검은 고리무늬가 있는 경우도 있다. 배는 볼록한 달걀 모양이며 황갈색 바탕에 검은 털이 나고 회갈색 '八' 자 모양 무늬 4~5쌍이 붙어 있다.

행동 습성 집안, 창고나 헛간 등 구석에 깔때기 모양 그물을 친다. 9~12월에 관찰된다.

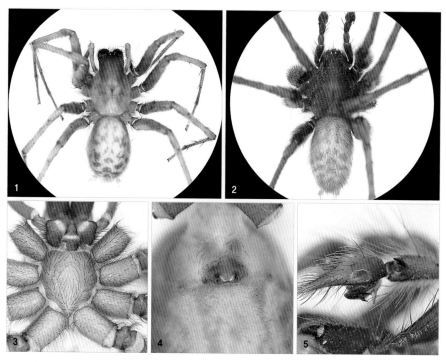

1 등면(암컷) 2 등면(수컷) 3 가슴판(암컷) 4 외부생식기(암컷) 5 더듬이다리(수컷)

팔공거미과
Anyphaenidae

팔공거미

Anyphaena pugil Karsch, 1879

● *Anyphaena pugil* Karsch, 1879: p. 94; Kim and Cho, 2002: p. 89.

몸길이 암컷 6~7㎜, 수컷 5~6㎜
서식지 산림
국내 분포 경기, 강원, 충남, 전북
국외 분포 일본, 중국, 러시아

주요 형질 등갑은 황갈색이며 가운데 부분이 밝고 양 옆면에 암갈색 물결무늬가 있다. 가슴판은 황갈색 방패 모양이며 가장자리는 짙은 갈색을 띤다. 배는 달걀 모양이고 윗면은 황갈색이며 가운데와 옆에 암갈색 줄무늬가 뻗어 있다.
행동 습성 5~7월에 산속 풀숲이나 나뭇잎 위를 돌아다닌다. 나뭇잎의 앞 끝을 접어 주머니 모양으로 알집을 만들며, 겨울에는 나무껍질 속에 주머니 모양 집을 만들고 그 속에서 지낸다.

1 등면(암컷) **2** 외부생식기(암컷) **3** 더듬이다리(수컷)

굴뚝거미과
Cybaeidae

물거미

Argyroneta aquatica (Clerck, 1757)

- *Araneus aquaticus* Clerck, 1757: p.143.
- *Argyroneta aquatica* Paik, 1978: p. 302; Namkung, 2003: p. 367.

몸길이 암컷 8~15㎜, 수컷 9~12㎜
서식지 논밭, 강가, 냇가, 동굴, 산
국내 분포 경기
국외 분포 일본, 중국, 몽고,
러시아, 유럽(구북구)

주요 형질 배갑은 황갈색 또는 적갈색이며 머리가 다소 솟았고, 정중선과 그 양 옆에 검은 센털이 줄지어 있다. 다리는 황갈색이며 전체에 검은 털이 빽빽하다.
행동 습성 습지대나 물속 수초 사이에 공을 반으로 자른 모양으로 공기방울 집을 짓는다. 취식, 알 낳기, 허물벗기 등 모든 생활을 그 안에서 한다. 희귀종으로 국내 서식지인 경기도 연천군 전곡읍 은대리가 천연기념물로 지정되어 있다.

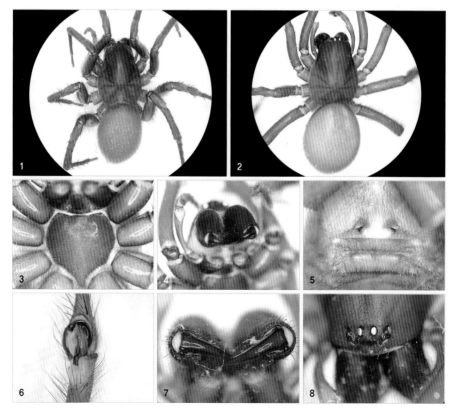

1 등면(암컷) **2** 등면(수컷) **3** 가슴판(암컷) **4** 위턱(암컷) **5** 외부생식기(암컷) **6** 더듬이다리(수컷) **7** 위턱(수컷) **8** 눈 배열(수컷)

모산굴뚝거미

Cybaeus mosanensis Paik and Namkung, 1967

- *Cybaeus mosanensis* Paik and Namkung, 1967: p. 22; Paik, 1978: p. 306; Namkung, 2001: p. 366; 2003: p. 368.
- *Cybaeus nipponicus* Paik, 1966: p. 31 (♀ misidentified).

몸길이 암컷 4.4~8.2㎜
　　　수컷 7㎜ 내외
서식지 논밭, 강가, 냇가, 동굴, 산
국내 분포 경기, 강원, 충남, 충북,
경남, 경북, 제주(한국 고유종)

주요 형질 배갑은 황갈색이며 머리는 약간 검고 볼록하다.
다리는 황갈색이며 넓적다리마디와 종아리마디가 검고 고
리무늬가 있다. 배는 달걀 모양으로 볼록하고 검은 바탕에
'八' 자처럼 생긴 황백색 무늬가 있다.
행동 습성 돌 밑이나 낙엽층 사이에 굴뚝 모양 그물을 친다.

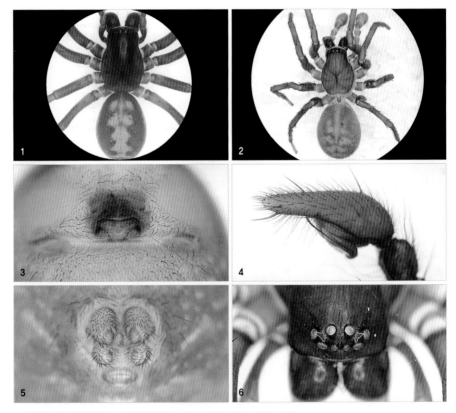

1 등면(암컷) **2** 등면(수컷) **3** 외부생식기(암컷) **4** 더듬이다리(수컷) **5** 실젖 **6** 눈 배열

삼각굴뚝거미
Cybaeus triangulus Paik, 1966

- *Cybaeus triangulus* Paik, 1966: p. 34; Kim and Cho, 2002: p. 236.

몸길이 암컷 12.5㎜
        수컷 8.7㎜ 내외
서식지 산
국내 분포 경기, 강원, 충북, 전북, 경북(한국 고유종)

주요 형질 배갑은 황갈색이며 머리쪽은 적갈색이다. 다리는 갈색이며 검은 고리무늬가 있다. 배는 달걀 모양이며 검은색 바탕에 '八' 자 무늬가 여러 쌍 있다. 수컷은 더듬이다리 무릎마디 끝에 원뿔형 돌기가 있고, 종아리마디 양 끝에는 주걱 모양 돌기가 있다.
행동 습성 산의 돌 밑이나 낙엽층에서 주로 관찰된다.

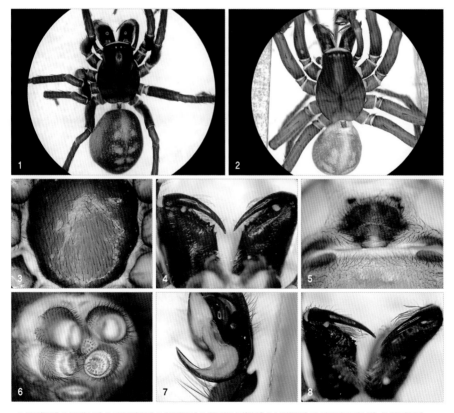

1 등면(암컷) **2** 등면(수컷) **3** 가슴판(암컷) **4** 위턱(암컷) **5** 외부생식기(암컷) **6** 실젖(암컷) **7** 더듬이다리(수컷) **8** 위턱(수컷)

왕굴뚝거미

Cybaeus longus Paik, 1966

● *Cybaeus longus* Paik, 1966: p. 33; Namkung, 2003: p. 369.

몸길이 암컷 14.5mm 내외
         수컷 12mm 내외
서식지 산
국내 분포 경기, 강원, 충북, 전북,
경북(한국 고유종)

주요 형질 배갑은 황갈색이며 머리쪽은 적갈색이고 목홈과
방사홈은 검다. 다리는 갈색이며 고리무늬는 뚜렷하지 않
다. 배는 달걀 모양으로 볼록하고 검은색 바탕에 나뭇잎 모
양 황백색 무늬가 4~5쌍 있다. 실젖은 황갈색 원통형이며
사이젖은 퇴화했다.
행동 습성 산속의 돌 밑에 'V'자 모양으로 터널형 집을 짓
고 산다.

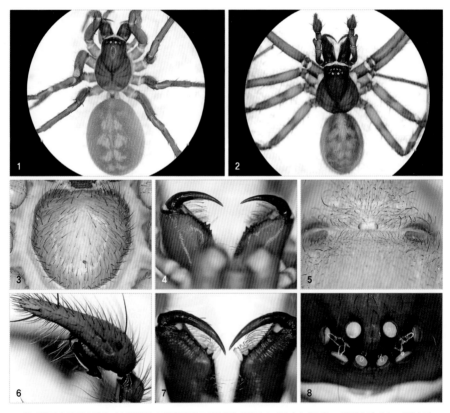

1 등면(암컷) **2** 등면(수컷) **3** 가슴판(암컷) **4** 위턱(암컷) **5** 외부생식기(암컷) **6** 더듬이다리(수컷) **7** 위턱(수컷) **8** 눈 배열(수컷)

환선굴뚝거미

Cybaeus whanseunensis Paik and Namkung, 1967

- *Cybaeus whanseunensis* Paik and Namkung, 1967: p. 23.
- *Dolichocybaeus whanseunensis* Paik et al., 1969: p. 824, Namkung, 2003: p. 371.

몸길이 암컷 6.5mm 내외
       수컷 5.5mm 내외
서식지 동굴
국내 분포 경기, 강원, 충북, 전북,
경북(한국 고유종)

주요 형질 배갑은 황갈색이며 머리쪽은 갈색이 진하다. 다리는 황갈색이며 고리무늬가 없다. 배는 달걀 모양이며 황백색 또는 회백색을 띠고 특별한 무늬는 없다. 실젖은 원통형이고 앞실젖이 뒷실젖보다 길다.
행동 습성 동굴 속 흙이 쌓인 곳이나 자갈 밑에서 관찰된다.

1 등면(암컷) **2** 가슴판(암컷) **3** 위턱(암컷) **4** 외부생식기(암컷) **5** 실젖(암컷)

갯가게거미과
Desidae

갯가게거미
Paratheuma shirahamaensis (Oi, 1960)

● *Litisedes shirahamaensis* Oi, 1960: p. 7; Paik and Kang, 1987: p. 92; Namkung, 2001: p. 370, 2003: p. 372

몸길이 암컷 6~8mm
서식지 바닷가
국내 분포 강원
국외 분포 일본

주요 형질 배갑은 담황색이며 머리쪽은 너비가 넓고 적갈색을 띤다. 다리는 황갈색이며 발끝마디 윗면에 귀털이 1줄 있다. 배는 갸름한 달걀 모양이며 윗면은 암회색 바탕에 희미한 빗살무늬가 있다.
행동 습성 바닷가 바위틈에 작은 깔때기 모양 그물을 치고 먹이를 잡는다.

1 등면(암컷) **2** 배면(암컷) **3** 눈 배열(암컷) **4** 위턱(암컷) **5** 실젖(암컷)

외줄거미과
Hahniidae

외줄거미

Hahnia corticicola Bösenberg and Strand, 1906

- *Hahnia corticicola* Bösenberg and Strand, 1906: p. 305; Kim and Cho, 2002: p. 237.

몸길이 암컷과 수컷 2~2.5㎜
서식지 논밭, 풀밭
국내 분포 경기, 경남, 경북
국외 분포 일본, 중국, 대만, 러시아

주요 형질 배갑은 암갈색이다. 배 윗면은 암회색이며 희미한 '八' 자 무늬 몇 쌍이 늘어선다. 실젖 6개가 일직선으로 늘어선 것이 특징이다.
행동 습성 논밭이나, 풀밭 지표의 움푹한 곳에 조밀한 시트 모양 그물을 치고 그 밑에 숨는다. 그물 표면에 이슬이 가득히 맺힐 때가 많다.

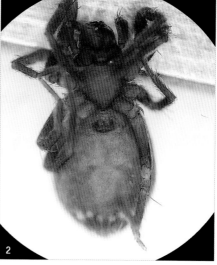

1 등면(암컷) **2** 배면(암컷)

제주외줄거미

Neoantistea quelpartensis Paik, 1958

● *Neoantistea quelpartensis* Paik, 1958: p. 283; Lee et al., 2004: p. 99.

몸길이 암컷과 수컷 2.5~2.7㎜
서식지 산림
국내 분포 경기, 강원, 경북, 제주
국외 분포 일본, 중국, 러시아

주요 형질 다리는 갈색이며 첫째와 넷째다리의 길이가 같다. 배는 달걀 모양이며 암갈색 바탕에 담갈색 무늬가 5~6쌍 있고, 기관숨문은 실젖보다 밥통홈 쪽에 가깝게 있다.
행동 습성 산의 지표면 오목한 곳이나 낙엽층 속에 작은 시트 모양 그물을 만든다. 1년 내내 성체를 관찰할 수 있다.

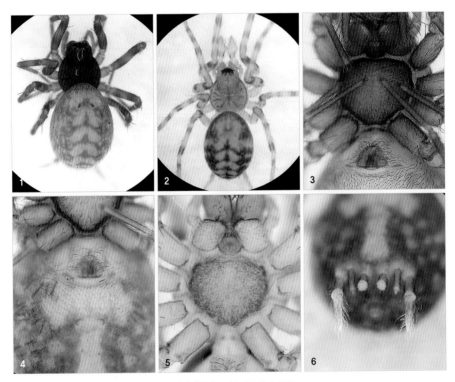

1 등면(암컷) **2** 등면(수컷) **3** 배면(암컷) **4** 외부생식기(암컷) **5** 가슴판(수컷) **6** 실젖

잎거미과
Dictynidae

두더지거미

Cicurina japonica (Simon, 1886)

- Tetrilus japonicus Simon, 1886: p. 60.
- Cicurina japonica Paik et al., 1969: p. 832; Namkung, 2003: p. 378.

몸길이 암컷 3~4㎜, 수컷 2.5~3㎜
서식지 산림
국내 분포 경기, 강원, 전북, 경북,
제주
국외 분포 일본

주요 형질 등갑은 황갈색이며 목홈, 방사홈은 희미하다. 배
는 달걀 모양이며 엷은 회갈색이이다. 별다른 무늬가 없으
며 거무스름한 털이 전면에 고르게 있다. 뒷실젖이 앞실젖
보다 길다.
행동 습성 산의 돌 밑이나 동굴 속 등에 작은 깔때기 그물을
친다.

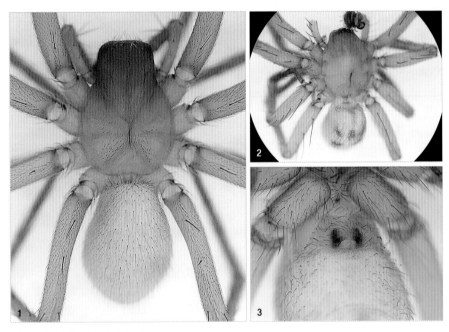

1 등면(암컷) 2 등면(수컷) 3 배면(암컷)

갈대잎거미

Dictyna arundinacea (Linnaeus, 1758)

- *Aranea arundinacea* Linnaeus, 1758: p. 620.
- *Dictyna arundinacea* Paik, 1978: p. 181; Namkung, 2003: p. 381.

몸길이 암컷 2.5~3mm
　　　 수컷 2.5mm 내외
서식지 산림
국내 분포 충북, 경남, 제주
국외 분포 일본, 중국, 러시아,
유럽, 아메리카

주요 형질 등갑은 암갈색이고 머리는 융기하며 세로로 뻗은 흰 털 무늬가 5가닥 있다. 배는 회황색 타원형이며 윗면 중앙을 덮는 줄무늬가 있다.

행동 습성 풀이나 나무의 가지나 잎 위에 천막 모양 집을 만들며 파리, 모기 등 작은 곤충이 걸리면 잡아먹는다. 연 1회 발생하며 유체로 겨울을 난다.

 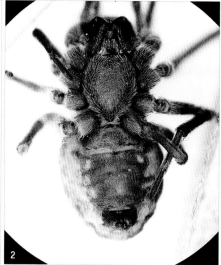

1 등면(수컷) **2** 배면(암컷)

아기잎거미

Dictyna foliicola Bösenberg and Stran, 1906

● *Dictyna foliicola* Bösenberg and Strand, 1906: p. 112; Namkung, 2003: p. 383.

몸길이 암컷과 수컷 2.5~3㎜
서식지 인가, 도로변
국내 분포 충북
국외 분포 일본, 중국

주요 형질 몸은 흐린 갈색이다. 머리가슴은 밝은 갈색이며 머리에 가늘고 흰 털 줄이 4개 있다. 홑눈 8개가 두 줄로 늘어선다. 큰턱은 밝은 갈색, 작은턱과 아랫입술은 노란빛을 띤 갈색이다. 가슴판에는 검은 털이 있으며 가슴판 끝이 넷째다리 밑마디 사이로 뻗어 있다. 넓적다리마디는 암갈색이다. 배는 긴 달걀 모양이며 암갈색 '王' 자 무늬가 있고, 아랫면은 잿빛을 띤 갈색 바탕에 어두운 무늬가 있다.

행동 습성 낙엽 위나 건물 구석, 도로의 가드레일에 불규칙한 그물을 친다. 주로 밤에 먹이를 사냥한다. 4~11월에 알주머니를 5~7개 만든다. 성체가 되는 시기는 6~9월이다. 한대성 거미다.

1 등면(암컷) 2 배면(암컷)

잎거미

Dictyna felis Bösenberg and Stran, 1906

● *Dictyna felis* Bösenberg and Strand, 1906: p. 111; Namkung, 2003: p. 382.

몸길이 암컷 5~6mm, 수컷 4~5mm
서식지 산림
국내 분포 충남, 충북, 경남
국외 분포 일본, 중국, 몽고, 러시아

주요 형질 등갑은 흑갈색이며 흰 털로 덮어 있다. 배는 황갈색이며 검은 살깃무늬가 윗면 앞쪽에 1쌍, 뒤쪽에 3개 있다.
행동 습성 활엽수 잎 위에 작은 천막 모양 집을 짓고 그 속에 숨어 있다가 먹이가 그물에 걸리면 뛰쳐나와 잡아먹는다.

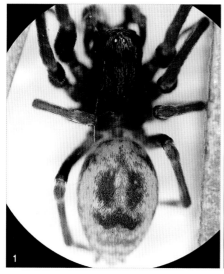

1 등면(암컷) 2 더듬이다리(수컷)

비탈거미과
Amaurobiidae

반도비탈거미
Callobius koreanus (Paik, 1966)

- *Amaurobius koreanus* Paik, 1966: p. 53.
- *Callobius koreanus* Paik, 1978: p. 174; Kim and Cho, 2002: p. 186; Namkung, 2003: p. 389.

몸길이 암컷 10~12mm
　　　　수컷 11mm 내외
서식지 산
국내 분포 경기, 강원, 충북, 경남, 경북(한국 고유종)

주요 형질 등갑은 어두운 적갈색이며 길이가 길다. 머리쪽이 솟았으며 검은색을 띤다. 다리는 갈색이며 특별한 무늬가 없으나 넷째다리 발바닥마디 윗면에 빗털이 2줄 있다. 배는 달걀 모양이며 암갈색 바탕에 황갈색 살깃무늬가 있다.
행동 습성 산지성으로 오래된 나무의 썩은 구멍 속이나 돌 아래 그늘진 곳 등에 엉성한 깔때기 모양으로 그물을 친다.

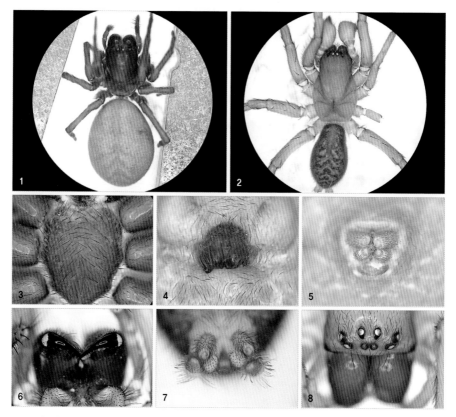

1 등면(암컷) **2** 등면(수컷) **3** 가슴판(암컷) **4** 외부생식기(암컷) **5** 실젖(암컷) **6** 위턱(수컷) **7** 실젖(수컷) **8** 눈 배열

자갈거미과
Titanoecidae

살깃자갈거미

Nurscia albofasciata (Strand, 1907)

- *Titanoeca albofasciata* Strand, 1907: p. 107.
- *Nurscia albofasciata* Namkung 2001: p. 404, 2003: p. 406.
- *Titanoeca nipponica* Namkung, 1964: p. 32; Paik, 1978: p. 176.

몸길이 암컷 5~8㎜, 수컷 4~6㎜
서식지 산림, 하천변
국내 분포 경기, 강원, 충북, 경남, 경북, 제주
국외 분포 일본, 중국, 러시아

주요 형질 등갑은 검고 머리쪽이 높으며 가슴이 편평하다. 위턱 옆에 혹이 있다. 다리에 가시털이 없고, 네째다리 발바닥마디 윗면에 빗털이 1줄로 늘어선다. 배는 검은 달걀 모양이며 흰색 살깃무늬가 4~5쌍 있으나 퇴화해 전체가 검은 색인 것도 있다.
행동 습성 산의 비탈진 곳, 낙엽층 아래나 자갈밭, 냇가의 돌 밑 등에 엉성하고 불규칙하게 그물을 친다. 5~9월에 관찰된다.

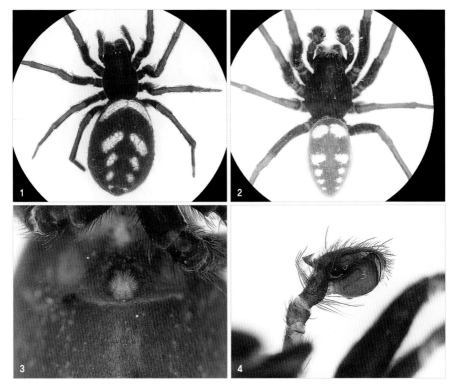

1 등면(암컷) **2** 등면(수컷) **3** 외부생식기(암컷) **4** 더듬이다리(수컷)

정선거미과
Zoropsidae

정선거미

Takeoa nishimurai (Yaginuma, 1963)

- *Zoropsis nishimurai* Yaginuma, 1963: p. 1, 3.
- *Takeoa nishimurai* Namkung, 2001: p. 406; 2003: p. 408.
- *Zoropsis coreana* Paik, 1978: p. 45; Kim and Cho, 2002: p. 187.

몸길이 암컷 12.5㎜ 내외
수컷 11㎜ 내외
서식지 인가, 산림
국내 분포 충북
국외 분포 일본, 중국

주요 형질 등갑은 황갈색이며 흰 털이 빽빽하고 폭넓은 정중선 무늬와 불규칙한 가장자리 줄무늬가 있다. 배는 긴 달걀 모양이며 회황색 바탕에 흰색과 암갈색 털이 섞여 있고, 가운데 부분에 어두운 회갈색 하트무늬와 살깃무늬가 늘어서 있다.

행동 습성 산이나 들판에서 돌 위를 돌아다니며 때로는 집의 벽면에서도 발견된다. 개체수가 적으며 6~9월에 관찰된다.

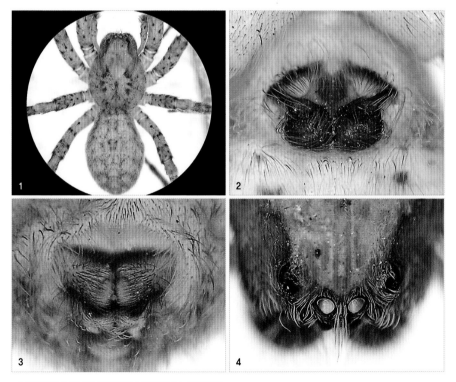

1 등면(암컷) **2** 외부생식기(암컷) **3** 실젖(암컷) **4** 눈 배열(암컷)

너구리거미과
Ctenidae

너구리거미

Anahita fauna Karsch, 1879

● *Anahita fauna* Karsch, 1879: p. 99; Paik, 1978: p. 403; Kim and Cho, 2002: p. 188.

몸길이 암컷 9~11㎜, 수컷 8~9㎜
서식지 들판, 풀밭, 산
국내 분포 경기, 강원, 충남, 충북,
전남, 전북, 경남, 경북, 제주
국외 분포 일본, 중국, 러시아

주요 형질 배갑은 황갈색이며 가운데 흰색 줄무늬가 있고, 그 양 옆에 폭넓은 흑갈색 물결무늬가 있다. 가슴홈은 적갈색이며 피침형이다. 눈은 2, 4, 2로 배열되며, 앞 옆눈이 가장 작고 가운데눈이 가장 크다. 배 윗면 가운데에 회백색 세로무늬가 있고, 그 양 옆으로 갈색 물결무늬가 뻗었다.
행동 습성 들판, 풀밭, 산 등의 지표면, 돌 밑 낙엽층 등을 배회한다.

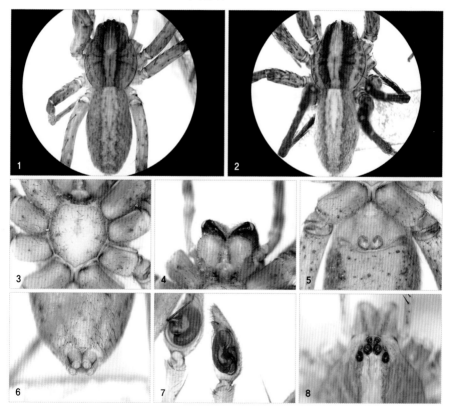

1 등면(암컷) **2** 등면(수컷) **3** 가슴판(암컷) **4** 위턱(암컷) **5** 외부생식기(암컷) **6** 실젖(암컷) **7** 더듬이다리(수컷) **8** 눈 배열(수컷)

밭고랑거미과
Liocranidae

밭고랑거미

Agroeca coreana Namkung, 1989

- *Agroeca coreana* Namkung, 1989: p. 24; Kim et al., 2008: p. 15.
- *Drassodes kiranensis* Paik, 1991: p. 46.

몸길이 암컷 4.5mm 내외
　　　수컷 3.6mm 내외
서식지 논밭, 산림
국내 분포 충북, 제주, 서울
국외 분포 일본, 러시아

주요 형질 등갑은 달걀 모양이며 담갈색이다. 다리는 황갈색이며 검은 고리무늬가 있고, 각 마디 아랫면에 가시털이 2쌍씩 있다. 배 윗면은 긴 달걀 모양으로 볼록하고 회갈색 바탕에 암갈색 털이 빽빽하며 뒷부분에 담갈색 살깃무늬 5~6쌍이 늘어선다.

행동 습성 산림이나 논밭의 지표면, 낙엽층 위를 돌아다니며 먹이를 사냥한다.

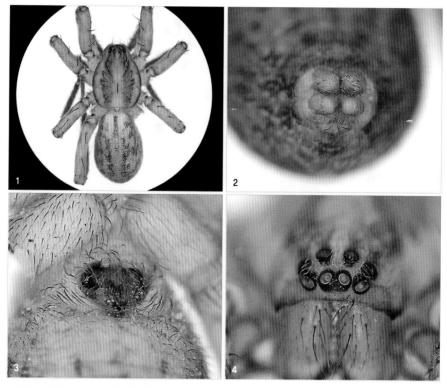

1 등면(암컷) **2** 실젖(암컷) **3** 외부생식기(암컷) **4** 눈 배열

족제비거미

Itatsina praticola (Bösenberg and Strand, 1906)

- *Agroeca praticola* Bösenberg and Strand, 1906: p. 291.
- *Itatsina praticola* Paik, 1970: p. 88; Namkung, 2003: p. 416.

몸길이 암컷 8~9㎜, 수컷 7~8㎜
서식지 과수원, 논밭, 들판, 강가,
냇가, 계곡, 동굴, 산
국내 분포 경기, 강원, 충남, 충북,
전남, 전북, 경남, 경북
국외 분포 일본, 중국

주요 형질 등갑은 황갈색이며 갈색 누운 털로 덮이고, 가슴
가장자리에 길고 뻣뻣한 센털이 줄지어 있다. 다리는 황갈
색이며 가시털이 많다. 배는 긴 원통형이며 황갈색 바탕에
길쭉한 하트무늬와 검은 점무늬 5~6쌍이 규칙적으로 늘어
서 있다.
행동 습성 산의 잡목림 낙엽층이나 돌 밑, 썩은 나무의 밑동
등 여기저기 옮겨 다니며 생활한다.

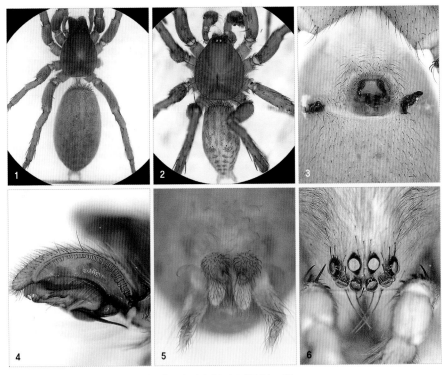

1 등면(암컷) **2** 등면(수컷) **3** 외부생식기(암컷) **4** 더듬이다리(수컷) **5** 실젖 **6** 눈 배열

염낭거미과
Clubionidae

각시염낭거미

Clubiona kurilensis Bösenberg and Strand, 1906

- *Clubiona kurilensis* Bösenberg and Strand, 1906: p. 286; Namkung, 2003: p. 434.

몸길이 암컷 6~8㎜, 수컷 5~6㎜
서식지 논밭, 들판, 풀밭
국내 분포 경기, 충남, 경북, 제주, 광주, 인천
국외 분포 일본, 중국, 러시아

주요 형질 등갑은 볼록한 달걀 모양이며 엷은 황갈색이고 가슴홈은 적갈색이다. 가슴판은 너비가 넓은 달걀 모양으로 밝은 황갈색이며, 가장자리에 적갈색 줄이 있다. 다리는 황갈색이며 끝쪽으로 갈수록 거무스름하고 가시털이 많다. 배는 긴 달걀 모양이고 윗면은 황갈색 바탕에 흰색, 검은색 털이 많아 회갈색처럼 보인다.

행동 습성 벼과식물의 잎을 두 겹으로 접어 알자리를 만든다.

1 등면(암컷) **2** 가슴판(암컷) **3** 실젖(암컷) **4** 외부생식기(암컷) **5** 눈 배열

강동염낭거미

Clubiona pseudogermanica Schenkel, 1936

- *Clubiona pseudogermanica* Schenkel, 1936: p. 155; Namkung, 2003: p. 435.
- *Clubiona hummeli* Paik, 1990: p. 107.
- *Clubiona propinqua* Paik, 1990: p. 102.

몸길이 암컷 5.5mm 내외
　　　수컷 4.5mm 내외
서식지 산
국내 분포 경기, 강원, 충남, 충북,
경남, 경북, 서울
국외 분포 일본, 중국

주요 형질 등갑은 볼록한 달걀 모양이며 황갈색 바탕에 머리쪽 색이 약간 어둡고, 목홈과 방사홈은 희미하다. 다리는 황갈색이며 별다른 무늬가 없고 자갈색 가시털이 있다. 배는 황갈색 긴 달걀 모양이고 가운데 부분 앞쪽에 자갈색 하트무늬가 있으며, 뒤쪽에는 살깃무늬가 3~6쌍 있다.
행동 습성 산지 가로수의 벌레집(짚으로 만들어 나무줄기를 감싸놓은 것)에서 다수가 떼를 지어 겨울을 난다.

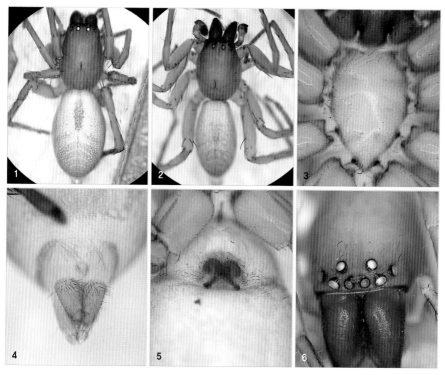

1 등면(암컷) **2** 등면(수컷) **3** 가슴판(수컷) **4** 실젖(수컷) **5** 외부생식기(암컷) **6** 눈 배열

노랑염낭거미

Clubiona japonicola Bösenberg and Strand, 1906

- *Clubiona japonicola* Bösenberg and Strand, 1906: p. 281; Namkung, 2003: p. 426.

몸길이 암컷 7~9㎜, 수컷 5~6㎜
서식지 논, 습지, 냇가
국내 분포 경기, 강원, 충남, 충북,
전남, 전북, 경남, 경북, 제주,
광주, 대전
국외 분포 일본, 중국, 러시아,
필리핀, 인도네시아

주요 형질 등갑은 볼록한 달걀 모양이며 황갈색이고 머리 앞쪽은 적갈색을 띤다. 다리는 황색이며 별다른 무늬가 없고 가시털도 거의 없다. 배는 황갈색이며 흰 털이 빽빽하고, 앞쪽에 희미한 하트무늬가 보이나 별다른 무늬는 없다.
행동 습성 벼과식물의 잎을 3겹으로 접어 집을 만들며 그 속에서 짝짓기하고 알을 낳는다.

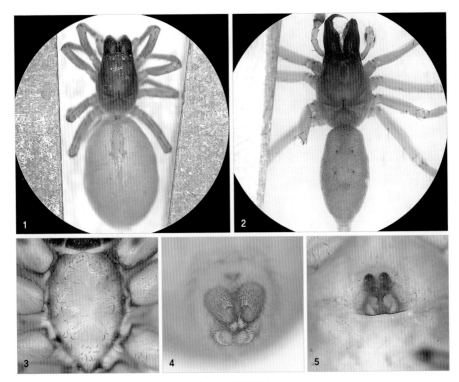

1 등면(암컷) **2** 등면(수컷) **3** 가슴판(수컷) **4** 실젖(수컷) **5** 외부생식기(암컷)

만주염낭거미

Clubiona mandschurica Schenkel, 1953

- *Clubiona mandschurica* Schenkel, 1953: p. 61; Namkung, 2003: p. 431.

몸길이 암컷 6~9.5㎜, 수컷 5~6.2㎜
서식지 산
국내 분포 경기, 강원, 대구
국외 분포 일본, 중국

주요 형질 등갑은 황갈색이며 머리쪽은 암갈색이고 가슴홈은 적갈색이다. 다리는 황갈색이고 무늬가 없으나 가시털이 많다. 배는 타원형이며 회황색을 띠나 개체에 따라 하트무늬와 빗살무늬가 보이기도 한다. 수컷의 더듬이다리 종아리마디 맨 끝에 있는 돌기가 도끼 모양으로 굽었다.
행동 습성 배회성이다.

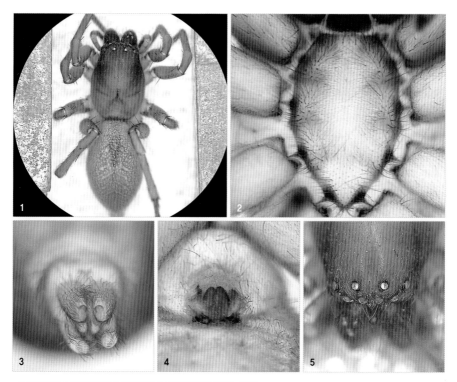

1 등면(암컷) **2** 가슴판(암컷) **3** 실젖(암컷) **4** 외부생식기(암컷) **5** 눈 배열

부리염낭거미

Clubiona rostrata Paik, 1985

● *Clubiona rostrata* Paik, 1985: p. 3; Namkung, 2003: p. 439.

몸길이 암컷 5~6㎜, 수컷 4~5㎜
서식지 산
국내 분포 경기, 강원, 충남, 충북,
경북, 제주, 서울, 인천
국외 분포 일본, 중국, 러시아

주요 형질 등갑은 황갈색이며 길쭉하고 가슴판은 길이가 긴 방패 모양으로 밝은 노란색을 띤다. 다리는 담황색이고 앞다리 종아리마디와 발바닥마디에 털다발이 있다. 배는 긴 달걀 모양으로 담갈색이며 윗면 앞쪽에 긴 털이 소복하고 아랫면은 황색이다. 암컷의 생식기는 부리 모양이다.
행동 습성 산의 낙엽층이나 풀숲 밑바닥 등을 돌아다니며 먹이를 잡는다.

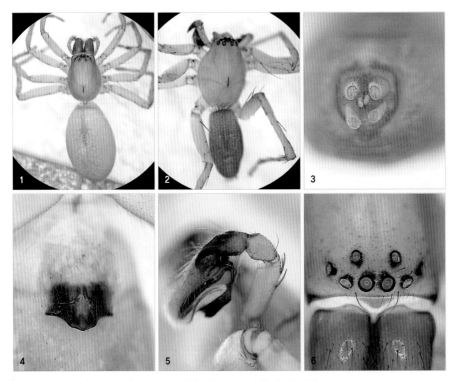

1 등면(암컷) 2 등면(수컷) 3 실젖(암컷) 4 외부생식기(암컷) 5 더듬이다리(수컷) 6 눈 배열

북녘염낭거미

Clubiona mayumiae Ono, 1993

● *Clubiona mayumiae* Ono, 1993: p. 90; Namkung, 2003: p. 436.

몸길이 암컷 5.5~6.5㎜
　　　　수컷 4~4.5㎜
서식지 들판, 산
국내 분포 강원, 전북
국외 분포 일본, 러시아

주요 형질 등갑은 황갈색이고 머리쪽으로 적갈색을 띤다.
다리는 밝은 황갈색이다. 배도 황갈색이고 긴 달걀형이며
윗면에 갈색 하트무늬와 희미한 살깃무늬가 있다.
행동 습성 나무껍질 속에 얄팍한 포대 모양 집을 만들고 거
울을 난다.

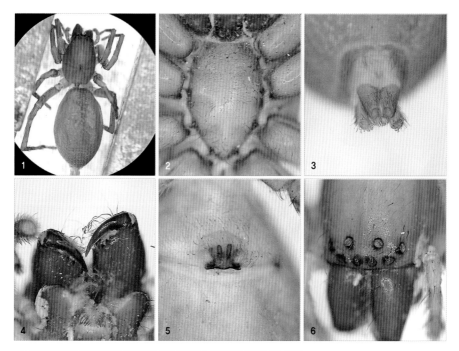

1 등면(암컷) **2** 가슴판(암컷) **3** 실젖(암컷) **4** 위턱(암컷) **5** 외부생식기(암컷) **6** 눈 배열

붉은가슴염낭거미
Clubiona vigil Karsch, 1879

● *Clubiona vigil* Karsch, 1879: p. 93; Namkung, 2003: p. 446.

몸길이 암컷 10~12mm, 수컷 8~10mm
서식지 풀밭, 계곡, 산
국내 분포 충북
국외 분포 일본, 러시아

주요 형질 등갑은 긴 달걀 모양이며 황갈색이고, 가슴판은 길쭉한 달걀 모양이며 적갈색을 띤다. 다리는 황색이며 각 마디의 끝쪽이 진하다. 배는 긴 달걀 모양으로 황갈색이며 앞부분 가운데에 자갈색 하트무늬가 있고, 그 양 옆과 뒷부분에 늘어선 점무늬 여러 쌍도 자갈색이다. 배 아랫면 가운데에 폭넓은 흑갈색 줄무늬가 뻗었고 그 양 옆은 황갈색을 띤다.

행동 습성 나뭇잎을 주머니 모양으로 접어 알자리를 만들며 나무껍질 속에 얄팍한 주머니 모양 집을 짓고 겨울을 난다.

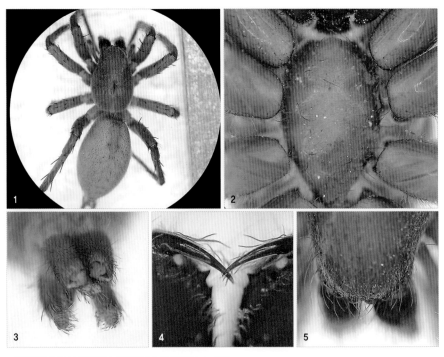

1 등면(암컷) **2** 가슴판(암컷) **3** 실젖(암컷) **4** 위턱(암컷) **5** 눈 배열

살깃염낭거미
Clubiona jucunda (Karsch, 1879)

- *Liocranum jucundum* Karsch, 1879: p. 92.
- *Clubiona jucunda* Paik, 1990: p. 71; Namkung, 2003: p. 427.

몸길이 암컷 7~8㎜, 수컷 5~6㎜
서식지 들판, 계곡, 산
국내 분포 경기, 강원, 충북, 경북, 제주, 인천
국외 분포 일본, 중국, 대만, 러시아

주요 형질 등갑은 연한 적갈색이며 머리쪽의 색이 진하고, 가슴판은 황갈색이며 가장자리에 갈색 선이 있다. 다리는 황갈색이며 끝쪽이 거무스름하다. 배는 달걀 모양이며 갈색 바탕에 회백색 털이 드문드문 나 있으나 개체마다 색이 다르다.
행동 습성 활엽수 잎을 접어 알을 낳는다.

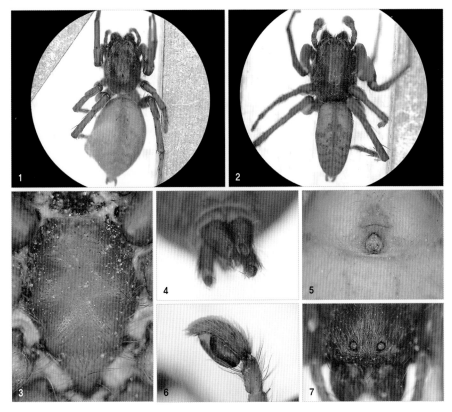

1 등면(암컷) **2** 등면(수컷) **3** 가슴판(암컷) **4** 실젖(암컷) **5** 외부생식기(암컷) **6** 더듬이다리(수컷) **7** 눈 배열

솔개빛 염낭거미

Clubiona lena Bösenberg and Strand, 1906

● *Clubiona lena* Bösenberg and Strand, 1906: p. 285; Namkung, 2003: p. 429.

몸길이 암컷 7~8.5㎜, 수컷 6~7㎜
서식지 산림
국내 분포 경기
국외 분포 일본, 중국

주요 형질 등갑은 달걀 모양이며 황갈색 바탕에 짧은 갈색 털이 덮이고, 머리쪽에 긴 가시털이 드문드문 난다. 다리는 밝은 노란색이며 끝쪽의 색이 진하고 긴 가시털이 많다. 배는 적갈색이고 앞부분에 갈색 하트무늬가 있으며 뒷부분에는 빗살무늬가 3~4가닥 있다. 배 아랫면은 적갈색이며 끝에 있는 무늬가 노란색 점선으로 둘러졌다.
행동 습성 산림의 낙엽층이나 돌 밑에서 보이며 배회성이다.

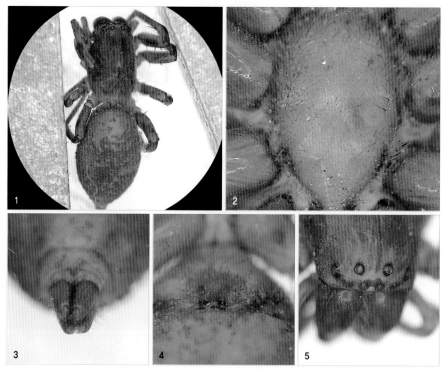

1 등면(암컷) **2** 가슴판(암컷) **3** 실젖(암컷) **4** 외부생식기(암컷) **5** 눈 배열

오대산염낭거미

Clubiona odesanensis Paik, 1990

● *Clubiona odesanensis* Paik, 1990: p. 96; Namkung, 2003: p. 430.

몸길이 암컷 4.5~7㎜
        수컷 5.2㎜ 내외
서식지 산림
국내 분포 강원, 충북, 전남, 경북, 제주
국외 분포 일본, 중국, 러시아

주요 형질 등갑은 흐린 갈색이며 가슴판은 길이가 조금 긴 방패 모양으로 황갈색을 띤다. 배도 황갈색이고 긴 달걀 모양이며, 희미한 하트무늬가 있으나 별다른 무늬는 없다.
행동 습성 산림의 낙엽층이나 돌 밑에서 보이며 배회성이다.

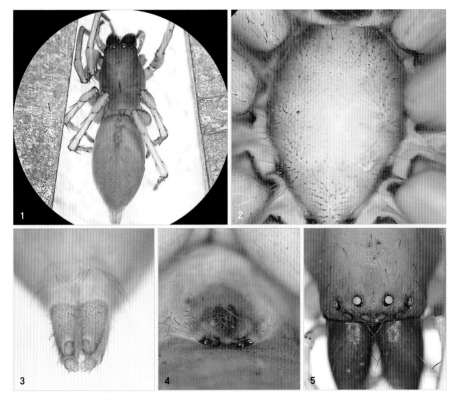

1 등면(암컷) **2** 가슴판(암컷) **3** 실젖(암컷) **4** 외부생식기(암컷) **5** 눈 배열

이리나염낭거미

Clubiona irinae Mikhailov, 1991

● *Clubiona irinae* Mikhailov, 1991: p. 208; Namkung, 2003: p. 444.

몸길이 암컷 9~10.5㎜
　　　　　수컷 7.5~8.5㎜
서식지 산
국내 분포 강원
국외 분포 중국, 러시아

주요 형질 등갑은 달걀 모양이며 머리쪽이 좁고 거무스름하다. 뒤 가운데눈은 '八' 자 모양으로 넓게 벌어졌다. 넷째다리가 가장 길고, 각 넓적다리마디와 첫째와 넷째 다리 종아리마디가 암갈색이며 무릎마디는 노란색이고 나머지는 모두 황갈색이다. 배는 갸름한 달걀 모양이며 윗면이 검고, 가운데에 흰 반점이 2쌍 있다.

행동 습성 산의 낙엽층이나 풀숲 사이를 옮겨 다니며 생활한다.

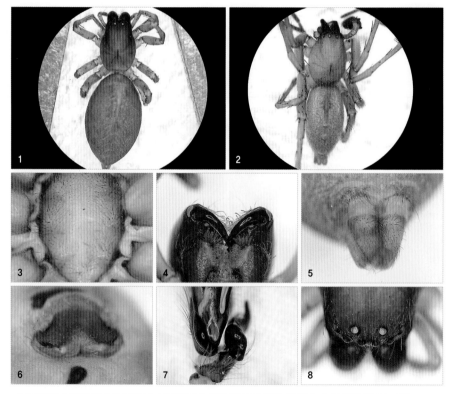

1 등면(암컷) **2** 등면(수컷) **3** 가슴판(암컷) **4** 위턱(암컷) **5** 실젖(암컷) **6** 외부생식기(암컷) **7** 더듬이다리(수컷) **8** 눈 배열

천마염낭거미

Clubiona diversa O. P.-Cambridge, 1862

● *Clubiona diversa* O. P.-Cambridge, 1862: p. 7959; Namkung, 2003: p. 442.

몸길이 암컷 4~5㎜, 수컷 3~4㎜
서식지 산
국내 분포 경기
국외 분포 일본, 러시아, 유럽

주요 형질 등갑은 엷은 황적색이며 머리쪽이 거무스름하다. 가슴판은 달걀 모양이고 노란색이며 짧은 털이 드문드문 보인다. 다리는 담황색이며 센털이 나고, 발바닥마디와 발끝마디에 빗털이 늘어서 있다. 배는 연한 황갈색이며 윗면에 거친 털이 나고, 가운데 불그스름한 무늬와 살깃무늬가 있으나 뚜렷하지 않으며, 아랫면은 담황색을 띤다.
행동 습성 산기슭의 낙엽층이나 늪지대 이끼류 사이에서 보이며 배회성이다.

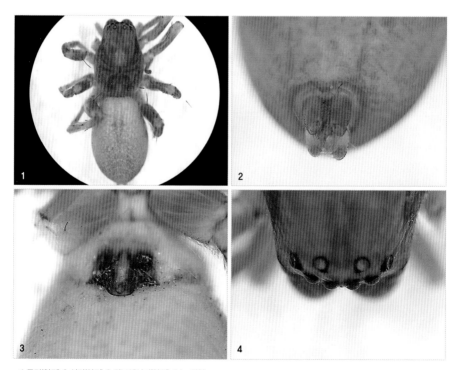

1 등면(암컷) 2 실젖(암컷) 3 외부생식기(암컷) 4 눈 배열

표주박염낭거미
Clubiona subtilis L. Koch, 1867

● *Clubiona subtilis* L. Koch, 1867: p. 351; Namkung, 2003: p. 443.

몸길이 암컷 4~5mm, 수컷 3~4mm
서식지 풀밭
국내 분포 경북
국외 분포 러시아, 유럽

주요 형질 등갑은 달걀 모양으로 볼록하고 황갈색 바탕에 머리쪽이 약간 거무스름하다. 가슴판은 황백색이고 다리는 황갈색이다. 배는 긴 타원형이며 어두운 황갈색 바탕에 흐릿한 하트무늬가 있으나 없는 것도 있다.
행동 습성 습기가 많은 풀밭의 이끼류 사이나 풀숲 아래에서 보이며 배회성이다.

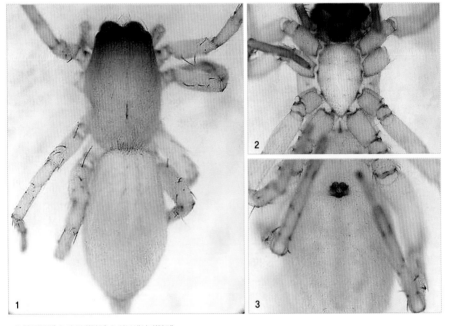

1 등면(암컷) 2 가슴판(암컷) 3 외부생식기(암컷)

한국염낭거미

Clubiona coreana Paik, 1990

● *Clubiona coreana* Paik, 1990: p. 89; Namkung, 2003: p. 425.

몸길이 암컷 10~12㎜, 수컷 8~10㎜
서식지 풀밭, 냇가, 산
국내 분포 경기, 강원, 충북, 전남,
경북, 제주, 서울
국외 분포 일본, 대만, 러시아

주요 형질 등갑은 황갈색이며 머리쪽은 거무스름하다. 다리는 황갈색이며 별다른 무늬가 없고 넷째다리가 첫째다리보다 길다. 배는 긴 타원형이며 노란색 바탕에 자갈색 하트무늬와 좌우로 늘어서는 점무늬가 5~6쌍 있다. 배 아랫면 가운데에 폭넓은 암갈색 무늬가 있다.
행동 습성 풀밭, 산, 냇가에서 작은 나무의 가지나 잎 위를 돌아다닌다.

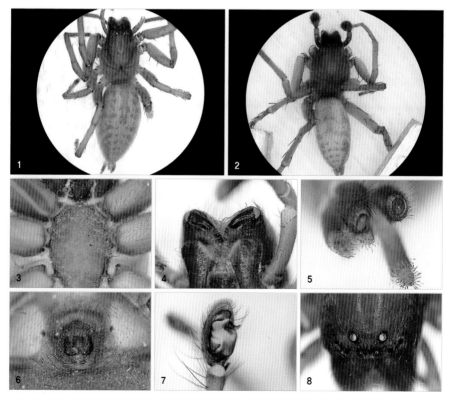

1 등면(암컷) **2** 등면(수컷) **3** 가슴판(암컷) **4** 위턱(암컷) **5** 실젖(암컷) **6** 외부생식기(암컷) **7** 더듬이다리(수컷) **8** 눈 배열

장수어리염낭거미과
Miturgidae

갈퀴혹어리염낭거미

Cheiracanthium uncinatum Paik, 1985

- *Cheiracanthium uncinatum* Paik, 1985: p. 2; 1990: p. 15; Namkung, 2001: p. 426; 2003: p. 421.

몸길이 암컷 5~6.5㎜
수컷 4.5~5.5㎜
서식지 들판, 풀밭, 산림
국내 분포 경기, 강원, 충남, 경남, 경북
국외 분포 중국

주요 형질 등갑은 황갈색이며, 수컷은 앞쪽 옆면에 갈퀴 모양으로 굽은 돌기가 1개 있다. 가슴판은 하트 모양이며 노란색 바탕에 검은 테두리가 있다. 다리는 황갈색이며 무늬가 없고 각 마디 끝쪽이 거무스름하다. 배는 회황색이며 윗면 앞부분에 거무스름한 하트무늬가 뻗어 있고 양 옆으로 작고 흰 점무늬가 흩어져 있다.

행동 습성 경북 구미 금오산에서 처음 발견되었으며, 들판, 풀밭, 산에 널리 서식한다. 6~8월에 관찰된다.

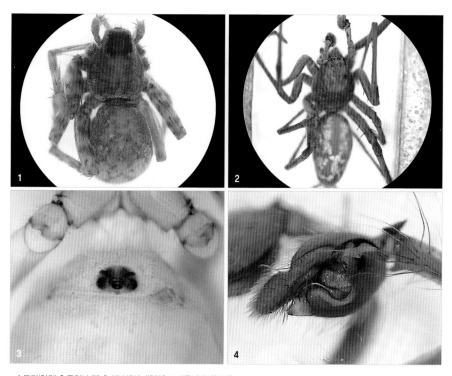

1 등면(암컷) **2** 등면(수컷) **3** 외부생식기(암컷) **4** 더듬이다리(수컷)

긴어리염낭거미

Cheiracanthium unicum Bösenberg and Strand, 1906

● *Cheiracanthium unicum* Bösenberg and Strand, 1906: p. 287; Namkung, 2001: p. 427; 2003: p. 422.

몸길이 암컷 5~6.5mm
　　　수컷 4.5~5.5mm
서식지 산림
국내 분포 경기, 충북
국외 분포 일본, 중국

주요 형질 등갑은 긴 달걀 모양이며 회갈색 바탕에 짤막한 털이 듬성듬성 나고 목홈, 방사홈, 가슴홈은 뚜렷하지 않다. 다리는 황갈색이며 별다른 무늬가 없으나 맨 앞 다리가 몸길이의 2배 이상으로 길다. 배는 갸름한 달걀형이며 갈색 바탕에 흰 털이 덮인다. 수컷 더듬이다리 종아리마디 앞쪽 옆면에 갈고리 모양으로 끝이 굽은 돌기가 있다.
행동 습성 나뭇잎이나 풀잎 위를 돌아다니며 잎을 접어 알을 낳는다. 5~10월에 관찰된다.

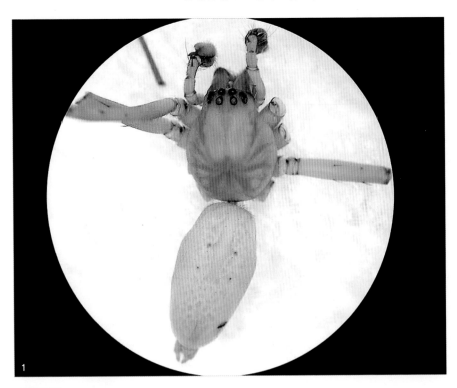

1 등면(수컷)

대구어리염낭거미

Cheiracanthium taegense Paik, 1990

- *Cheiracanthium taegense* Paik, 1990: p. 11; Namkung, 2003: p. 420.
- *Cheiracanthium taeguense* Kim and Cho, 2002: p. 77.

몸길이 암컷 10~12.5㎜
　　　수컷 7.5~9.5㎜
서식지 들판, 풀밭, 산림
국내 분포 경기, 강원, 충남, 충북,
경남, 경북, 제주
국외 분포 중국

주요 형질 등갑은 황갈색이며 가슴홈은 뚜렷하지 않다. 다리는 황갈색이며 별다른 무늬가 없고 각 마디의 끝쪽이 거무스름하다. 배는 갸름한 달걀 모양이며 황갈색 바탕에 거무스름한 하트무늬가 있고 그 양 옆에 큰 점이 2쌍 있다.
행동 습성 산과 들의 풀밭에 널리 살며 잎을 접어 알을 낳는다. 6~8월에 관찰된다.

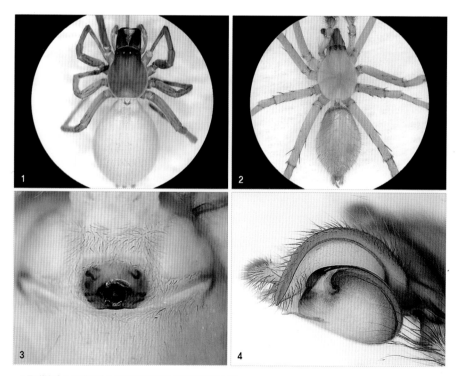

1 등면(암컷) **2** 등면(수컷) **3** 외부생식기(암컷) **4** 더듬이다리(수컷)

애어리염낭거미

Cheiracanthium japonicum Bösenberg and Strand, 1906

- *Cheiracanthium japonicum* Bösenberg and Strand, 1906: p. 288; Paik, 1990: p. 5; Namkung, 2001: p. 423; 2003: p. 418.

몸길이 암컷 10~13㎜, 수컷 9~12㎜
서식지 도시, 논밭, 들판, 사구,
계곡, 산
국내 분포 경기, 강원, 충남, 충북,
전남, 전북, 경남, 경북, 제주
국외 분포 일본, 중국

주요 형질 배갑은 황갈색이고 무늬는 없으며 달걀 모양이다. 배갑의 가운데홈, 목홈, 방사홈은 뚜렷하다. 배는 황갈색 또는 회황색이고 염통무늬가 있다. 첫째다리가 잘 발달했고 발톱은 2개다.
행동 습성 갈대나 억새 등 벼과식물의 잎을 접어 집을 만든다.

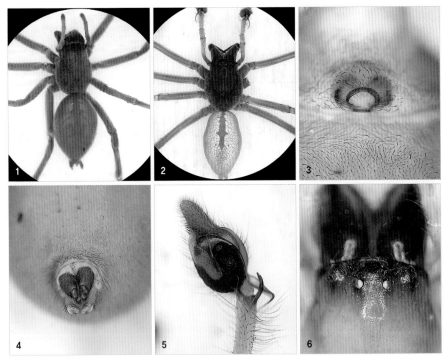

1 등면(암컷) **2** 등면(수컷) **3** 외부생식기(암컷) **4** 실젖 **5** 더듬이다리(수컷) **6** 눈 배열

중국어리염낭거미

Cheiracanthium zhejiangense Hu and Song, 1982

- *Cheiracanthium zhejiangensis* Hu and Song, 1982: p. 56.
- *Cheiracanthium zhejiangense* Paik, 1990: p. 9; Namkung, 2001: p. 424; 2003: p. 419; Lee et al., 2004: p. 99.

몸길이 암컷 8.5~9.5㎜
　　　　수컷 6~7.5㎜
서식지 습지
국내 분포 경기, 강원, 충북, 전남, 제주
국외 분포 중국

주요 형질 배갑은 황갈색이며 눈구역이 검고 가슴홈은 뚜렷하지 않다. 다리는 황갈색이며 별다른 무늬가 없으나 첫째다리가 넷째다리보다 훨씬 길다. 배는 갸름한 달걀형으로 등황색 바탕에 갈색 하트무늬가 있고 양 옆면에 흰색 점무늬가 흩어져 있다.

행동 습성 갈대 같은 벼과식물의 잎을 접어 그 속에서 알을 낳으며 부화한 새끼가 어미의 몸을 뜯어 먹기도 한다. 제주, 울릉도 등 섬 지역에 많다. 출현시기는 6~8월이다.

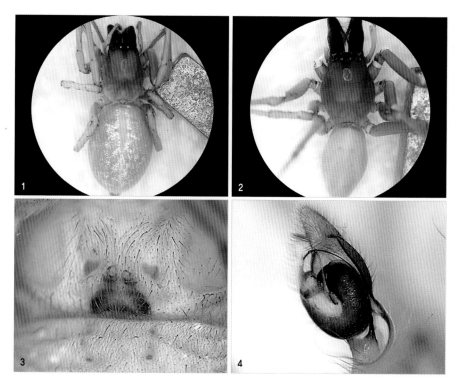

1 등면(암컷) **2** 등면(수컷) **3** 외부생식기(암컷) **4** 더듬이다리(수컷)

짧은가시어리염낭거미

Cheiracanthium brevispinum Song et al., 1982

- *Cheiracanthium brevispinus* Song et al., 1982: p. 73.
- *Cheiracanthium brevispinum* Paik, 1990: p. 7; Namkung, 2001: p. 428; 2003: p. 423.

몸길이 암컷 6~7㎜, 수컷 4.5~5.5㎜
서식지 논밭
국내 분포 제주
국외 분포 중국, 몽고

주요 형질 등갑은 황갈색이며 머리쪽은 적갈색을 띤다. 다리는 황갈색이며 별다른 무늬는 없으나 각 마디 끝쪽이 거무스름하고 첫째다리가 넷째다리보다 길다. 배는 회황색 바탕에 황백색 털로 덮이고 앞부분에 적갈색 하트무늬와 큰 점이 1쌍 있다.

행동 습성 과수원이나 논밭 등에서 보이며 행동이 재빠른 편이다. 5~8월에 관찰된다.

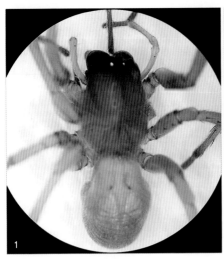 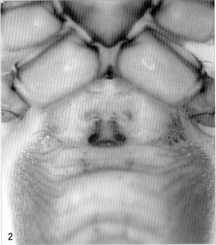

1 등면(암컷) **2** 외부생식기(암컷)

코리나거미과
Corinnidae

십자쌈지거미

Orthobula crucifera Bösenberg and Strand, 1906

● *Orthobula crucifera* Bösenberg and Strand, 1906: p. 292; Lee et al., 2004: p.99.

몸길이 암컷 2~2.5mm, 수컷 1.5~2mm
서식지 공원, 산림
국내 분포 경기, 충북, 경북
국외 분포 일본, 중국

주요 형질 배갑은 적갈색이고 배는 회황색이며 윗면에 십자 모양 검은 무늬가 있고, 후반부에 살깃무늬가 3~4쌍 있으나 개체에 따라 뚜렷하지 않은 것도 있다.
행동 습성 산, 공원 풀밭 등의 토양층, 낙엽층 사이나 지표면을 배회한다. 성숙기는 5~7월, 9~11월이다.

1 등면(암컷) 2 배면(암컷)

고려도사거미

Phrurolithus coreanus Paik, 1991

● *Phrurolithus coreanus* Paik, 1991: p. 174; Namkung, 2003: p. 454.

몸길이 암컷 2.5~3mm, 수컷 2~2.5mm
서식지 공원, 산림
국내 분포 충북, 경북
국외 분포 일본

주요 형질 배갑은 암갈색으로 볼록하며 배 윗면은 암회색 바탕에 전반부에 흰색 띠무늬 3쌍, 후반부에 가는 빗금무늬 3쌍이 있다.

행동 습성 산의 낙엽층이나 토양층, 공원, 길가 등의 돌 밑이나 널빤지 밑에서도 보이며 5~7월에 관찰된다.

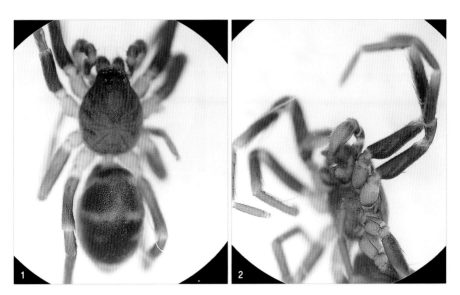

1 등면(수컷) **2** 측면(수컷)

꼬마도사거미

Phrurolithus sinicus Zhu and Mei, 1982

● *Phrurolithus sinicus* Zhu and Mei, 1982: p. 49; Namkung, 2003: p. 459; Lee et al., 2004: p. 99.

몸길이 암컷 2.3mm 내외
       수컷 2mm 내외
서식지 산림
국내 분포 경기, 강원
국외 분포 일본, 중국, 러시아

주요 형질 등갑은 황갈색이고 옆가장자리는 다소 검다. 가슴판은 약간 볼록한 하트 모양이고, 다리는 밝은 갈색이다. 배는 긴 타원형이며 회갈색이다. 배 윗면 앞쪽에 '八' 자 무늬가 2쌍 있고, 뒤쪽에는 가는 활처럼 생긴 무늬가 있다.
행동 습성 고원이나 산골짜기의 나뭇가지나 풀숲에 작고 둥근 그물을 친다. 5~8월에 관찰된다.

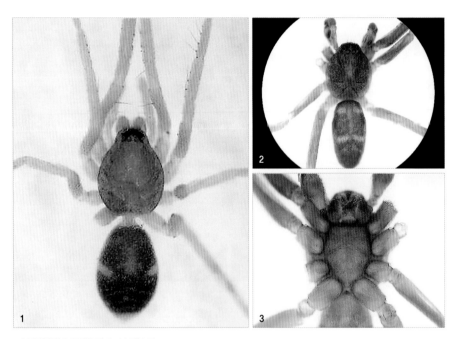

1 등면(암컷) **2** 등면(수컷) **3** 가슴판(수컷)

살깃도사거미

Phrurolithus pennatus Yaginuma, 1967

● *Phrurolithus pennatus* Yaginuma, 1967: p. 102; Namkung, 2003: p. 456.

몸길이 암컷 3.5~4.5㎜
　　　수컷 3~3.7㎜
서식지 산림
국내 분포 경기, 충북, 경북, 제주
국외 분포 일본, 중국, 러시아

주요 형질 등갑은 암갈색이며 중앙부가 밝다. 몸 전체가 금과 은 가루를 뒤집어쓴 것처럼 빛난다. 배는 암회색이며 윗면 전반부에 흰색 '八' 자 무늬가 2쌍 있고, 후반부에 흰색 띠무늬가 3~4개 있으나 개체마다 차이가 있다.
행동 습성 산의 지표나 낙엽층 아래, 큰 돌 밑에서 관찰된다.

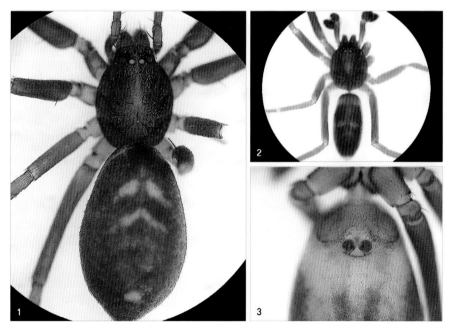

1 등면(암컷) **2** 등면(수컷) **3** 외부생식기(암컷)

입술도사거미

Phrurolithus labialis Paik, 1991

● *Phrurolithus labialis* Paik, 1991: p. 177; Namkung, 2003: p. 458.

몸길이 암컷 2.5~3㎜
서식지 풀밭, 산림
국내 분포 강원, 충북, 경북
(한국 고유종)

주요 형질 등갑은 대체로 밝은 갈색이며 별다른 무늬가 없다. 가슴홈이나 목홈도 희미하다. 배도 대체로 밝은 갈색이며 별다른 무늬가 없고, 개체에 따라 윗면 뒷부분에 희미한 살깃무늬가 몇 쌍 보이기도 한다.
행동 습성 풀밭이나 산의 땅 위를 돌아다닌다. 5~8월에 관찰된다.

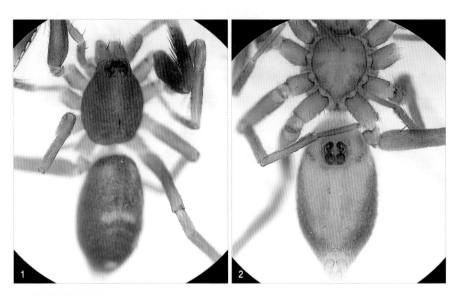

1 등면(암컷) 2 배면(암컷)

일본괭이거미

Trachelas japonicus Bösenberg and Strand, 1906

● *Trachelas japonicus* Bösenberg and Strand, 1906: p. 294; Kim and Lee, 2008: p. 1872.

몸길이 암컷 4~5mm, 수컷 3~4mm
서식지 들판, 산림
국내 분포 경기
국외 분포 일본, 중국, 러시아

주요 형질 등갑은 머리쪽이 볼록하며 짙은 적갈색 바탕에 오목 점 여러 개가 얽혀 있다. 배는 달걀 모양이며 윗면은 회황색이고 희미한 살깃무늬가 늘어서 있다.
행동 습성 들판, 풀숲, 산 밑의 낙엽층이나 지면 등을 배회한다.

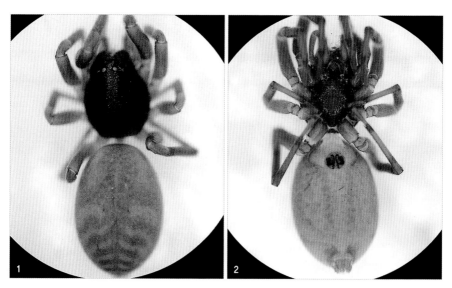

1 등면(암컷) **2** 배면(암컷)

수리거미과
Gnaphosidae

자국염라거미

Zelotes wuchangensis Schenkel, 1963

● *Zelotes wuchangensis* Schenkel, 1963: p. 57; Namkung, 2003: p. 494.

몸길이 암컷 5.5~6.9mm
서식지 들판, 산
국내 분포 경기, 강원, 충북, 경남,
경북, 제주
국외 분포 중국

주요 형질 등갑은 어두운 적갈색이며 가늘고 검은 털이 드문드문 나고, 가슴판은 어두운 적갈색으로 가장자리에 검은 센털이 줄지어 있다. 다리는 암갈색이나 발바닥마디와 발끝마디는 황갈색이고 털다발이 있다. 배는 갸름한 달걀 모양이며 회갈색 바탕에 긴 검은색 털이 있다. 옆면은 색이 옅고 가운데에 2가닥으로 점줄 무늬가 뻗쳐 있다.
행동 습성 숨어서 먹이가 다가오기를 기다렸다가 잡아먹는 습성이 있다.

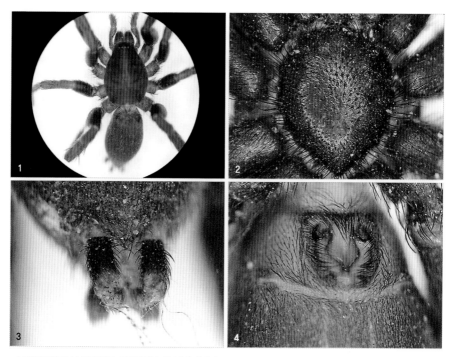

1 등면(암컷) **2** 가슴판(암컷) **3** 실젖(암컷) **4** 외부생식기(암컷)

쌍별도끼거미

Callilepis schuszteri (Herman, 1879)

- *Gnaphosa schuszteri* Herman, 1879: p. 199.
- *Callilepis schuszteri* Paik, 1978: p. 412; Namkung, 2003: p. 463.

몸길이 암컷 5.5~7㎜, 수컷 5.5~5㎜
서식지 산
국내 분포 경기, 강원, 충북, 경북
국외 분포 일본, 중국, 러시아, 유럽

주요 형질 등갑은 달걀 모양이며 황갈색 바탕에 짧은 갈색 털이 덮이고, 머리쪽에 긴 가시털이 드문드문 난다. 다리는 밝은 노란색이며 끝쪽의 색이 진하고 긴 가시털이 많다. 배는 적갈색이고 앞부분에 갈색 하트무늬가 있으며 뒷부분에는 빗살무늬가 3~4가닥 있다. 배 아랫면은 폭넓은 적갈색이고 끝에 있는 무늬는 노란색 점선으로 둘러져 있다.
행동 습성 산의 낙엽층에서 보이며 배회성이다.

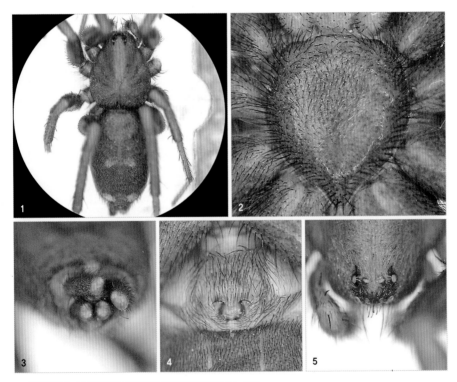

1 등면(암컷) **2** 가슴판(암컷) **3** 실젖(암컷) **4** 외부생식기(암컷) **5** 눈 배열

흑갈갈래꼭지거미

Cladothela oculinotata (Bösenberg and Strand, 1906)

- *Drassodes oculinotatus* Bösenberg and Strand, 1906: p. 109.
- *Cladothela oculinotata* Paik, 1992: p. 36; Namkung, 2003: p. 464.

몸길이 암컷 7.5~9㎜, 수컷 7~7.5㎜
서식지 들판, 산
국내 분포 강원, 충북, 전남, 제주
국외 분포 일본

주요 형질 등갑은 어두운 적갈색이며 달걀 모양이고, 머리 쪽은 밝고 가슴홈은 검다. 다리는 적갈색이며 튼튼하고 뒷다리 발바닥마디와 발끝마디에 짧은 가시털이 있다. 배는 달걀 모양이며 거무스름하고, 수컷의 배 윗면에는 밝은 갈색 비늘판이 있다.
행동 습성 낙엽층에서 보이며 배회성이다.

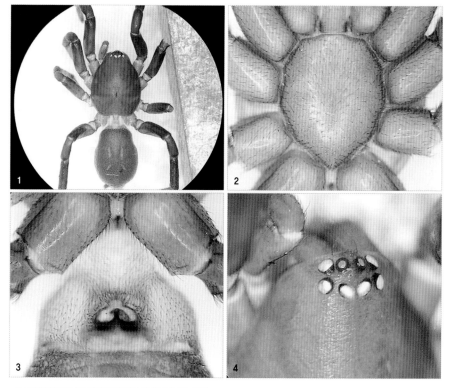

1 등면(암컷) **2** 가슴판(암컷) **3** 외부생식기(암컷) **4** 눈 배열

부용수리거미

Drassodes lapidosus (Walckenaer, 1802)

- *Aranea lapidosa* Walckenaer, 1802: p. 222.
- *Drassodes lapidosus* Paik, 1991: p. 47; Namkung, 2003: p. 467.

몸길이 암컷 9~13㎜, 수컷 8~10㎜
서식지 산의 돌 밑이나 땅 위
국내 분포 경기, 강원, 경북
국외 분포 일본, 중국, 러시아, 유럽

주요 형질 등갑은 황갈색 또는 적갈색이며 섬세한 털이 빽빽하고 방사홈은 거무스름하다. 다리는 황갈색이며 튼튼하고 끝쪽 색이 진하다.
행동 습성 산의 돌 밑이나 땅 위에서 관찰된다. 이곳저곳을 옮겨 다니며 생활하는 습성이 있다.

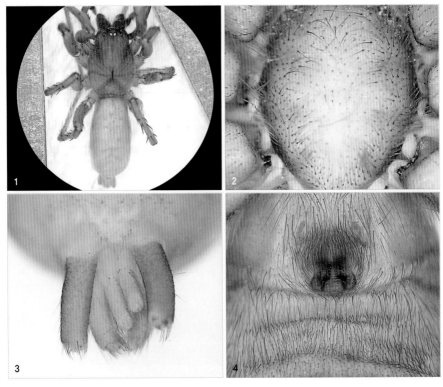

1 등면(암컷) **2** 가슴판(암컷) **3** 실젖(암컷) **4** 외부생식기(암컷)

톱수리거미

Drassodes serratidens Schenkel, 1963

- *Drassodes serratidens* Schenkel, 1963: p. 33; Namkung, 2003: p. 467.
- *Drassodes pseudopubescens* Paik, 1978: p. 415.

몸길이 암컷 9~13㎜, 수컷 8~10㎜
서식지 들판, 냇가, 산
국내 분포 경기, 강원, 충남, 충북,
전남, 경북, 제주, 서울
국외 분포 일본, 중국, 몽고, 러시아

주요 형질 등갑은 적갈색이며 머리와 가장자리 쪽은 색이 진하다. 다리는 황갈색이며 넓적다리마디 윗면에 가시털이 2~3개 있다. 배는 긴 타원형이며 회갈색 바탕에 흰 털이 덮인다. 배 앞부분에 길쭉한 하트무늬가 있고 뒷부분에 황갈색 살깃무늬 7~8개가 늘어서 있다. 실젖은 길고 황갈색이다. 수컷의 종아리마디 돌기는 앞끝이 톱니처럼 생겼다.
행동 습성 돌 밑에 흰색 알주머니를 만든다.

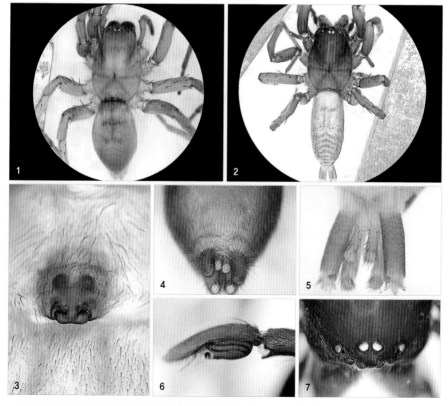

1 등면(암컷) **2** 등면(수컷) **3** 외부생식기(암컷) **4** 실젖(암컷) **5** 실젖(수컷) **6** 더듬이다리(수컷) **7** 눈 배열

뫼참매거미

Drassyllus sasakawai Kamura, 1987

● *Drassyllus sasakawai* Kamura, 1987: p. 82; Namkung, 2003: p. 472.

몸길이 암컷 5.5~8㎜, 수컷 5~7㎜
서식지 풀밭, 산
국내 분포 경기, 충북, 제주
국외 분포 일본

주요 형질 등갑은 짙은 적갈색이며 볼록하다. 배는 어두운 적갈색이며 긴 털이 전면을 덮고, 근점 3쌍과 빗금무늬 3~4 쌍이 있다.
행동 습성 낙엽층 위를 돌아다니며 먹이를 사냥한다.

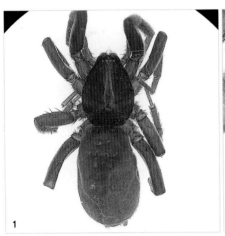

1 등면(암컷) **2** 외부생식기(암컷)

삼문참매거미

Drassyllus sanmenensis Platnick and Song, 1986

● *Drassyllus sanmenensis* Platnick and Song, 1986: p. 17; Namkung, 2003: p. 470.

몸길이 암컷 6~8㎜, 수컷 5.5~7㎜
서식지 풀밭, 산
국내 분포 경기, 충북, 인천
국외 분포 일본, 중국

주요 형질 등갑은 어두운 적갈색이고 가슴판은 갈색이며
가장자리는 암갈색을 띤다. 다리는 적갈색이나 발바닥마디
와 발끝마디는 황갈색이다. 배는 암갈색 또는 회갈색이며,
수컷은 윗면 앞부분에 매끈한 비늘판이 있다.
행동 습성 배회성이다.

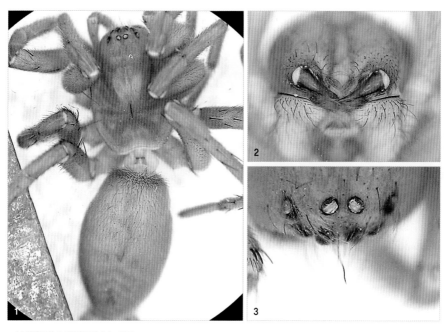

1 등면(임컷) **2** 위덕(암짓) **3** 눈 배열

쌍방울참매거미

Drassyllus biglobosus Paik, 1986

● *Drassyllus biglobosus* Paik, 1986: p. 6; Namkung, 2003: p. 468.

몸길이 암컷 6.5~7mm
　　　　수컷 6mm 내외
서식지 산
국내 분포 경기, 경북, 서울
(한국 고유종)

주요 형질 등갑은 앞쪽이 좁은 달걀 모양이며 밤색이다. 배는 긴 달걀 모양이고 어두운 회갈색 바탕에 근점이 3쌍 있다. 다리는 흐린 갈색으로 별다른 무늬가 없고 넓적다리마디에 가시털이 2개씩 있다.
행동 습성 산의 낙엽층이나 돌 밑에서 보이며 배회성이다.

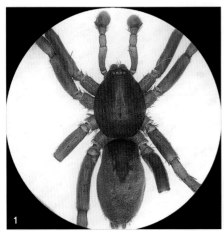 

1 등면(수컷) **2** 더듬이다리(수컷)

포도참매거미

Drassyllus vinealis (Kulczyński, 1897)

- *Prosthesima vinealis* Chyzer and Kulczyński, 1897: p. 203.
- *Drassyllus vinealis* Paik, 1986: p. 8; Namkung, 2003: p. 469.
- *Zelotes pallidipatellis* Paik, 1978: p. 424.

몸길이 암컷 4.5~6mm
　　　 수컷 4.8mm 내외
서식지 산
국내 분포 경기, 충남, 충북, 경북
국외 분포 구북구

주요 형질 등갑은 암갈색이고 목홈과 방사홈은 거무스름
하다. 가슴판은 흐린 갈색이며 염통형이다. 다리는 흐린 갈
색이나 발바닥마디와 발끝마디는 약간 밝고, 넓적다리마디
윗면에 가시털이 2개씩 있으며, 뒷다리 발바닥마디 끝에는
빗털이 둘러져 있다. 배는 긴 달걀 모양이며 회황색이나 암
갈색이고, 아랫면은 흐린 갈색이다.
행동 습성 산의 낙엽층이나 땅 위에서 보이며 배회성이다.

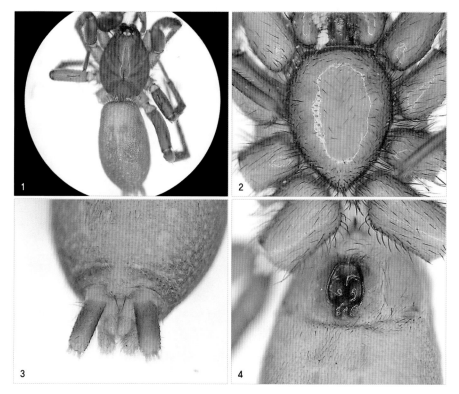

1 등면(암컷) **2** 가슴판(암컷) **3** 실젖(암컷) **4** 외부생식기(암컷)

넓적니거미

Gnaphosa kompirensis Bösenberg and Strand, 1906

- *Gnaphosa kompirensis* Bösenberg and Strand, 1906: p. 123; Namkung, 2003: p. 477.

몸길이 암컷 8~11mm, 수컷 6~8mm
서식지 들판, 동굴, 산
국내 분포 경기, 강원, 충북, 전남,
경남, 경북, 제주
국외 분포 일본, 중국, 러시아,
베트남

주요 형질 등갑은 암갈색이며 가장자리가 검고 머리 중앙에
회백색 무늬가 있다. 위턱의 뒷두덩에 톱니 모양을 지닌 널판
이 있다. 다리는 갈색이며 넓적다리마디 윗면에 가시털이 2개
씩 있다. 배는 갸름한 달걀 모양으로 회갈색 바탕에 검은색 털
이 덮이고 큰 점이 3쌍 있다.
행동 습성 배회성이다.

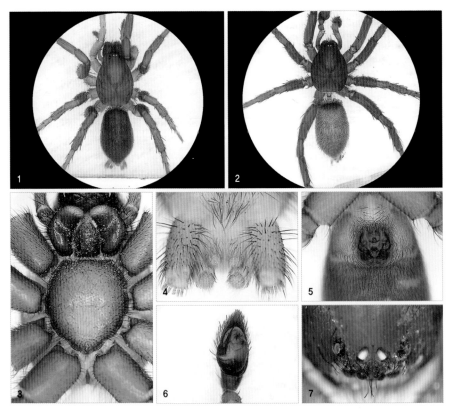

1 등면(암컷) **2** 등면(수컷) **3** 가슴판(암컷) **4** 실젖(암컷) **5** 외부생식기(암컷) **6** 더듬이다리(수컷) **7** 눈 배열

창넓적니거미

Gnaphosa hastata Fox, 1937

- *Gnaphosa hastata* Fox, 1937: p. 247; Namkung, 2003: p. 476.
- *Gnaphosa koreae* Paik, 1989: p. 9.

몸길이 암컷 6~8㎜, 수컷 5~7㎜
서식지 들판, 산
국내 분포 경기, 충북, 경북, 대구
국외 분포 중국

주요 형질 등갑은 황갈색 또는 밤색으로 머리쪽 색이 다소 검다. 다리는 어두운 황갈색이나 끝쪽은 밝다. 배는 갸름한 달걀 모양이며 윗면은 회갈색이고 큰 점이 3쌍 있다.
행동 습성 들판이나 산의 풀 밑이나 낙엽층에서 보이며 배회성이다.

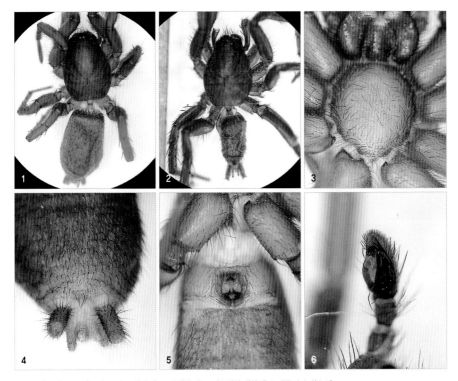

1 등면(암컷) **2** 등면(수컷) **3** 가슴판(암컷) **4** 실젖(암컷) **5** 외부생식기(암컷) **6** 더듬이다리(수컷)

감숙넓적니거미

Gnaphosa kansuensis Schenkel, 1936

- *Gnaphosa kansuensis* Schenkel, 1936: p. 26; Namkung, 2003: p. 478.
- *Gnaphosa alberti* Paik, 1989: p. 6.
- *Gnaphosa kompirensis* Paik, 1989: p. 4.

몸길이 암컷 9~12㎜, 수컷 6.5~9㎜
서식지 동굴, 산
국내 분포 경기, 강원, 충북, 전남,
경남, 경북, 제주
국외 분포 중국, 러시아

주요 형질 등갑은 갈색이고 검은 털로 덮이며 목홈, 방사홈,
가슴홈이 뚜렷하다. 위턱은 적갈색이며 앞 두덩과 뒷두덩에
돌기가 2개 있다. 다리는 황갈색이며 넓적다리마디 윗면에 가
시털이 2개씩 있다. 배는 갸름한 달걀 모양이며 회황색 바탕
에 긴 암갈색 털이 빽빽하다.
행동 습성 돌 아래, 낙엽층, 동굴에서 보이며 배회성이다.

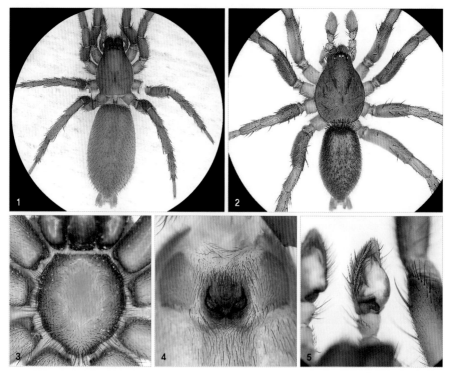

1 등면(암컷) **2** 등면(수컷) **3** 가슴판(암컷) **4** 외부생식기(암컷) **5** 더듬이다리(수컷)

포타닌넓적니거미

Gnaphosa potanini Simon, 1895

- *Gnaphosa potanini* Simon, 1895: p. 333; Namkung, 2003: p. 479.
- *Gnaphosa silvicola* Kim et al., 1988: p. 147.

몸길이 암컷 6~10mm
　　　　수컷 5.5~7.5mm
서식지 산
국내 분포 경기, 강원, 충북, 전남,
경북, 제주, 인천
국외 분포 일본, 중국, 몽고, 러시아

주요 형질 등갑은 어두운 적갈색이며 머리가 다소 높고 목홈
과 방사홈은 흑갈색을 띤다. 다리는 담갈색 또는 황갈색으로
고리무늬가 넓고, 넓적다리마디와 윗면에 가시털이 2개씩 있
다. 배는 갸름한 달걀 모양이며 회황갈색 바탕에 긴 암갈색 털
이 촘촘하게 나며 큰 담갈색 점이 3쌍 있다.
행동 습성 산기슭의 낙엽층이나 돌 밑에서 보이며 배회성
이다.

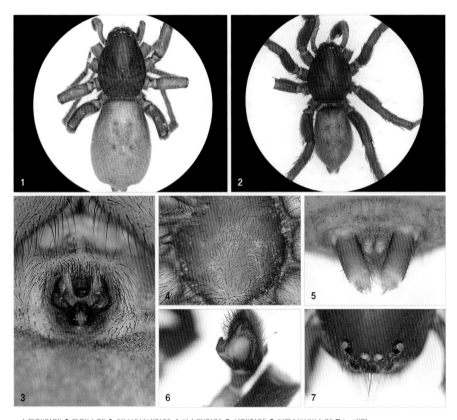

1 등면(암컷) 2 등면(수컷) 3 외부생식기(암컷) 4 가슴판(암컷) 5 실젖(암컷) 6 더듬이다리(수컷) 7 눈 배열

한국솔개거미
Kishidaia coreana (Paik, 1992)

● *Poecilochroa coreana* Paik, 1992: p. 118; Namkung, 2003: p. 483.

몸길이 암컷 6~7㎜, 수컷 5~6㎜
서식지 산
국내 분포 경기, 강원, 충북,
서울(한국 고유종)

주요 형질 등갑은 달걀 모양으로 머리쪽이 좁고 거무스름
하며 암갈색 바탕에 흰 털이 빽빽해 세로 줄무늬를 이룬
다. 가슴판은 암갈색이며 긴 달걀 모양이다. 다리 중 넷째
다리가 가장 길다. 넓적다리마디는 암갈색, 무릎마디는
황색, 종아리마디와 발바닥마디는 갈색, 발끝마디는 황갈
색이다. 배는 긴 달걀 모양으로 윗면이 검고 앞쪽이 희미
하며 중앙 양 옆에 흰색 반점 1쌍이 뚜렷하다.
행동 습성 산기슭, 길가의 땅 위나 낙엽층 위 등을 옮겨 다
니며 생활한다.

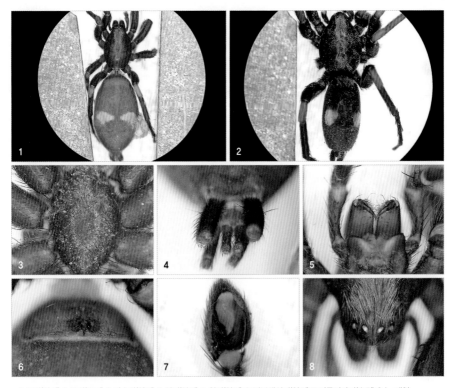

1 등면(암컷) **2** 등면(수컷) **3** 가슴판(암컷) **4** 실젖(암컷) **5** 위턱(암컷) **6** 외부생식기(암컷) **7** 더듬이다리(수컷) **8** 눈 배열

석줄톱니매거미

Sernokorba pallidipatellis (Bösenberg and Strand, 1906)

- *Prosthesima pallidipatellis* Bösenberg and Strand, 1906: p. 123.
- *Sernokorba pallidipatellis* Namkung, 2003: p. 486.

몸길이 암컷 6~8㎜, 수컷 5~7㎜
서식지 산
국내 분포 경기, 강원, 충남, 충북,
전남, 서울, 인천
국외 분포 일본, 중국

주요 형질 등갑은 긴 달걀 모양이며 머리쪽이 좁고 암갈색
바탕에 가운데 흰 털이 빽빽하게 나서 세로무늬를 이룬다.
가슴판은 어두운 황갈색이며 방패 모양이고 가장자리에 짙
은 갈색 털이 있다. 배는 긴 타원형이며 윗면은 암갈색 바탕
에 흰색 가로띠가 3개 있다.
행동 습성 산기슭이나 길가 땅 위, 낙엽층 위를 돌아다닌
다. 나무 등걸이나 돌 밑에 숨어 있기도 한다.

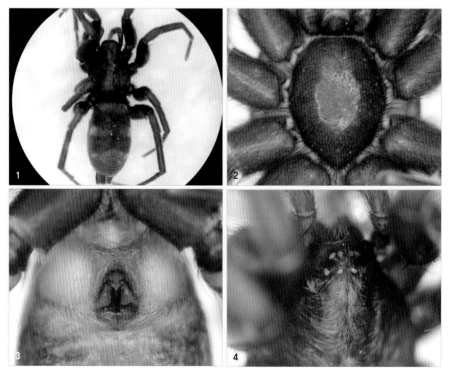

1 등면(암컷) **2** 가슴판(암컷) **3** 외부생식기(암컷) **4** 눈 배열(암컷)

주황염라거미
Urozelotes rusticus (L. Koch, 1872)

- *Prosthesima rustica* L. Koch, 1872b: p. 309.
- *Urozelotes rusticus* Paik, 1986: p. 36; Namkung, 2003: p. 488.
- *Zelotes rusticus* Paik, 1978: p. 425.

몸길이 암컷 8~9㎜, 수컷 8~9㎜
서식지 인가 주변, 들판, 산
국내 분포 경기, 강원, 제주, 서울
국외 분포 전 세계

주요 형질 등갑은 황갈색 또는 적갈색이며 가슴홈은 둥글고 뾰족한 바늘 모양이고, 목홈과 방사홈은 뚜렷하지 않다. 다리는 황갈색이며 발바닥마디와 발끝마디에 털다발이 있다. 배는 갸름한 달걀 모양이며 주황색 바탕에 회갈색 가는 털이 있다. 앞에 있는 실젖은 굵은 원통형이다.
행동 습성 인가 주변의 길이나 산의 길가에서 보이며 배회성이다.

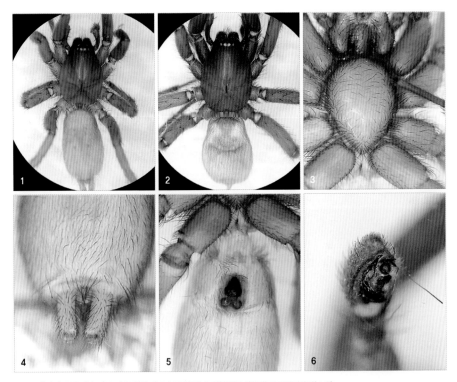

1 등면(암컷) **2** 등면(수컷) **3** 가슴판(암컷) **4** 실젖(암컷) **5** 외부생식기(암컷) **6** 더듬이다리(수컷)

김화염라거미

Zelotes kimwha Paik, 1986

- *Zelotes kimwha* Paik, 1986: p. 30.
- *Zelotes tintinnus* Paik, 1986: p. 32; Namkung, 2003: p. 493.

몸길이 암컷 7.5㎜ 내외
서식지 풀밭, 산
국내 분포 경기
국외 분포 일본

주요 형질 등갑은 머리쪽이 좁은 달걀 모양이며 밤색이다. 가슴홈은 암갈색이고 목홈과 방사홈은 검다. 다리는 암갈색이며 첫째다리 넓적다리마디 앞쪽 옆면에 황갈색 무늬가 있다. 배는 달걀 모양이며 암회색이고 앞쪽 끝에 검은색 털 무더기가 있다. 앞실젖은 원통형으로 좌우가 떨어져 있다. 행동 습성 풀밭이나 산의 돌 밑에서 보이며 배회성이다.

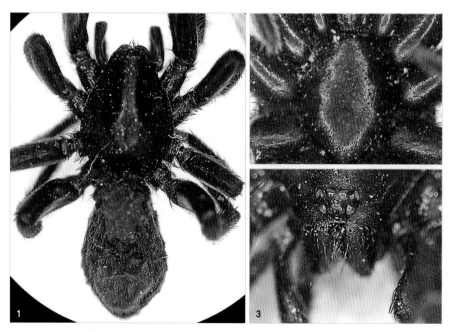

1 등면(암컷) **2** 가슴판(암컷) **3** 눈 배열

아시아염라거미

Zelotes asiaticus (Bösenberg and Strand, 1906)

- *Prosthesima asiatica* Bösenberg and Strand, 1906: p. 121.
- *Zelotes asiaticus* Paik, 1978: p. 422, Namkung, 2003: p. 489.

몸길이 암컷 7~8.5mm, 수컷 5~6mm
서식지 산
국내 분포 경기, 강원, 충북, 충남
국외 분포 동아시아

주요 형질 등갑은 암갈색이며 머리쪽이 좁은 달걀처럼 생겼다. 목홈, 방사홈, 가슴홈은 모두 검다. 가슴판은 암갈색 하트 모양이며 검고 긴 털이 있다. 다리는 암갈색이며, 무릎마디 아래부터는 갈색이나 끝으로 갈수록 색이 연해진다. 배는 긴 타원형이며 암갈색 바탕에 커다란 황색 점이 있고 전체에 검은 털이 빽빽하다. 실젖은 검은색이며 앞의 실젖이 뒤에 있는 실젖보다 크다.

행동 습성 산의 낙엽층이나 지표면에서 보이며 배회성이다.

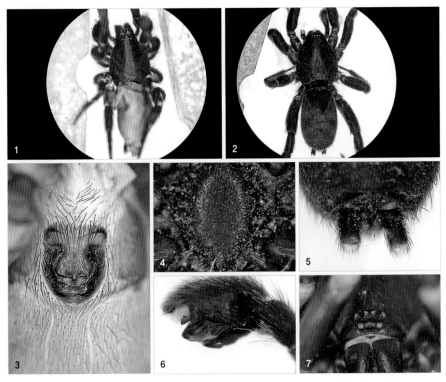

1 등면(암컷) **2** 등면(수컷) **3** 외부생식기(암컷) **4** 가슴판(수컷) **5** 실젖(암컷) **6** 더듬이다리(수컷) **7** 눈 배열

오소리거미과
Zoridae

수풀오소리거미

Zora nemoralis (Blackwall, 1861)

- *Hecaerge nemoralis* Blackwall, 1861: p. 441.
- *Zora nemoralis* Paik, 1978: p. 406; Namkung, 2003: p. 496.

몸길이 암컷 3.5~5㎜
      수컷 2.5~3.5㎜
서식지 산
국내 분포 경기, 강원, 충북, 제주
국외 분포 구북구

주요 형질 등갑은 머리쪽이 좁은 달걀 모양이며 황갈색 바탕에 뒤 옆눈 뒤쪽으로 뻗는 폭넓은 줄무늬와 가장자리 무늬는 갈색이다. 가슴판은 하트 모양이며 황갈색 바탕에 각 다리 밑마디 사이와 뒤끝 쪽에 담갈색 점무늬가 있다. 배는 달걀 모양이며, 윗면은 황갈색 바탕에 흐린 갈색 얼룩무늬가 있다. 수컷은 암컷에 비해 색이 짙고 다리가 검다.
행동 습성 산의 풀숲이나 지표 낙엽층에서 보이며 배회성이다.

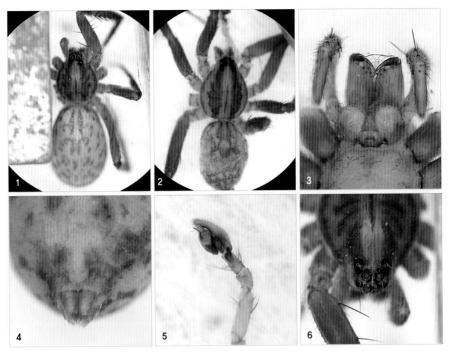

1 등면(암컷) **2** 등면(수컷) **3** 위턱(암컷) **4** 실젖(암컷) **5** 더듬이다리(수컷) **6** 눈 배열

농발거미과
Sparassidae

이슬거미

Micrommata virescens (Clerck, 1757)

- *Araneus virescens* Clerck, 1757: p. 138.
- *Micrommata roseum* Paik, 1978: p. 399.
- *Micrommata virescens* Paik, 1968: p. 174; Namkung, 2003: p. 503.

몸길이 암컷 12~15㎜, 수컷 8~10㎜
서식지 산, 풀숲
국내 분포 경기, 강원, 충북, 전남, 전북, 경북, 제주
국외 분포 일본, 중국, 유럽

주요 형질 등갑은 황록색이며 목홈, 방사홈, 가슴홈이 뚜렷하다. 다리는 황록색이며 발바닥마디와 발끝마디에 털 다발이 있다. 배는 달걀 모양이며 진한 황록색 무늬가 있다. 수컷은 붉은색 세로무늬가 가운데에서 뒤쪽 끝까지 뻗어 있다.
행동 습성 갈대 같은 풀의 잎을 말아 집을 만들고 산란한다. 낙엽층 속에서 겨울을 난다.

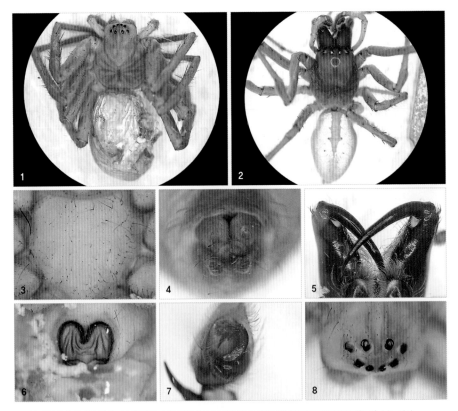

1 등면(암컷) **2** 등면(수컷) **3** 가슴판(암컷) **4** 실젖(암컷) **5** 위턱(암컷) **6** 외부생식기(암컷) **7** 더듬이다리(수컷) **8** 눈 배열

별농발거미

Sinopoda stellatops Jäger and Ono, 2002

- *Sinopoda stellatops* Jäger and Ono, 2002: p. 119.
- *Heteropoda stellata* Paik, 1968: p. 171.
- *Sinopoda stellata* Namkung, 2003: p. 501.

몸길이 암컷 14~16㎜, 수컷 12~15㎜
서식지 동굴, 산
국내 분포 경기, 강원, 충북, 전남, 경북
국외 분포 일본, 중국

주요 형질 등갑은 갈색이고 뒤끝에 반달 모양 황색 띠무늬가 있으며, 가슴 가장자리에 검은 털이 줄지어 있다. 다리는 황갈색이며 끝쪽의 색이 진하고 갈색 점무늬가 흩어져 있다. 배는 흐린 암갈색이고 가운데에 세로 줄무늬가 있으나 개체마다 차이가 있다. 한국농발거미보다 덩치가 작으며 생식기 구조에서 분명히 구별된다.
행동 습성 산의 돌 밑이나 낙엽층, 동굴에서 보이며 배회성이다.

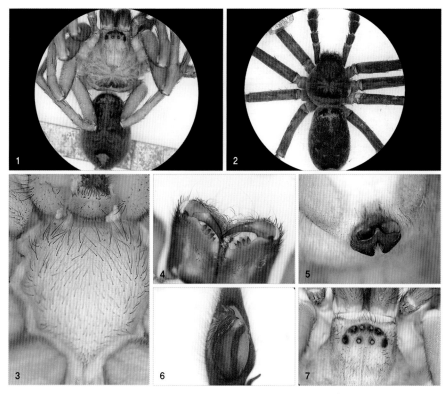

1 등면(암컷) **2** 등면(수컷) **3** 가슴판(암컷) **4** 위턱(암컷) **5** 외부생식기(암컷) **6** 더듬이다리(수컷) **7** 눈 배열

한국농발거미

Sinopoda koreana (Paik, 1968)

- *Heteropoda koreana* Paik, 1968: p. 168.
- *Sinopoda koreana* Namkung, 2003: p. 500.

몸길이 암컷 19~22㎜, 수컷 16~20㎜
서식지 들판, 동굴, 산
국내 분포 제주(한국 고유종)

주요 형질 등갑은 갈색이며 뒤쪽에 반달처럼 생긴 황색 무늬가 있고, 가슴 가장자리에는 검은 털이 줄지어 있다. 다리는 갈색이며 검은 점무늬가 있고, 발바닥마디와 발끝마디에 털다발이 있다. 배는 달걀 모양이며 적갈색 바탕에 근점이 2쌍 있고 검은색과 황갈색 얼룩무늬가 있다.

행동 습성 동굴 및 산과 들의 돌 밑과 같은 침침한 곳에서 보이며 배회성이다.

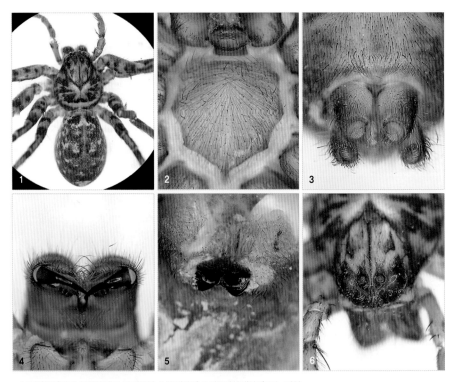

1 등면(암컷) **2** 가슴판(암컷) **3** 실젖(암컷) **4** 위턱(암컷) **5** 외부생식기(암컷) **6** 눈 배열

새우게거미과
Philodromidae

갈새우게거미

Philodromus subaureolus Bösenberg and Strand, 1906

- *Philodromus subaureolus* Bösenberg and Strand, 1906: p. 270; Namkung, 2003: p. 508.

몸길이 암컷 6~7㎜, 수컷 4~5㎜
서식지 들판, 산
국내 분포 경기, 강원, 충남, 충북,
경남, 경북, 제주, 대전
국외 분포 일본, 중국

주요 형질 등갑은 갈색이며 가운데 폭넓은 흰색 줄무늬가 있고, 특히 머리쪽이 희고 목홈 부분에 'V' 자 무늬가 있다. 다리는 황갈색이며 고리무늬가 없고 둘째다리가 특히 길다. 배는 긴 달걀 모양이며 회황색 바탕에 갈색 하트무늬와 살깃무늬가 있으며 개체에 따라 녹색을 띤 것, 회황색을 띤 것, 갈색이 짙은 것 등 차이가 있다.

행동 습성 들판이나 산의 키 작은 나무나 풀숲에서 보이며, 풀이나 나무의 잎 위에 흰색 원반형 알주머니를 만들어 알을 낳고 어미가 보호한다.

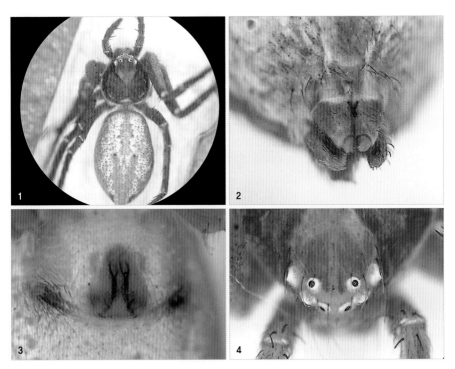

1 등면(암컷) **2** 실젖(암컷) **3** 외부생식기(암컷) **4** 눈 배열

금새우게거미

Philodromus auricomus L. Koch, 1878

- *Philodromus auricomus* L. Koch, 1878: p. 763; Namkung, 2003: p. 507.

몸길이 암컷 7~8㎜, 수컷 6~7㎜
서식지 풀밭, 산
국내 분포 경기, 충북, 인천
국외 분포 일본, 중국, 러시아

주요 형질 등갑은 황갈색이며 가운데 폭넓은 회백색 줄무늬
가 있다. 머리 뒤쪽에 흰색 'V' 자 모양 무늬가 있다. 가슴판은
황갈색이며 길다. 다리는 황갈색이며 끝쪽 색깔이 짙다. 배는
적갈색이고 달걀 모양이다. 배 윗면의 폭넓은 나뭇잎무늬 가
장자리는 암갈색 물결 모양이며 앞쪽에 긴 갈색 염통무늬와
근점 4쌍이 있다.
행동 습성 산의 나뭇가지나 나뭇잎, 풀밭의 풀잎에서 보이며
배회성이다.

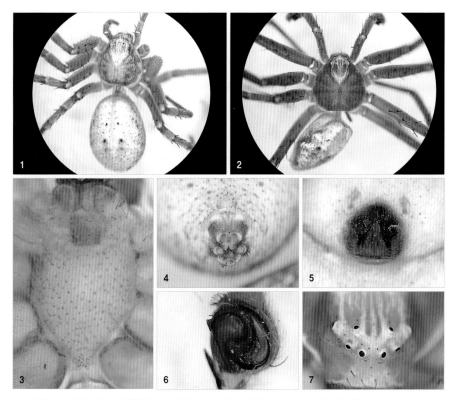

1 등면(암컷) **2** 등면(수컷) **3** 가슴판(암컷) **4** 실젖(암컷) **5** 외부생식기(암컷) **6** 더듬이다리(수컷) **7** 눈 배열

나무결새우게거미

Philodromus spinitarsis Simon, 1895

● *Philodromus spinitarsis* Simon, 1895: p. 1058. ; Kim and Jung, 2001: p. 201; Namkung, 2003: p. 513.

몸길이 암컷 6~8㎜, 수컷 4~6㎜
서식지 도시, 논밭, 들판, 계곡, 산
국내 분포 경기, 강원, 충남, 충북,
전남, 전북, 경남, 경북, 제주
국외 분포 일본, 중국, 러시아

주요 형질 등갑은 원반 모양으로 편평하며 회갈색 바탕에
가운데가 밝고 가장자리는 암갈색을 띤다. 다리는 황갈색
이며 암갈색 고리무늬가 있고 앞다리 종아리마디와 아랫면
에 가시털이 4~5쌍이 있다. 배는 뒤쪽 옆이 넓은 오각형으로
회갈색 바탕에 암갈색 복잡한 무늬가 있고, 아랫면은 회갈
색 바탕에 자갈색 오목한 점이 줄을 이룬다.
행동 습성 산과 들판의 키 작은 나무나 키 큰 나무의 껍질
위를 배회한다.

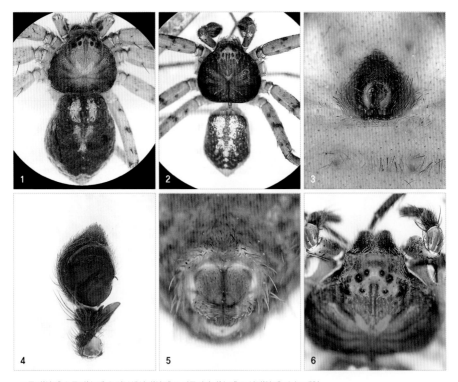

1 등면(암컷) **2** 등면(수컷) **3** 외부생식기(암컷) **4** 더듬이다리(수컷) **5** 실젖(암컷) **6** 눈 배열

어리집새우게거미

Philodromus poecilus (Thorell, 1872)

- *Artanes poecilus* Thorell, 1872: p. 261.
- *Philodromus poecilus* Paik, 1979: p. 435; Namkung, 2003: p. 512.

몸길이 암컷 5~6㎜, 수컷 4~5㎜
서식지 들판, 산
국내 분포 경기, 충북
국외 분포 구북구

주요 형질 등갑은 밤처럼 생겨서 넓고 둥글며 뒤쪽에 황백색 'V' 자 무늬가 뚜렷하고 목홈, 방사홈, 가슴홈은 암갈색을 띤다. 다리는 황색이며 넓적하다. 배 윗면에는 회갈색 나뭇잎무늬가 있으며 옆면은 암회색이다. 배 아랫면은 회백색이며 'Y' 자 모양 무늬가 있다.
행동 습성 산이나 들의 나뭇잎에서 보이며 배회성이다.

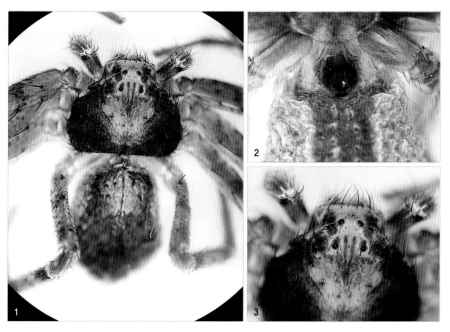

1 등면(암컷) **2** 외부생식기(암컷) **3** 눈 배열

흰새우게거미

Philodromus cespitum (Walckenaer, 1802)

- *Aranea cespitum* Walckenaer, 1802: p. 203.
- *Philodromus cespitum* Paik, 1979: p. 426; Namkung, 2003: p. 509.
- *Philodromus reussi* Paik, 1957: p. 46.

몸길이 암컷 5~7㎜, 수컷 4~6㎜
서식지 논밭, 들판, 습지, 풀숲, 산
국내 분포 경기, 강원, 충북, 경남,
경북, 제주
국외 분포 전북구

주요 형질 등갑은 황갈색이며 머리쪽이 희고 목홈부에 흰색
'V' 자 무늬가 있다. 가슴판은 황갈색이며 담색 털이 있고, 다
리는 황갈색이며 희미한 무늬가 있다. 배는 긴 달걀 모양이며
회백색 바탕에 갈색 근점이 2쌍 있고, 후반부에 살깃무늬가
4~5쌍 있다.
행동 습성 배회성이다.

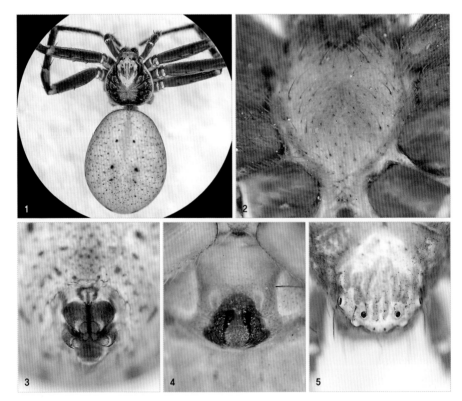

1 등면(암컷) **2** 가슴판(암컷) **3** 실젖(암컷) **4** 외부생식기(암컷) **5** 눈 배열

황금새우게거미
Philodromus aureolus (Clerck, 1757)

- *Araneus aureolus* Clerck, 1757: p. 133.
- *Philodromus aureolus* Paik, 1979: p. 423; Namkung, 2003: p. 506.

몸길이 암컷 5~6㎜, 수컷 4~5㎜
서식지 논들판, 풀숲, 산
국내 분포 경기, 강원, 충북, 제주, 인천
국외 분포 구북구

주요 형질 등갑은 적갈색 또는 황갈색이며 중앙부가 밝고, 목 둘레에 흰색 'V' 자 모양 무늬가 있다. 다리는 황갈색이며 고리 무늬가 없고, 발끝마디 아랫면에 가시털이 2~3쌍 있다. 배는 긴 달걀 모양이며 윗면 중앙부가 밝고, 갈색 하트무늬와 빗살 무늬가 있다. 수컷은 작고 거무스름하며 다리가 길다.
행동 습성 배회성이다.

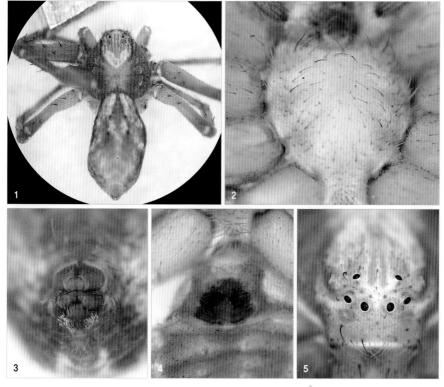

1 등면(암컷) **2** 가슴판(암컷) **3** 실젖(암컷) **4** 외부생식기(암컷) **5** 눈 배열

황새우게거미

Philodromus emarginatus (Schrank, 1803)

- *Aranea emarginata* Schrank, 1803: p. 230.
- *Philodromus emarginatus* Kim and Jung, 2001: p. 194; Namkung, 2003: p. 510.

몸길이 암컷 7~8㎜, 수컷 5~6㎜
서식지 들판, 풀숲, 산
국내 분포 강원, 충북
국외 분포 구북구

주요 형질 등갑은 황갈색이며 바퀴살처럼 생긴 흰색 무늬가 있고, 눈 부위에도 복잡한 암갈색 무늬가 퍼져 있다. 다리는 황갈색이며 윗면에 갈색 줄무늬 3개가 뻗어 있다. 배는 달걀 모양이며 뒤끝이 뾰족하고 자갈색을 띠며, 기다란 갈색 털이 나 있는 황백색 둥근 무늬가 전체에 퍼져 있다. 배 아랫면은 황백색 바탕에 회색 점무늬 4줄이 있다.
행동 습성 나뭇잎 위에 알을 낳고 어미가 보호한다.

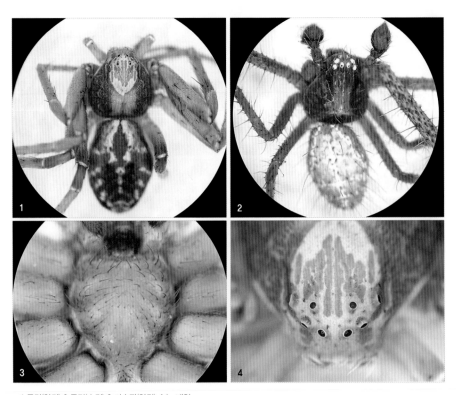

1 등면(암컷) **2** 등면(수컷) **3** 가슴판(암컷) **4** 눈 배열

일본창게거미

Thanatus nipponicus Yaginuma, 1969

● *Thanatus nipponicus* Yaginuma, 1969: p. 87; Namkung, 2003: p. 517.

몸길이 암컷 6~8㎜, 수컷 5~6㎜
서식지 들판, 산
국내 분포 경기, 경남
국외 분포 일본, 중국, 러시아

주요 형질 등갑은 황갈색이며 뒤 가운데눈 사이에서 가는 갈색 줄무늬가 2개 뻗으며, 그 양 옆면도 복잡하게 얼룩져 있다. 가슴판은 하트 모양으로 황갈색 바탕에 회갈색 무늬가 있다. 다리는 황갈색이며 윗면에 2줄로 나란하게 갈색 줄무늬가 뻗어 있고, 가시털이 종아리마디 아랫면에 3쌍, 발바닥마디 아랫면에 2쌍 있다. 배는 긴 달걀 모양이고 윗면 앞부분에 창날처럼 생긴 갈색 하트무늬가 뻗어 있다. 뒷부분 양쪽에는 휘어져 굽은 'U' 자 모양 갈색 무늬가 있으며, 아랫면은 연한 황갈색을 띤다.

행동 습성 나뭇잎 위에 엎드려 있다가 가까이 오는 먹이를 잡아먹는다.

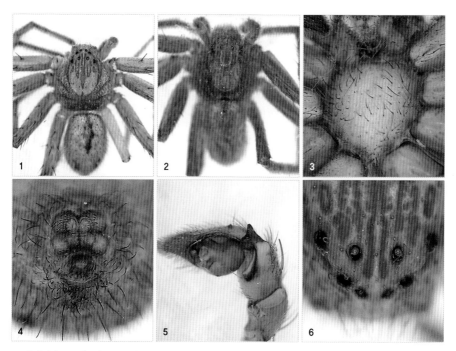

1 등면(암컷) **2** 등면(수컷) **3** 가슴판(암컷) **4** 실젖(암컷) **5** 더듬이다리(수컷) **6** 눈 배열

중국창게거미

Thanatus miniaceus Simon, 1880

● *Thanatus miniaceus* Simon, 1880: p. 110; Namkung, 2003: p. 516.

몸길이 암컷 6~8mm, 수컷 4~5mm
서식지 들판, 산
국내 분포 경기, 강원, 충남, 충북, 경북, 제주, 인천
국외 분포 일본, 중국, 대만

주요 형질 등갑은 황갈색이고 가운데에 회백색 세로무늬가 있으며 양 옆면은 암갈색이다. 황갈색 다리에 갈색 반점이 있으며, 윗면에 갈색 줄무늬가 2줄 있고 가시털이 여러 개 있다. 배는 갸름한 달걀 모양이며 황갈색 바탕에 긴 마름모꼴 무늬가 있고, 뒤쪽에 사각형 갈색 무늬가 있다. 배 아랫면은 황갈색이며 검은 털이 듬성듬성 나 있다. 수컷의 등갑, 다리, 배 윗면의 무늬는 검은색을 띤다.
행동 습성 풀숲에서 잎이나 낙엽, 땅 위를 옮겨 다닌다.

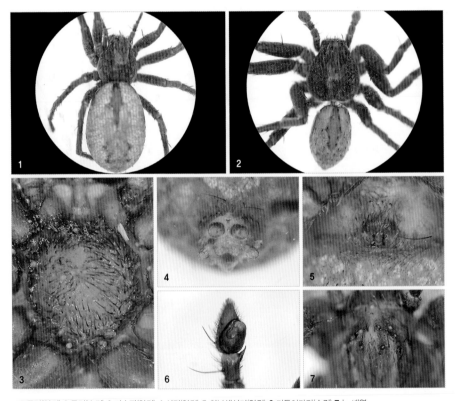

1 등면(암컷) **2** 등면(수컷) **3** 가슴판(암컷) **4** 실젖(암컷) **5** 외부생식기(암컷) **6** 더듬이다리(수컷) **7** 눈 배열

한국창게거미

Thanatus coreanus Paik, 1979

● *Thanatus coreanus* Paik, 1979: p. 118; Namkung, 2003: p. 515.

몸길이 암컷 7~8㎜, 수컷 5~6㎜
서식지 들판, 풀숲, 산
국내 분포 경기, 강원, 충북, 전남, 경남, 제주
국외 분포 중국, 러시아

주요 형질 등갑은 적갈색이며 가운데 부분이 밝다. 머리쪽에 세로무늬 2~3개와 가슴홈에 삼각형 검은색 무늬가 있고, 머리 앞쪽과 눈 부위에 센털이 여러 개 있다. 다리는 적갈색이며 넓적다리마디 무릎마디, 종아리마디 윗면에 검은 줄무늬가 2개 있다. 배는 달걀 모양이고 윗면은 황갈색 바탕에 가운데 부분 앞쪽에 긴 마름모꼴 무늬가 있으며, 뒷부분 가장자리 쪽에 지그재그 모양 검은 줄무늬가 1쌍 있다.
행동 습성 배회성이다.

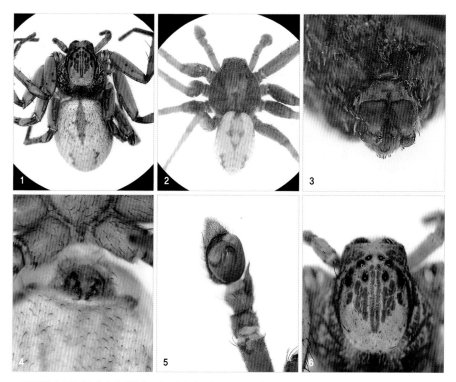

1 등면(암컷) **2** 등면(수컷) **3** 실젖(암컷) **4** 외부생식기(암컷) **5** 더듬이다리(수컷) **6** 눈 배열

넉점가재거미

Tibellus tenellus (L. Koch, 1876)

- *Thanatus tenellus* L. Koch, 1876: p. 849.
- *Tibellus tenellus* Kim and Jung, 2001: p. 209; Namkung, 2003: p. 518.

몸길이 암컷 8~10㎜, 수컷 6~8㎜
서식지 들판, 풀숲, 산
국내 분포 경기, 강원, 전남, 경남, 경북
국외 분포 중국, 러시아, 오스트리아

주요 형질 등갑은 황갈색이며 가운데 부분에 길쭉한 세로 줄무늬와 갈색 가장자리 무늬가 있다. 다리는 길쭉하고 황갈색 바탕에 작은 갈색 반점이 흩어져 있으며, 발바닥마디와 발끝마디에 털다발이 있다. 배는 긴 원통형이며 한가운데에 갈색 줄무늬가 길게 뻗었고, 그 양쪽 옆면에 검은 줄무늬가 2쌍 있다.

행동 습성 산과 들의 풀밭, 나무, 풀숲 사이를 돌아다니며, 풀 위에 멈춰 있을 때는 다리를 앞뒤로 2개씩 모아서 뻗는다. 풀이나 나무의 잎 위에 알을 낳고 어미가 보호한다.

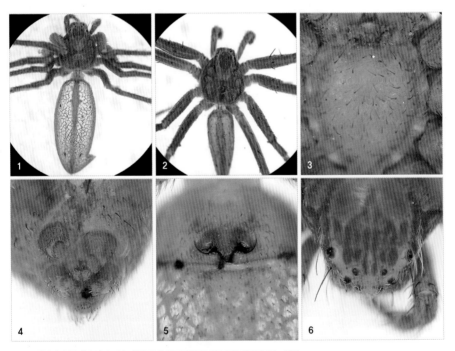

1 등면(암컷) **2** 등면(수컷) **3** 가슴판(암컷) **4** 실젖(암컷) **5** 외부생식기(암컷) **6** 눈 배열

두점가재거미

Tibellus oblongus (Walckenaer, 1802)

- *Aranea oblonga* Walckenaer, 1802: p. 228.
- *Tibellus oblongus* Kim and Jung, 2001: p. 208; Namkung, 2003: p. 519.

몸길이 암컷 10~12㎜, 수컷 8~9㎜
서식지 길가, 풀숲, 산림
국내 분포 경기, 충남, 충북, 경북
국외 분포 전북구

주요 형질 등갑은 황갈색이며 가운데에 굵직한 갈색 세로무늬가 뻗었고 양 옆면에 가느다란 옆줄무늬가 1쌍 있다. 다리는 황색이며 갈색 반점이 흩어져 있고, 가시털이 많다. 발바닥마디와 발끝마디에 털다발이 발달했다. 배는 긴 원통형이며 황갈색 바탕에 갈색 세로무늬가 윗면 가운데로 길게 뻗었으며, 뒤쪽 옆면에 검은 점무늬가 1쌍 있다.
행동 습성 풀잎 위에서 다리를 쭉 뻗고 멈춰 있다가 곤충을 잡아먹는다.

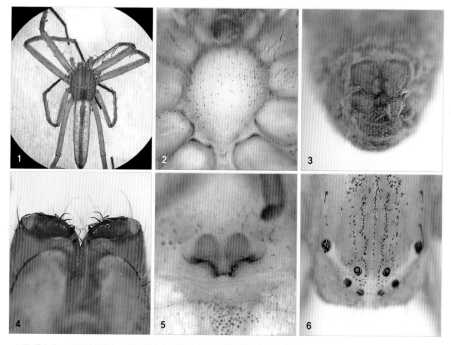

1 등면(암컷) **2** 가슴판(암컷) **3** 실젖(암컷) **4** 위턱(암컷) **5** 외부생식기(암컷) **6** 눈 배열

게거미과
Thomisidae

나무껍질게거미

Bassaniana decorata (Karsch, 1879)

- *Oxyptila decorata* Karsch, 1879: p. 76; Paik, 1974: p. 120.
- *Bassaniana decorata* Kim and Gwon, 2001: p. 20.

몸길이 암컷 6~7㎜, 수컷 5~6㎜
서식지 논밭, 산
국내 분포 경기, 충북, 전북
국외 분포 일본, 중국, 러시아

주요 형질 배갑은 넓적하며 곤봉처럼 생긴 센털이 머리 앞쪽으로 뻗어 있다. 가슴판은 하트 모양이며 암갈색 바탕에 황백색 반점이 흩어져 있다. 배는 뒤쪽이 넓은 오각형으로 뒷부분에 작은 곤봉처럼 생긴 털이 가로로 줄지어 있다.
행동 습성 나무껍질 속에 집을 만들며 7월경에 알을 낳는다.

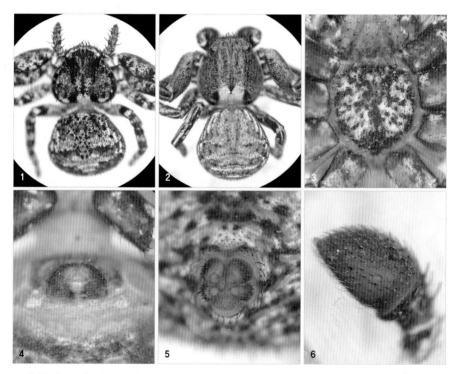

1 등면(암컷) **2** 등면(수컷) **3** 가슴판(암컷) **4** 외부생식기(암컷) **5** 실젖(암컷) **6** 더듬이다리(수컷, 미성숙 개체)

꼬마게거미

Coriarachne fulvipes (Karsch, 1879)

- *Oxyptila fulvipes* Karsch, 1879: p. 77.
- *Coriarachne fulvipes* Kim and Gwon, 2001: p. 22; Namkung, 2001: p. 535.

몸길이 암컷 4~5mm, 수컷 3~4mm
서식지 풀밭, 산
국내 분포 충북
국외 분포 일본

주요 형질 배갑은 암갈색으로 편평하며 목홈이 길고 뚜렷하다. 가운데눈이 옆눈보다 크고 두 옆눈은 서로 떨어져 있는 눈두덩이 위에 있다. 다리는 밤색이며 앞다리 종아리마디 아랫면에 가시털이 3~4쌍 있다. 배는 원반 모양으로 편평하며 황갈색이나 암갈색이고, 윗면 한가운데에 원처럼 생긴 무늬가 1쌍 있으며 가장자리 쪽에 주름무늬가 있다.
행동 습성 나무껍질이나 가지 위를 돌아다니며 나무껍질 속에서 겨울을 난다.

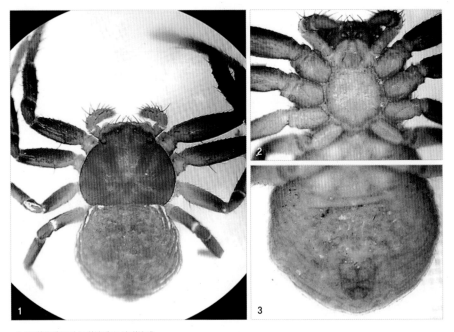

1 등면(암컷) **2** 가슴판(암컷) **3** 실젖(암컷)

각시꽃게거미

Diaea subdola O. P.-Cambridge, 1885

- *Diaea subdola* O. P.-Cambridge, 1885: p. 62; Kim and Kwon, 2001: p. 23; Namkung 2001: p. 52.
- *Misumenops japonicus* Paik and Namkung, 1979: p. 71.

몸길이 암컷 4~6mm, 수컷 3~4mm
서식지 논밭, 풀밭
국내 분포 경기, 강원, 충남, 충북,
경남, 경북, 제주
국외 분포 일본, 러시아, 인도,
파키스탄

주요 형질 배갑은 황록색 또는 초록색이며 가슴홈은 없으나 목홈은 있다. 다리는 배갑과 색이 같으며, 앞다리가 뒷다리보다 훨씬 길다. 배는 둥그스름한 원반 모양으로 담녹색 바탕에 갈색 반점 2~3쌍이 늘어선다. 수컷은 색깔이 붉은 편이며 광택이 나지 않는다.
행동 습성 풀잎과 꽃잎 등에 숨어 곤충이 가까이 오기를 기다려 잡아먹는다.

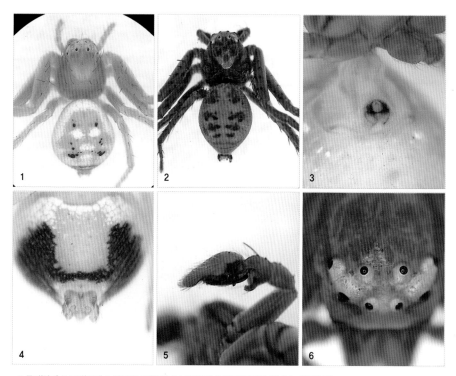

1 등면(암컷) **2** 등면(수컷) **3** 외부생식기(암컷) **4** 실젖(암컷) **5** 더듬이다리(수컷) **6** 눈 배열(수컷)

곰보꽃게거미

Ebelingia kumadai (Ono, 1985)

- *Misumenops kumadai* Ono, 1985: p. 15; Namkung et al., 1988: p. 27.
- *Mecaphesa kumadai* Namkung, 2001: p. 519.

몸길이 암컷 3.5~4.5㎜
　　　　수컷 2.5~3.5㎜
서식지 풀밭, 산
국내 분포 경기, 강원, 경남, 경북
국외 분포 일본, 중국, 러시아

주요 형질 배갑은 넓고 황갈색 바탕에 양 옆면을 지나가는 짙은 갈색 줄무늬가 있다. 다리는 밝은 등황색으로 갈색 고리무늬가 있으며 뒷다리가 짧고 색이 연하다. 배는 뒤쪽이 없는 전반형으로 황백색 바탕에 흰 반점이 흩어져 있고, 뒷부분에는 복잡한 흑갈색 무늬가 있다. 수컷은 암갈색 무늬가 발달하고, 배는 방패 모양으로 길쭉한 편이다.
행동 습성 배회성이다.

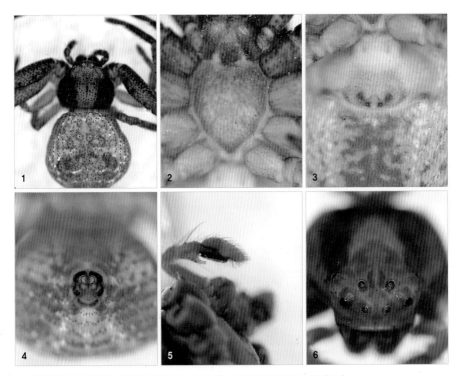

1 등면(암컷) **2** 가슴판(암컷) **3** 외부생식기(암컷) **4** 실젖(암컷) **5** 더듬이다리(수컷) **6** 눈 배열(수컷)

꽃게거미

Ebrechtella tricuspidatus (Fabricius, 1775)

- *Aranea tricuspidata* Fabricius, 1775: p. 433.
- *Misumenops tricuspidatus* Paik and Namkung, 1979: p. 72; Namkung 2001: p. 518.

몸길이 6~8mm, 수컷 3~4mm
서식지 도시, 논밭, 들판, 냇가,
사구, 동굴, 산
국내 분포 경기, 강원, 충남, 충북,
전남, 전북, 경남, 경북, 제주
국외 분포 일본, 중국, 몽고,
러시아, 대만, 유럽

주요 형질 배갑은 너비가 넓은 황록색 반원 모양이며 별다른 무늬가 없다. 다리는 황록색으로 앞다리가 길고 크며 가시털이 많다. 배는 뒤쪽이 넓은 오각형으로 황록색 또는 황백색이며 복잡한 갈색 무늬가 있다. 다리는 녹갈색 바탕에 흑갈색 줄무늬가 있으며, 배 윗면에도 짙은 녹색에 암갈색 테두리가 있다.
행동 습성 나뭇잎, 풀잎, 꽃잎 위에 숨어 있다가 가까이 오는 곤충류를 잡아먹는다.

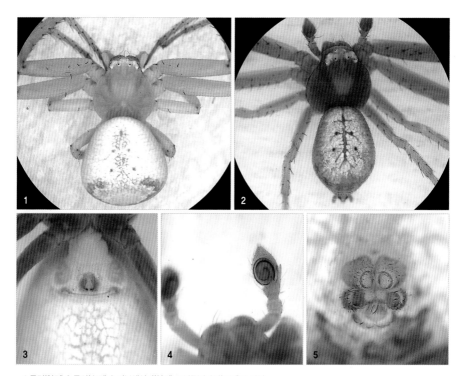

1 등면(암컷) 2 등면(수컷) 3 외부생식기(암컷) 4 더듬이다리(수컷) 5 실젖

털게거미

Heriaeus melloteei Simon, 1886

- *Heriaeus mellottei* Simon, 1886: p. 177.
- *Heriaeus melloteei* Kim and Gwon, 2001: p. 25, Namkung, 2001: p. 522.

몸길이 암컷 6~8㎜, 수컷 5~6㎜
서식지 논밭, 풀밭, 산
국내 분포 경기, 강원, 충북, 경북
국외 분포 구북구

주요 형질 배갑은 세로로 길고 앞쪽이 좁다. 황록색 바탕에 길고 흰 털이 몸 전체를 덮고 있으며 첫째다리가 유난히 길다. 배는 달걀 모양인데 뒤쪽이 넓고, 누런빛 도는 녹색 바탕에 희미한 흰색 무늬가 있다.
행동 습성 풀잎이나 꽃잎 위에 숨어서 먹이를 잡아먹는다.

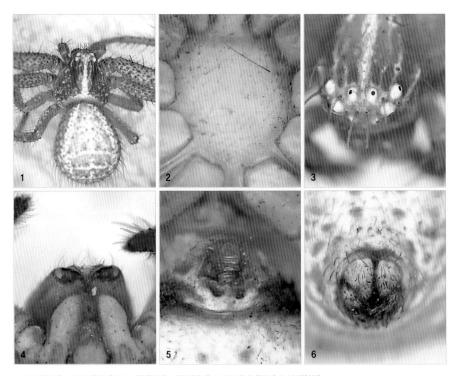

1 등면(암컷) **2** 가슴판(암컷) **3** 눈 배열(암컷) **4** 위턱(암컷) **5** 외부생식기(암컷) **6** 실젖(암컷)

황갈풀게거미

Lysiteles coronatus (Grube, 1861)

- *Thomisus coronatus* Grube, 1861: p. 173.
- *Diaea takashimai* Namkung, 1964: p. 42.
- *Lysiteles coronatus* Kim and Gwon, 2001: p. 26; Namkung 2001: p. 525.

몸길이 암컷 3.5~4.5㎜
　　　　　수컷 3~3.5㎜
서식지 산
국내 분포 경기, 강원, 충북, 경남,
경북
국외 분포 일본, 중국, 러시아

주요 형질 배갑은 담갈색이며 양 옆면에 세로로 흑갈색 줄
무늬가 있다. 다리는 가늘고 연한 황갈색이나 발바닥마디,
발끝마디는 약간 짙다. 배는 원반 모양으로 윗면 양 옆에 나
뭇잎처럼 생긴 갈색 무늬가 3~4쌍 늘어선다.
행동 습성 야산에서 고산 지대까지의 키 작은 나무, 풀숲 위
를 돌아다니며 곤충을 잡아먹는다.

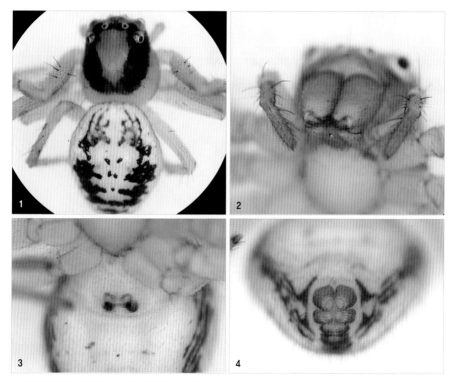

1 등면(암컷) **2** 위턱(암컷) **3** 외부생식기(암컷) **4** 실젖(암컷)

줄연두게거미
Oxytate striatipes L. Koch, 1878

- *Oxytate striatipes* L. Koch, 1878: p. 764; Paik, 1985: p. 30; Namkung, 2001: p. 523.
- *Oxyptila striatipes* Kim and Gwon, 2001: p. 33 (♀♂ lapsus).

몸길이 암컷 10~13mm, 수컷 8~10mm
서식지 논밭, 풀밭, 산
국내 분포 경기, 강원, 충남, 충북, 전남, 전북, 경남, 경북
국외 분포 일본, 중국, 러시아, 대만

주요 형질 배갑은 담녹색이며 머리쪽이 좁고 볼록한 달걀 모양이다. 배도 담녹색이며 길쭉하고 성숙하면 갈색을 띤다. 수컷은 성숙하면 머리와 앞다리 넓적다리마디가 적갈색을 띠며 배도 갈색이 짙어진다.
행동 습성 산이나 들판의 키 작은 나무, 수풀 등에서 흔히 발견된다.

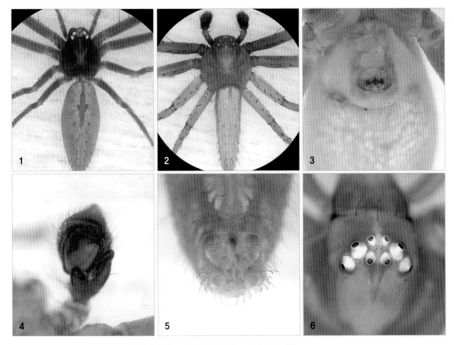

1 등면(암컷) **2** 등면(수컷) **3** 외부생식기(암컷) **4** 더듬이다리(수컷) **5** 실젖 **6** 눈 배열

중국연두게거미
Oxytate parallela (Simon, 1880)

- *Dieta parallela* Simon, 1880: p. 108.
- *Oxyptila parallela* Kim and Gwon, 2001: p. 32 (lapsus).
- *Oxytate parallela* Paik, 1985: p. 35; Namkung, 2001: p. 524.

몸길이 암컷 8~11㎜, 수컷 7.5~8㎜
서식지 논밭, 풀밭, 산
국내 분포 충북, 경북
국외 분포 중국

주요 형질 배갑은 밝은 녹색이며 넓적한 원형이나 머리쪽이 좁고, 가슴홈은 없으나 목홈은 뚜렷하다. 다리는 녹색으로 별다른 무늬가 없으나 회색 또는 갈색 긴 가시털이 있고, 발 끝마디 털다발은 검은색이다. 배는 긴 달걀 모양이며 윗면은 녹색 바탕에 담색 하트무늬가 희미하게 보이고, 뒤쪽으로 가시털 7~8개가 가로로 있으며, 양 옆면에는 은백색 비늘무늬가 있다. 수컷은 배가 좁고 길며, 뒤쪽에 갈색 띠무늬가 4개 있고, 다리 무릎마디 이하의 일부가 붉은색을 띤다.
행동 습성 나뭇잎이나 풀잎 위에서 흔히 관찰되며, 흰색 타원형 알주머니를 어미가 보호하고 있다.

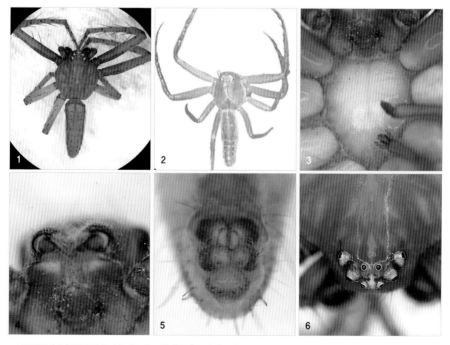

1 등면(수컷) **2** 등면(암컷) **3** 가슴판(수컷) **4** 위턱(수컷) **5** 실젖(수컷) **6** 눈 배열

논개곤봉게거미
Ozyptila nongae Paik, 1974

● *Ozyptila nongae* Paik, 1974: p. 123; Namkung, 2001: p. 531.

몸길이 암컷 3.5~4.5㎜
　　　 수컷 3~3.5㎜
서식지 논밭, 풀밭, 산
국내 분포 경기, 강원, 경북
국외 분포 일본, 중국, 러시아

주요 형질 배갑은 암갈색이며 황갈색 정중무늬가 있다. 배 윗면은 흐린 황갈색 바탕에 검은 띠무늬가 4~5개 있고 곤봉 털이 드문드문 나 있다.
행동 습성 지표면이나 낙엽층, 풀 밑 등에서 생활한다.

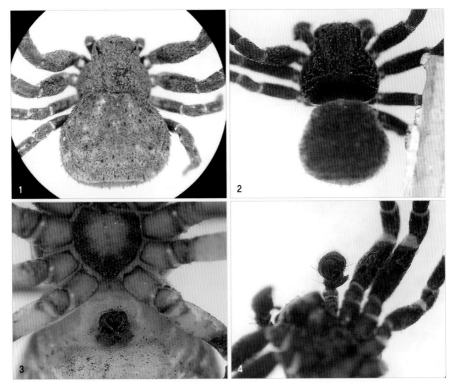

1 등면(암컷) **2** 등면(수컷) **3** 배면(암컷) **4** 더듬이다리(수컷)

사마귀게거미

Phrynarachne katoi Chikuni, 1955

- *Phrynarachne katoi* Chikuni, 1955: p. 35; Namkung, 2001: p. 536.

몸길이 암컷 8~12mm
서식지 논밭, 풀밭, 산
국내 분포 충남, 충북
국외 분포 일본, 중국

주요 형질 배갑은 회백색이며 흑갈색 얼룩무늬가 있고, 끝에 작은 가시털이 돋은 과립 돌기가 전체에 흩어져 있다. 앞다리는 길고 크며, 뒷다리 발바닥마디와 발끝마디는 흑갈색이다. 배는 다갈색 또는 흑갈색이며 꼭짓점에 가시가 돋은 크고 작은 사마귀 돌기가 전체에 흩어져 있다.
행동 습성 넓은 잎 위에 가만히 있으면 마치 새똥처럼 관찰된다.

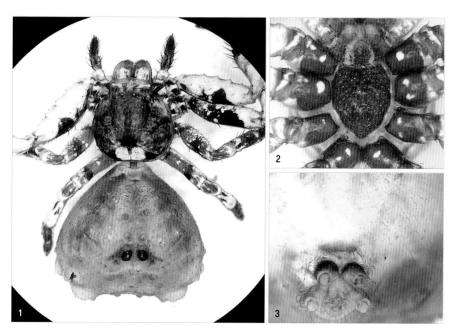

1 등면(암컷) **2** 가슴판(암컷) **3** 실젖(암컷)

오각게거미

Pistius undulatus Karsch, 1879

● *Pistius undulatus* Karsch, 1879: p. 77; Kim and Gwon, 2001: p. 39; Namkung, 2001: p. 537.

몸길이 암컷 8~11㎜, 수컷 5~6㎜
서식지 산
국내 분포 경기, 강원, 충남, 충북,
경북, 제주
국외 분포 일본, 중국, 러시아,
카자흐스탄

주요 형질 배갑은 짙은 갈색이며 황갈색 줄무늬가 뻗었다. 앞다리는 갈색으로 크고 길며, 뒷다리는 작고 짧다. 배는 뒤쪽이 넓고 위에서 보면 뒤끝이 삼각형처럼 각이 있어 전체적으로 오각형을 이룬다. 황갈색에서 흑갈색까지 색깔 변이가 있다. 수컷은 작고 홍갈색이며 앞다리가 매우 길다.
행동 습성 산의 키 작은 나무나 풀잎 위에서 긴 다리를 펴고 먹이가 가까이 오기를 기다린다.

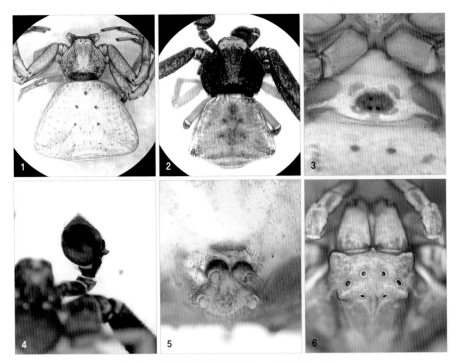

1 등면(암컷) **2** 등면(수컷) **3** 외부생식기(암컷) **4** 더듬이다리(수컷) **5** 실젖(암컷) **6** 눈 배열(암컷)

흰줄게거미

Runcinia affinis Simon, 1897

- *Runcinia affinis* Simon, 1897: p. 292.
- *Runcinia albostriata* Kim and Gwon, 2001: p. 41, Namkung, 2001: p. 540.

몸길이 암컷 5~8㎜, 수컷 3~4㎜
서식지 논밭, 풀밭
국내 분포 전남, 제주
국외 분포 일본, 필리핀, 자바,
방글라데시, 아프리카

주요 형질 배갑은 앞끝이 잘린 듯한 모양이고 이마 위쪽에 가로로 흰색 부분이 솟아 있다. 황갈색 바탕에 양 옆으로 갈색 세로무늬가 뻗쳐 있으며, 한가운데 가느다란 흰색 줄무늬가 있어 눈 부위를 가로로 뻗은 흰색 무늬와 더불어 'T' 자 모양을 이룬다. 배는 긴 타원형이며 뒤끝이 둥글고 윗면은 황백색 바탕에 양 옆면에 갈색 줄무늬가 뻗쳐 있으며, 아랫면은 밝은 황갈색이다.
행동 습성 배회성이다.

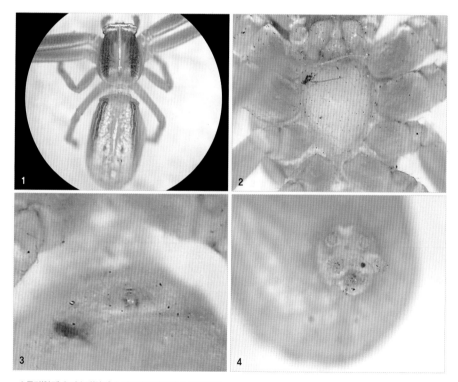

1 등면(암컷) **2** 가슴판(암컷) **3** 외부생식기(암컷) **4** 실젖(암컷)

불짜게거미

Synema globosum Fabricius, 1775

- *Aranea globosa* Fabricius, 1775: p. 432.
- *Synema globosum* Kim and Gwon, 2001: p. 42; Namkung, 2001: p. 527.
- *Synema globosum japonicum* Paik and Namkung, 1979: p. 74.

몸길이 암컷 5~8mm, 수컷 4~5mm
서식지 논밭, 풀밭
국내 분포 경기, 강원, 충남, 충북, 전북, 경북
국외 분포 구북구

주요 형질 배갑은 볼록한 원반 모양이며 어두운 적갈색이나 눈 부분이 밝다. 가슴판은 하트 모양으로 검은색이며 길이가 약간 길다. 배는 넓적한 달걀 모양으로 털이 별로 없고 흑갈색으로 굵게 '不' 자처럼 생긴 무늬가 있다. 수컷은 배 윗면에 노란색 가로띠무늬가 있다.
행동 습성 잎이나 꽃 위에 숨어서 먹이를 노린다. 잎을 몇 번 접어 방을 만들고 알을 낳아 보호한다.

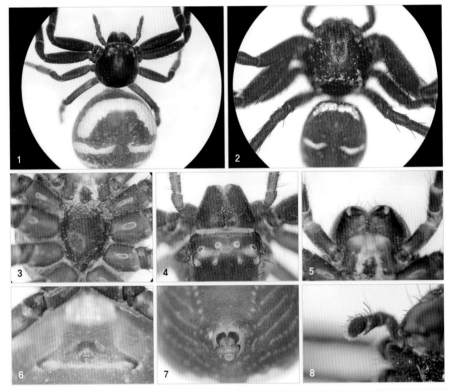

1 등면(암컷) **2** 등면(수컷) **3** 가슴판(암컷) **4** 눈 배열(암컷) **5** 위턱(암컷) **6** 외부생식기(암컷) **7** 실젖(암컷) **8** 더듬이다리(수컷)

살받이게거미

Thomisus labefactus Karsch, 1881

● *Thomisus labefactus* Karsch, 1881: p. 38, Namkung, 1964: p. 43, 2001: p. 538.

몸길이 암컷 6~8mm, 수컷 2~3mm
서식지 풀밭, 산
국내 분포 강원, 충남, 전남, 경남, 제주
국외 분포 일본, 중국, 대만

주요 형질 배갑은 황갈색이며 이마는 적갈색을 띤다. 머리 앞쪽이 잘라낸 듯한 모양으로 곧고 양 끝이 뾰족해 앞쪽에서 보면 삼각형으로 보인다. 다리는 황색이며 암갈색 점무늬와 고리무늬가 있고, 앞다리 종아리마디와 발바닥마디에 가시털이 있다. 배는 뒤쪽의 너비가 넓고 둥그스름하며 노란색이고, 옆면에 갈색 무늬가 보이나 흰색인 것, 황색인 것, 무늬가 있는 것과 없는 것 등 개체마다 차이가 많다.
행동 습성 암컷이 성숙할 때까지 수컷이 암컷 등 위에 업혀 다니는 습성이 있다.

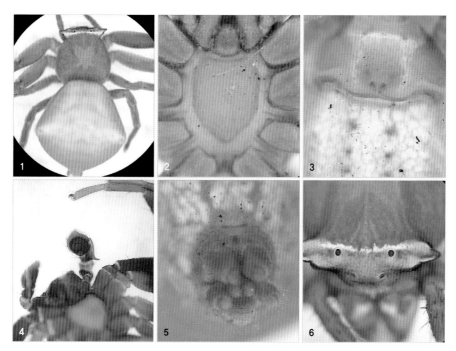

1 등면(암컷) **2** 가슴판(암컷) **3** 외부생식기(암컷) **4** 더듬이다리(수컷) **5** 실젖(암컷) **6** 눈 배열(암컷)

동방범게거미

Tmarus orientalis Schenkel, 1963

● *Tmarus orientalis* Schenkel, 1963: p. 183, Namkung, 2001: p. 545, 2003: p. 548.

몸길이 수컷 4~5㎜
서식지 논밭, 풀밭, 산
국내 분포 경기, 충남
국외 분포 중국

주요 형질 배갑은 황갈색이며 가운데 부분이 밝고 양 옆면은 암갈색이다. 가슴홈 앞쪽에 'M' 자 모양 갈색 무늬가 있고, 뒤쪽에도 '山' 자 모양 검은 무늬가 있다. 다리는 황갈색이며 작은 갈색 반점이 흩어져 있으며, 가시털이 첫째다리의 넓적다리마디 아랫면에 3쌍, 발바닥마디 아랫면 양쪽에 4개, 뒤쪽에 3개 있다. 배는 길쭉하며 양 옆면이 거의 평행하고, 뒤끝 쪽이 뾰족하나 위로 튀어나오지는 않는다. 배 윗면은 회백색 바탕에 갈색 반점이 흩어져 있고 가로무늬 3쌍이 대칭을 이룬다. 배 아랫면은 황백색이며 가운데에 회갈색 줄무늬가 뻗었다.
행동 습성 풀숲과 나뭇가지 사이에 큰 깔때기 모양 그물을 친다.

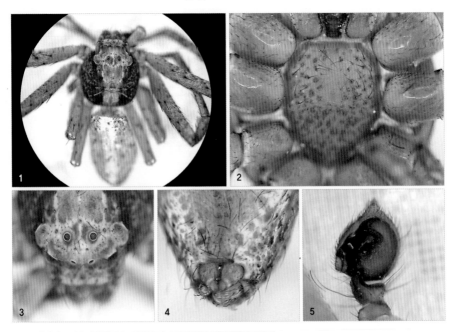

1 등면(암컷) **2** 가슴판(암컷) **3** 눈 배열(수컷) **4** 실젖(암컷) **5** 더듬이다리(수컷)

언청이범게거미

Tmarus rimosus Paik, 1973

- *Tmarus rimosus* Paik, 1973: p. 83; Kim and Gwon, 2001: p. 50; Namkung, 2001: p. 544.

몸길이 암컷 5.5~7㎜
　　　　수컷 3.5~5㎜
서식지 논밭, 풀밭, 산
국내 분포 경기, 강원, 충남, 충북,
경북, 제주
국외 분포 일본, 중국, 러시아

주요 형질 배갑은 가운데 부분이 밝은 회황색이고 양 옆면은 암갈색으로 얼룩져 있으며 가슴홈 앞쪽에 'M' 자처럼 생긴 회색 무늬가 있다. 다리는 황갈색이며 검고 작은 반점이 흩어져 있다. 배 뒤쪽이 둥그스름하고 윗면 가운데 부분은 밝은 회갈색이며, 갈색 '八' 자 무늬가 3~5쌍 있다. 배 아랫면은 황갈색 바탕에 암갈색 줄무늬가 실젖까지 뻗어 있다.
행동 습성 풀잎을 말아 알을 낳는다.

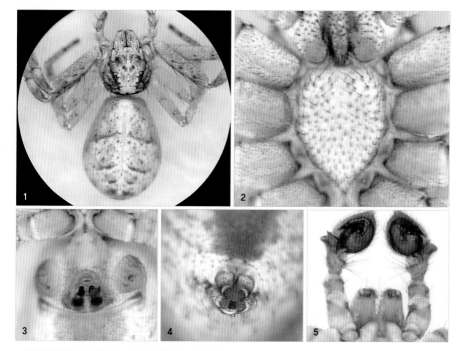

1 등면(암컷) **2** 가슴판(암컷) **3** 외부생식기(암컷) **4** 실젖(암컷) **5** 더듬이다리(수컷)

참범게거미
Tmarus piger (Walckenaer, 1802)

- *Aranea pigra* Walckenaer, 1802: p. 86.
- *Tmarus piger* Paik, 1973: p. 79; Namkung, 2001: p. 541.

몸길이 암컷 5~8mm, 수컷 4~6mm
서식지 논밭, 풀밭, 산
국내 분포 경기, 강원, 충남, 충북, 제주
국외 분포 구북구

주요 형질 배갑은 암갈색 바탕에 얼룩 반점이 흩어져 있다. 한가운데에 있는 밝은 가슴홈 앞쪽에 'M' 자 모양 회갈색 무늬가 있으며 눈구역 앞쪽에 센털이 여러 개 있다. 다리는 황갈색이며 넓적다리마디에 검고 작은 반점이 흩어져 있다. 배는 뒤끝이 뾰족하게 튀어나왔으며 윗면은 어두운 회갈색 바탕에 가운데 밝은 줄무늬가 뻗었고, 그 양 옆으로 흰색 가로무늬가 3쌍 있다.

행동 습성 풀숲 사이를 돌아다니며 먹이를 찾거나 풀잎 위에서 다리를 벌리고 있다가 개미 따위가 지나가면 잡아먹는다. 풀잎을 말아 그 속에 알을 낳는다.

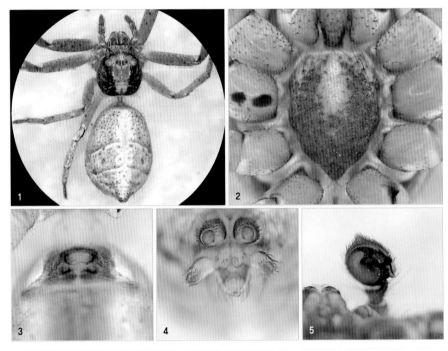

1 등면(암컷) **2** 가슴판(암컷) **3** 외부생식기(암컷) **4** 실젖(암컷) **5** 더듬이다리(수컷)

한국범게거미

Tmarus koreanus Paik, 1973

- *Tmarus koreanus* Paik, 1973: p. 80; Namkung, 2001: p. 542.

몸길이 암컷 6~7㎜, 수컷 5㎜ 내외
서식지 논밭, 풀밭, 산
국내 분포 경기, 충남, 충북, 경남,
경북
국외 분포 중국

주요 형질 배갑은 암갈색이며 얼룩 반점이 흩어져 있고, 가슴홈 앞쪽으로 'M' 자 모양 회갈색 무늬가 있으며, 눈구역 앞쪽에 센털이 여러 개 있다. 다리는 황갈색이며 넓적다리마디에 검고 작은 반점이 흩어져 있다. 배는 뒤끝이 뾰족하게 튀어나왔으며, 윗면은 어두운 회갈색이고 가운데에 밝은 줄무늬가 뻗었다. 양 옆으로는 흰색 가로무늬가 3쌍 있다.
행동 습성 산과 들의 풀밭에 흔하며 풀잎을 말아 알을 낳는다.

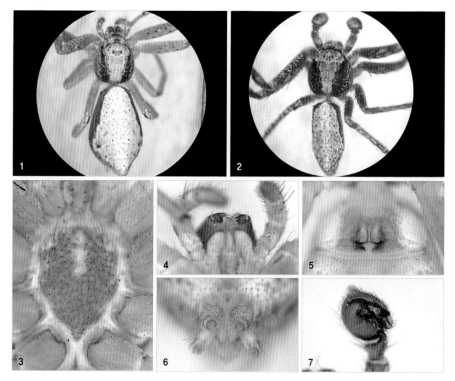

1 등면(암컷) **2** 등면(수컷) **3** 가슴판(암컷) **4** 위턱(암컷) **5** 외부생식기(암컷) **6** 실젖(암컷) **7** 더듬이다리(수컷)

한라범게거미

Tmarus horvathi Kulczynski, 1895

- *Tmarus horvathi* Kulczyn'ski, 1895: p. 25; Namkung, 2003: p. 546.
- *Tmarus hanrasanensis* Paik, 1973: p. 82; Namkung, 2001: p. 543.

몸길이 암컷 6~7㎜, 수컷 4~5㎜
서식지 산
국내 분포 강원, 경북
국외 분포 구북구

주요 형질 배갑은 적갈색이며 가운데 부분의 색깔이 짙다. 이마가 수직으로 경사지고 긴 센털이 7개 있다. 가슴판은 암갈색이며 가운데에 황백색 줄무늬가 있다. 다리는 황갈색이며 끝쪽으로 갈수록 색이 짙어진다. 배는 긴 타원형이며 뒤끝이 위로 약간 튀어나왔다. 배 윗면은 회갈색이며 가운데에 회백색 줄무늬가 있고 양 옆으로 흰색 '八'자 무늬가 3쌍 있다. 배 아랫면 가운데에 암회색 좁은 줄무늬가 있다.
행동 습성 풀과 나무의 잎 위를 돌아다닌다.

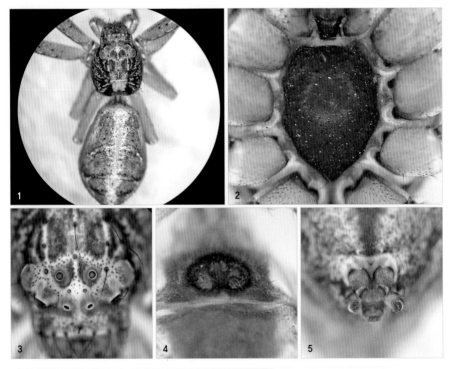

1 등면(암컷) **2** 가슴판(암컷) **3** 눈 배열(암컷) **4** 외부생식기(암컷) **5** 실젖(암컷)

대륙게거미

Xysticus ephippiatus Simon, 1880

● *Xysticus ephippiatus* Simon, 1880: p. 107; Namkung et al., 1972: p. 94; Namkung, 2001: p. 546.

몸길이 암컷 6~12㎜, 수컷 5~7㎜
서식지 풀밭, 산
국내 분포 경기, 강원, 충남, 충북, 전남, 전북, 경남, 경북, 제주
국외 분포 일본, 중국, 몽고, 러시아, 중앙아시아

주요 형질 배갑은 암갈색이며 양 옆으로 암갈색 굵은 줄무늬가 있고 한가운데에 적갈색 줄무늬가 1쌍 있다. 다리는 황갈색이며 앞다리가 길고 뒷다리는 짧다. 다리에 암갈색 줄무늬가 있으며 아랫면에 가시털이 많다. 배는 뒤쪽이 넓고 둥그스름한 오각형으로 불규칙한 갈색 나뭇잎무늬가 있고 뒷부분에 흰색 띠무늬가 3~4개 있다. 수컷은 검은색이 짙고 몸이 작으며 다리가 길다.
행동 습성 넓은 잎이나 나무 위에 숨어서 먹이를 기다린다.

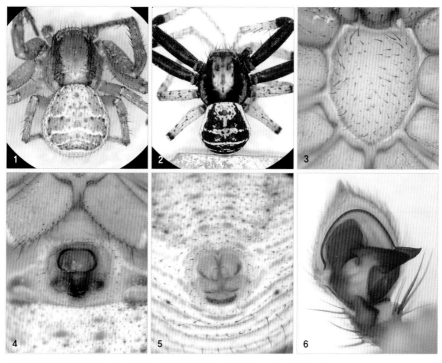

1 등면(암컷) **2** 등면(수컷) **3** 가슴판(암컷) **4** 외부생식기(암컷) **5** 실젖(암컷) **6** 더듬이다리(수컷)

멍게거미

Xysticus saganus Bösenberg and Strand, 1906

- *Xysticus saganus* Bösenberg and Strand, 1906: p. 97; Paik, 1975: p. 181; Namkung, 2001: p. 549.

몸길이 암컷 8~10㎜, 수컷 5~6㎜
서식지 풀밭, 산
국내 분포 경기, 강원, 충남, 충북,
전남, 전북, 경북, 제주
국외 분포 일본, 중국, 러시아

주요 형질 배갑은 흐린 황갈색이며 뒤 옆눈에서 옆면을 가로지르는 암갈색 세로 줄무늬가 있고, 뒤 가운데눈에서 가슴홈에 걸친 희미한 'V' 자 무늬가 있다. 다리는 배갑과 색이 같으며 가시털에 암갈색 점무늬가 여러 개 있다. 배는 오각형으로 베이지색이며 뒷부분에 황백색 가로무늬가 2~3개 있다. 배 아랫면은 밝은 갈색이며 뚜렷한 갈색 점무늬가 2줄로 늘어선다.
행동 습성 풀잎 뒤에 숨어 있다가 먹이가 다가오면 잡는다.

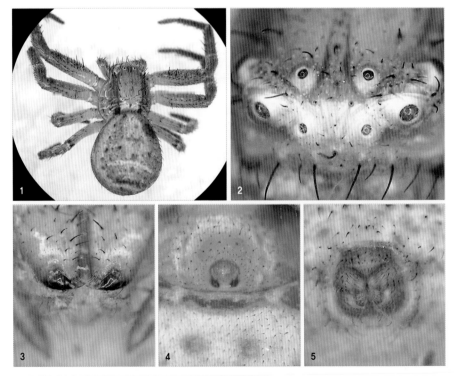

1 등면(암컷) 2 눈 배열(암컷) 3 위턱(암컷) 4 외부생식기(암컷) 5 실젖(암컷)

북방게거미

Xysticus kurilensis Strand, 1907

● *Xysticus kurilensis* Strand, 1907: p. 209, Namkung, 2001: p. 550, 2003: p. 553.

몸길이 암컷 6~9㎜, 수컷 4.5~6㎜
서식지 풀밭, 산
국내 분포 경기, 강원, 경북, 제주
국외 분포 일본, 중국, 러시아

주요 형질 배갑은 황갈색 혹은 갈색이며 가운데 부분이 밝고 옆면은 암갈색이며 뒤쪽에 검은 반점이 1쌍 있다. 배는 암갈색이며 흐릿한 나뭇잎무늬가 있다. 배 아랫면은 황갈색이며 갈색 점무늬가 줄지어 있다.
행동 습성 배회성이다.

1 등면(수컷) 2 더듬이다리(수컷)

쌍지게거미

Xysticus concretus Utochkin, 1968

- *Xysticus concretus* Utochkin, 1968: p. 30; Namkung, 2001: p. 551.
- *Xysticus dichotomus* Paik, 1973: p. 111.

몸길이 수컷 5.5~7㎜
서식지 풀밭, 산
국내 분포 경기, 강원, 충남, 충북,
경북, 제주
국외 분포 일본, 중국, 러시아

주요 형질 배갑은 적갈색이며 가운데 부분 'V' 자 모양 흰색 무늬가 특징이다. 황백색 가두리 무늬도 1쌍 있다. 다리는 얼룩진 갈색이며 끝쪽의 색이 옅고 짧은 가시털이 있다. 배는 뒤쪽이 넓은 오각형으로 밝은 갈색 바탕에 암갈색, 흰색 무늬가 얼룩져 있으며, 아랫면은 밝은 갈색 바탕에 둥근 점무늬가 4쌍 있다.
행동 습성 배회성이다.

1 등면(수컷) 2 더듬이다리(수컷)

쌍창게거미

Xysticus hedini Schenkel, 1936

● *Xysticus hedini* Schenkel, 1936: p. 273; Namkung, 2001: p. 552.
● *Xysticus bifidus* Paik, 1973: p. 109.

몸길이 암컷 6~9㎜, 수컷 3~4.5㎜
서식지 풀밭, 산
국내 분포 경기, 강원, 경북, 제주
국외 분포 일본, 중국, 몽고, 러시아

주요 형질 배갑 가운데 부분이 담갈색이고 그 양 옆은 암갈색을 띠며 뒤쪽에 비교적 큰 검은 무늬가 1쌍 있다. 다리에는 갈색 얼룩이 흩어져 있고 넓적 마디, 종아리마디 끝과 넷째다리 무릎마디는 암갈색이다. 배는 회백색이며 암갈색 불규칙한 무늬가 있고 갈색 센털이 많으며 개체에 따라 색깔 차이가 크다. 점게거미와 비슷해 생식기 구조로 구분한다.
행동 습성 배회성이다.

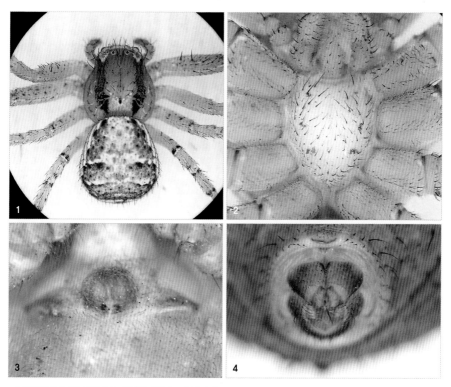

1 등면(암컷) **2** 가슴판(암컷) **3** 외부생식기(암컷) **4** 실젖(암컷)

점계거미
Xysticus atrimaculatus Bösenberg and Strand, 1906

- *Xysticus lateralis atrimaculatus* Bösenberg and Strand 1906: p. 264; Namkung, 1964: p. 44.
- *Xysticus atrimaculatus* Paik, 1975: p. 174.

몸길이 암컷 7.6~9.3㎜
서식지 풀밭, 산
국내 분포 경기, 강원, 충북, 전남,
경남, 경북, 제주
국외 분포 일본, 중국

주요 형질 배갑 운데가 담갈색이고 양 옆은 암갈색이며 뒤쪽 끝에 검은 무늬 1쌍이 뚜렷하다. 작은턱, 아랫입술, 가슴판은 황갈색이다. 다리는 황갈색이며 넓적다리와 무릎마디에 검은 얼룩무늬가 발달했다. 배는 황갈색이며 갈색 얼룩무늬가 있고 양 옆은 밝은 테두리가 둘러져 있다.
행동 습성 배회성이다.

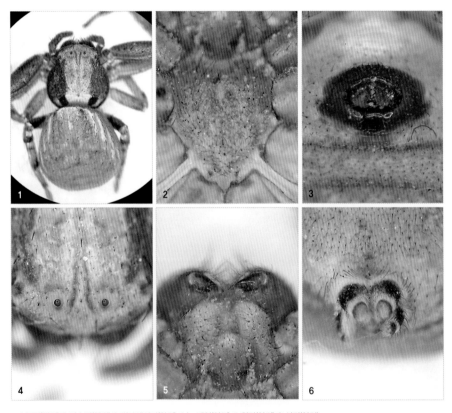

1 등면(암컷) **2** 가슴판(암컷) **3** 외부생식기(암컷) **4** 눈 배열(암컷) **5** 위턱(암컷) **6** 실젖(암컷)

콩팥게거미

Xysticus insulicola Bösenberg and Strand, 1906

- *Xysticus insulicola* Bösenberg and Strand, 1906: p. 260; Namkung 2001: p. 548.
- *Xysticus bifurcus* Paik, 1973: p. 105 (♀ = Xysticus concretus).

몸길이 암컷 5.5~10.5㎜
　　　　수컷 4~5.5㎜
서식지 논밭, 풀밭
국내 분포 경기, 강원, 충남, 충북,
전남, 경북, 제주
국외 분포 일본, 중국

주요 형질 배갑은 밝은 황갈색이며 밝은 가운데 부분에 가는 줄무늬 2개가 뻗었고 뒤쪽 끝은 경사지고 색이 엷다. 가슴홈은 갈색이며 목홈, 방사홈은 뚜렷하지 않다. 다리는 황갈색이고 암갈색 점무늬가 있으며 가시털이 많다. 배는 황갈색이며 나뭇잎 모양 갈색 무늬가 있고 뒤쪽에 흰색 가로무늬가 2~3개 있다. 암컷의 생식기는 가로 세로 크기가 같은 하트 모양이다.

행동 습성 풀잎과 나뭇잎에서 먹이를 잡는다.

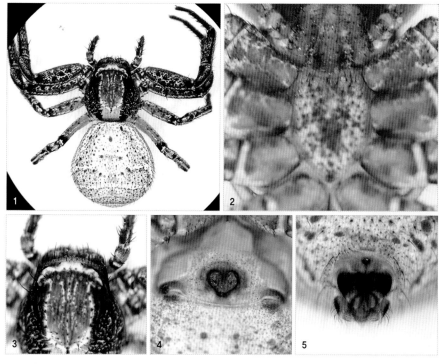

1 등면(암컷) **2** 가슴판(암컷) **3** 눈 배열(암컷) **4** 외부생식기(암컷) **5** 실젖(암컷)

풀게거미

Xysticus croceus Fox, 1937

● *Xysticus croceus* Fox, 1937: p. 19; Paik, 1975: p. 4; Namkung, 2001: p. 547.

몸길이 암컷 6~10㎜, 수컷 5~6㎜
서식지 논밭, 풀밭, 산
국내 분포 경기, 강원, 충남, 충북,
전남, 전북, 경북, 제주
국외 분포 일본, 중국, 대만,
인도, 네팔, 부탄

주요 형질 배갑은 황갈색이며 양 옆면에 거무스름한 줄무늬가 있고 가운데에 적갈색 무늬가 2가닥 뻗어 있다. 황갈색 앞다리와 넓적다리마디에 적갈색 얼룩무늬가 있고, 종아리와 발바닥 아랫면에 가시털이 많다. 배 옆면의 무늬는 넓은 오각형이며, 뒷부분에 황백색 띠무늬가 2~3가닥 있다. 암컷의 생식기 개구부는 옆으로 크게 벌어진 하트 모양이다.
행동 습성 풀잎 위에 숨어 있다가 개미 같은 작은 곤충을 잡아먹는다. 5~6월에 알을 낳고 낙엽층이나 풀밭에서 겨울을 난다.

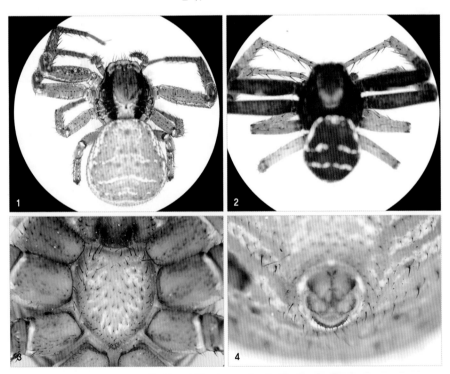

1 등면(암컷) **2** 등면(수컷) **3** 가슴판(암컷) **4** 실젖(암컷)

등신게거미

Xysticus pseudobliteus (Simon, 1880)

- *Oxyptila pseudoblitea* Simon, 1880: p. 109.
- *Ozyptila coreana* Paik, 1974: p. 121.
- *Xysticus pseudobliteus* Kim and Gwon, 2001: p. 57.

몸길이 암컷 6.5~10.5㎜
　　　　수컷 5~6㎜
서식지 인가
국내 분포 경기, 충북, 전북, 경북,
제주
국외 분포 중국, 몽고, 러시아,
카자흐스탄

주요 형질 배갑은 담갈색이며 가운데가 밝은 적갈색을 띠고 흐릿한 암갈색 줄무늬가 3개 있다. 가슴판은 황갈색이며 갈색 무늬가 얼룩져 있다. 배는 뒤쪽이 넓은 오각형으로 밝은 갈색 바탕에 암갈색 얼룩무늬가 있고 가로띠무늬가 4~5개 있으며 옆면에 불규칙한 줄무늬가 둘려 있다.
행동 습성 집 안의 창고나 헛간 등 구석진 곳에 깔때기 모양 그물을 친다.

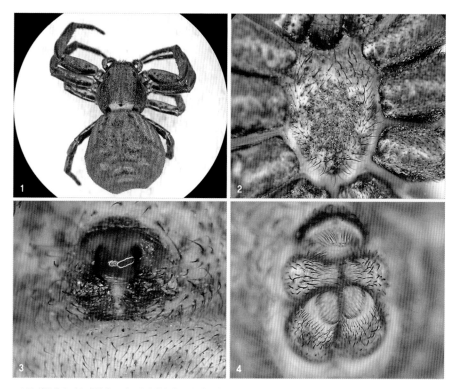

1 등면(암컷) 2 가슴판(암컷) 3 외부생식기(암컷) 4 실젖(암컷)

깡충거미과
Salticidae

산길깡충거미
Asianellus festivus (C. L. Koch, 1834)

- *Euophrys festiva* C. L. Koch, 1834: p. 123.
- *Asianellus festivus* Namkung, 2001: p. 557.
- *Phlegra festiva* Paik, 1985: p. 47.

몸길이 암컷 7~9㎜, 수컷 6~7㎜
서식지 산, 길가, 풀밭
국내 분포 경기, 강원, 충남, 충북,
전북, 경남, 경북, 제주
국외 분포 일본, 중국, 몽고,
러시아, 유럽(구북구)

주요 형질 배갑은 갈색이며 검은 털이 듬성듬성 난다. 눈 부위 뒤쪽으로 뻗은 정중선 옆면에 암갈색 세로무늬가 2쌍 있다. 다리는 황갈색 바탕에 검은색 무늬가 흩어져 있으며, 앞다리가 굵다. 더듬이다리는 회황색이다. 배는 달걀 모양 이며 회갈색 바탕에 검은 털이 듬성듬성 나고, 한가운데에 노란색 점무늬가 2줄로 늘어서며, 복잡한 얼룩무늬와 살깃 무늬가 있는 등 개체마다 차이가 있다. 수컷은 대체로 검은 색이며 더듬이다리에 흰 털이 덮여 있다.
행동 습성 배회성이다.

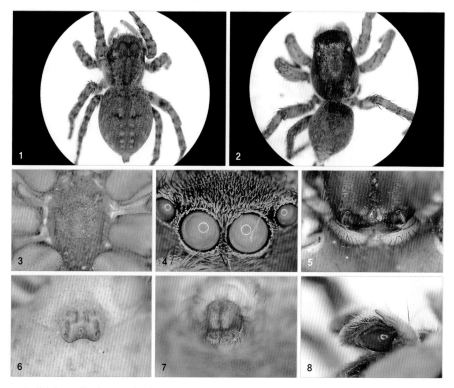

1 등면(암컷) **2** 등면(수컷) **3** 가슴판(암컷) **4** 눈 배열(암컷) **5** 위턱(암컷) **6** 외부생식기(암컷) **7** 실젖(암컷) **8** 더듬이다리(수컷)

꼬마금오깡충거미

Bristowia heterospinosa Reimoser, 1934

● *Bristowia heterospinosa* Reimoser, 1934: p. 17; Seo, 1986: p. 24; Lee et al., 2004: p. 99.

몸길이 암컷 3.5~4㎜
　　　수컷 3~3.5㎜
서식지 들판, 산
국내 분포 전남
국외 분포 일본, 중국, 베트남,
인도네시아

주요 형질 배갑은 황갈색이며 달걀 모양이고 양 옆눈에서 뒤쪽까지 암갈색 물결무늬가 나타난다. 다리는 황갈색이며 앞다리 발바닥마디 아랫면에 가시털이 2쌍 있다. 배는 달걀 모양이며 윗면은 황갈색이고 가운데와 옆면으로 암갈색 줄무늬가 있다.
행동 습성 풀숲, 나뭇잎 위 등에서 생활하며 잎을 접어 주머니 모양 알주머니를 만든다.

1 등면(수컷) **2** 더듬이다리(수컷) **3** 배면(수컷)

털보깡충거미

Carrhotus xanthogramma (Latreille, 1819)

● *Salticus xanthogramma* Latreille, 1819: p. 247.
● *Carrhotus xanthogramma* Namkung, 2001: p. 558; Kim and Cho 2002: p. 94.

몸길이 암컷 7~9㎜, 수컷 5~7㎜
서식지 들판, 풀밭, 산
국내 분포 경기, 강원, 충남, 충북, 전남, 경북, 제주
국외 분포 일본, 중국, 러시아(구북구)

주요 형질 배갑은 사각형이고 머리는 검은이다. 가슴은 갈색이며 노란색 또는 갈색 긴 털이 빽빽하다. 머리 뒤쪽에 황백색 털로 된 'U' 자 모양 무늬가 있다. 가슴판은 볼록한 타원형으로 흑갈색 바탕에 길고 흰 털이 있다. 다리는 적갈색이며 흑갈색 고리무늬가 있고, 긴 털이 빽빽하다. 배 윗면에 노란색이나 갈색 털이 빽빽해 등황색으로 보인다. 개체마다 색깔 차이가 크다. 수컷은 배갑이 검고, 배 윗면에 노란색이나 갈색 털이 빽빽하며 가운데의 검은색 무늬가 뚜렷하다.

행동 습성 5~11월에 나뭇잎을 모아 자리를 만들고 알을 낳아 보호한다. 나무껍질 속이나 마른 잎 속에 주머니 모양 집을 만들고 겨울을 난다.

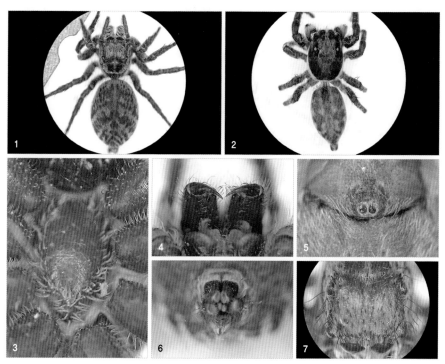

1 등면(암컷) 2 등면(수컷) 3 가슴판(암컷) 4 위턱(암컷) 5 외부생식기(암컷) 6 실젖(암컷) 7 눈 배열(수컷)

검정이마번개깡충거미

Euophrys kataokai Ikeda, 1996

- *Euophrys kataokai* Ikeda, 1996: p. 33; Namkung, 2003: p. 591.
- *Euophrys frontalis* Kim et al., 2003: p. 91.

몸길이 암컷 3~4mm, 수컷 2.5~3.5mm
서식지 산
국내 분포 경기, 강원, 충남, 충북,
경북, 제주
국외 분포 일본, 러시아

주요 형질 배갑은 암갈색이며 머리쪽이 검고 눈 부위에 흰색, 검은색 털이 있다. 다리는 황갈색이며 고리무늬가 없다. 수컷의 첫째다리 종아리마디와 발바닥마디가 검으며, 종아리마디 아랫면에 긴 주홍색 비늘털다발이 발달했고, 종아리마디 윗면과 발바닥마디 아랫면, 등면에는 검은색 비늘털다발이 있다. 배는 암갈색이고 윗면 가운데 부분에 희미한 갈색 '八' 자 무늬가 늘어서며, 양 옆쪽을 향해 검은 빗살무늬가 복잡하게 얽혀 있다.

행동 습성 산의 풀밭에서 잎 위나 낙엽 더미, 돌 위 등을 돌아다니며 먹이를 사냥한다.

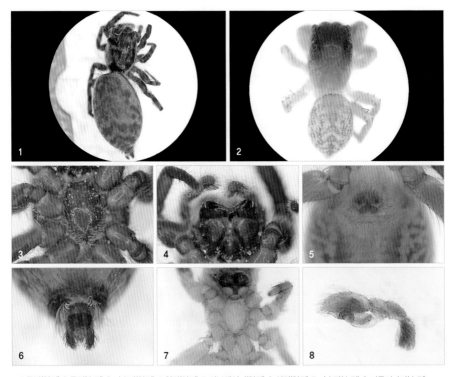

1 등면(암컷) **2** 등면(수컷) **3** 가슴판(암컷) **4** 위턱(암컷) **5** 외부생식기(암컷) **6** 실젖(암컷) **7** 가슴판(수컷) **8** 더듬이다리(수컷)

줄흰눈썹깡충거미

Evarcha fasciata Seo, 1992

● *Evarcha fasciata* Seo, 1992: p. 160; Kim and Cho, 2002: p. 96.

몸길이 암컷 6~8㎜, 수컷 5~7㎜
서식지 논밭, 강가, 냇가
국내 분포 경기, 강원, 충남, 충북,
경북, 제주
국외 분포 일본, 중국

주요 형질 배갑은 가운데홈 부근이 적갈색이고 나머지는 암갈색이며, 뒤 옆눈 부근에 흰 털이 약간 있다. 가슴판은 암갈색 바탕에 흰색, 검은색 털이 있다. 다리는 적갈색 또는 암갈색으로 검은 고리무늬와 굵은 가시털이 많다. 배는 달걀 모양이며 흑갈색 바탕에 흰색, 노란색 긴 털이 많고, 한가운데 황갈색 가는 줄무늬가 뻗었다. 후반부에는 희미한 갈색 살깃무늬가 4줄 있으며, 끝쪽에 크고 긴 검은 무늬가 한 쌍 있다. 수컷 더듬이다리 끝마디의 배엽 윗면에 흑갈색 긴 털이 많다.
행동 습성 햇볕이 잘 드는 풀밭, 키가 작은 나무의 잎 위를 돌아다닌다.

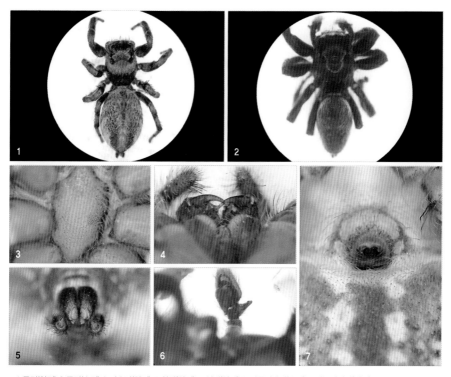

1 등면(암컷) 2 등면(수컷) 3 가슴판(암컷) 4 위턱(암컷) 5 실젖(암컷) 6 더듬이다리(수컷) 7 외부생식기(암컷)

한국흰눈썹깡충거미

Evarcha coreana Seo, 1988

● *Evarcha coreana* Seo, 1988b: p. 91; Cho and Kim, 2002: p. 95.

몸길이 수컷 5~6㎜
서식지 논밭, 들판, 강가, 냇가, 산
국내 분포 경기, 충남, 충북, 전남,
경남, 경북, 제주
국외 분포 중국

주요 형질 배갑은 암갈색이며 가슴홈 부근은 회갈색이다. 눈
부위는 적갈색이며 양 옆에서 뒤쪽으로 흰 털로 된 반달 모양
띠무늬가 뚜렷하다. 가슴판은 중앙이 갈색이며 가장자리가
검고 흰 털이 많다. 다리는 갈색이며 검은 고리무늬가 있고,
흰색, 갈색 등의 긴 털이 많다. 발바닥마디와 발끝마디는 색이
밝다. 배는 달걀 모양이며 어두운 회갈색 바탕에 노란색, 검은
색 털이 얼룩무늬를 이루고, 뒤쪽으로 노란색 빗금무늬가 4줄
보인다.
행동 습성 들판, 풀밭, 산에서 풀이나 키 작은 나무의 잎 위를
돌아다닌다.

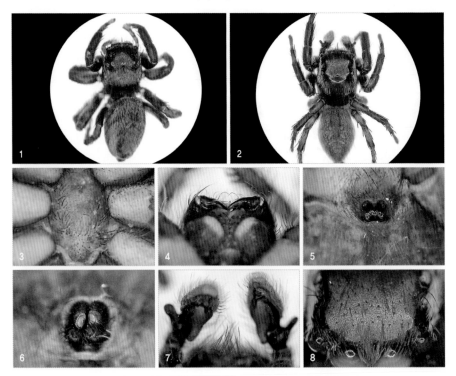

1 등면(암컷) **2** 등면(수컷) **3** 가슴판(암컷) **4** 위턱(암컷) **5** 외부생식기(암컷) **6** 실젖(암컷) **7** 더듬이다리(수컷) **8** 눈 배열(수컷)

흰눈썹깡충거미
Evarcha albaria (L. Koch, 1878)

- *Hasarius albarius* L. Koch, 1878: p. 780.
- *Evarcha albaria* Paik and Namkung, 1979: p. 79; Lee et al. 2004: p. 99.

몸길이 암컷 7~8㎜, 수컷 5~6㎜
서식지 인가 주변, 담벼락, 들판, 풀밭, 산
국내 분포 경기, 강원, 충남, 충북, 전남, 전북, 경북, 제주
국외 분포 일본, 중국, 몽고, 러시아

주요 형질 배갑의 앞부분은 검고 목홈 부분에 뚜렷한 'U' 자 모양 담갈색 목도리무늬가 있으며, 그 뒤쪽은 암갈색을 띤다. 다리는 황갈색이며 흑갈색 고리무늬와 긴 가시털이 있다. 배는 황갈색이며 암회색 가는 줄무늬가 있다. 뒤쪽에 가로무늬가 4~5개 있고 뒤끝 쪽에 검은 반점이 1쌍 있다. 수컷의 배갑은 반짝이는 흑갈색이며, 머리 앞쪽에 눈썹 모양 흰색 가로무늬가 있고, 더듬이다리 끝마디가 흰색이다.

행동 습성 12월에 풀잎을 말아 자리를 만들고 알을 낳는다.

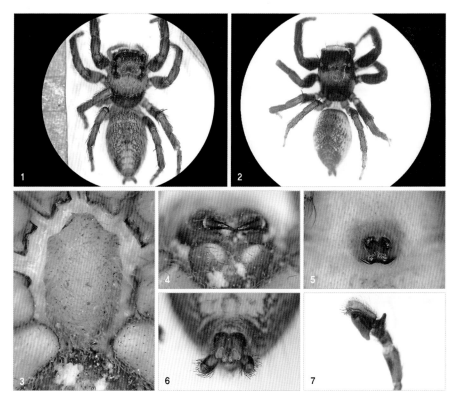

1 등면(암컷) **2** 등면(수컷) **3** 가슴판(암컷) **4** 위턱(암컷) **5** 외부생식기(암컷) **6** 실젖(암컷) **7** 더듬이다리(수컷)

흰뺨깡충거미

Evarcha proszynskii Marusik and Logunov, 1998

● *Evarcha proszynskii* Marusik and Logunov, 1998: p. 101; Namkung, 2001: p. 562.

몸길이 암컷 7~8mm, 수컷 5~6mm
서식지 바닷가
국내 분포 경기, 강원, 충남, 충북,
전남, 전북, 경남, 경북, 제주
국외 분포 일본, 중국, 러시아,
유럽, 캐나다. 미국(전북구)

주요 형질 배갑은 머리쪽이 빛나는 흑갈색이며, 흰 털로 된
'U'자 모양 무늬가 있다. 가슴은 암갈색이며 뒤쪽이 더 검다.
다리는 어두운 황갈색이며 첫째다리가 다른 것보다 검고 검은
색 가시털이 많다. 배는 달걀 모양이며 어두운 적갈색이고 검
은색, 흰색 털이 덮인다. 양 옆면 가장자리에 흰 털이 둘러 있
고 희미한 살깃무늬가 몇 쌍 있다. 수컷 배갑 양 옆면에 뚜렷
한 흰색 무늬가 있고, 배 윗면의 흰색 가장자리 무늬도 뚜렷하
며, 뒤끝 쪽에 흰 반점이 1쌍 있다.
행동 습성 나무 위나 풀잎 위 등을 돌아다니며 5~8월에 관
찰된다.

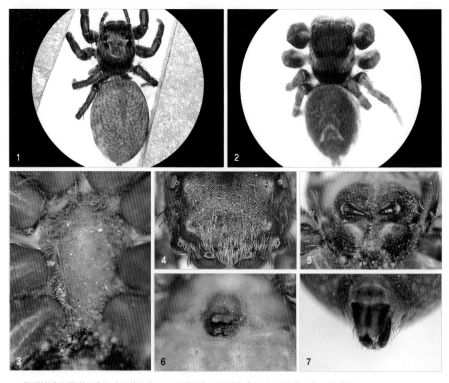

1 등면(암컷) **2** 등면(수컷) **3** 가슴판(암컷) **4** 눈 배열(암컷) **5** 위턱(암컷) **6** 외부생식기(암컷) **7** 실젖(암컷)

해안깡충거미

Hakka himeshimensis (Dönitz and Strand, 1906)

- *Menemerus himeshimensis* Dönitz and Strand, 1906: p. 395.
- *Pseudicius himeshimensis* Namkung, 2001: p. 597.

몸길이 암컷 8~10mm, 수컷 7~8mm
서식지 논밭, 강가, 냇가, 동굴, 산
국내 분포 경기, 강원, 경북
국외 분포 일본, 중국

주요 형질 배갑은 암갈색으로 눈구역이 검고 가슴 부분에 흰 털이 있다. 가슴판은 검은색이며 앞끝이 곧고 너비가 매우 좁다. 배는 달걀 모양이며 검은 바탕에 흰색, 갈색 털이 나고 복잡한 회백색 띠무늬가 있다. 수컷은 첫째다리가 매우 길고 배 양 옆면에 흰색 테두리가 있다.

행동 습성 행동이 재빠르다. 바위틈에 반타원형으로 방을 만들고 알을 낳아 보호한다.

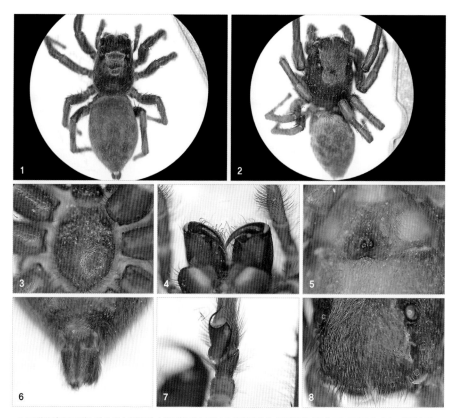

1 등면(암컷) 2 등면(수컷) 3 가슴판(암컷) 4 위턱(암컷) 5 외부생식기(암컷) 6 실젖(암컷) 7 더듬이다리(수컷) 8 눈 배열(수컷)

우수리햇님깡충거미

Heliophanus ussuricus Kulczyn'ski, 1895

● *Heliophanus ussuricus* Kulczyn'ski 1895b: p. 51; Kim and Cho, 2002: p. 106.

몸길이 암컷 3.5~4.5㎜
　　　　수컷 2.5~3.5㎜
서식지 들판, 풀밭, 산
국내 분포 경기, 강원, 충남, 경북
국외 분포 일본, 중국, 몽고, 러시아

주요 형질 배갑은 편평하며 머리는 흑갈색이다. 가슴은 적갈색이며 흰색, 검은색 털이 많고 가장자리는 검다. 다리는 황갈색이며 흑갈색 고리무늬가 있고, 가는 털이 빽빽하다. 가시털이 앞다리 종아리마디 아랫면에 3~4쌍, 발바닥마디 아랫면에 2쌍 있다. 배는 편평한 타원형으로 흑갈색 바탕에 흰색, 검은색 털로 덮이고, 중앙 앞부분에 달걀 모양 흰 무늬가 3쌍, 그 뒤쪽에는 '八' 자 모양 무늬가 4~5개 있다.
행동 습성 나뭇잎이나 풀잎 위를 돌아다닌다.

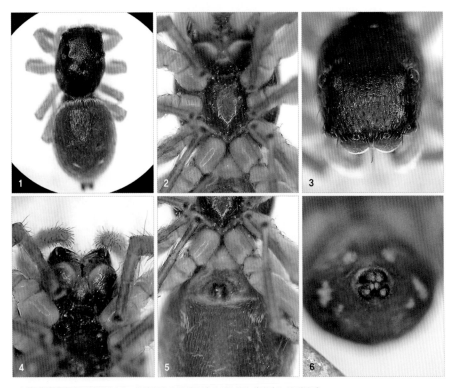

1 등면(암컷) **2** 가슴판(암컷) **3** 눈 배열(암컷) **4** 위턱(암컷) **5** 외부생식기(암컷) **6** 실젖(암컷)

줄무늬햇님깡충거미

Heliophanus lineiventris Simon, 1868

● *Heliophanus lineiventris* Simon, 1868: p. 688; Namkung, 2003: p. 599.

몸길이 암컷 5.5~7㎜, 수컷 4.5~6㎜
서식지 냇가, 산
국내 분포 강원
국외 분포 중국, 몽고, 러시아, 유럽
(구북구)

주요 형질 배갑은 자줏빛을 띤 흑갈색이며 눈 부위가 검고 전체에 비늘털이 있다. 다리는 황갈색이나 넓적다리마디와 무릎마디 윗면이 약간 검고, 가시털이 종아리마디 아랫면에 2~3쌍, 발바닥마디 아랫면에 2쌍 있다. 배는 달걀 모양이며, 검은색 바탕에 앞끝과 양 옆면 앞부분에 걸쳐 가느다란 흰색 테두리가 있고, 뒤끝에도 선명한 황백색 무늬가 1쌍 있다. 개체에 따라 배 윗면 가운데부터 항문 앞까지 흰색 줄무늬 1쌍이 뻗기도 한다.
행동 습성 돌무더기 사이를 돌아다니며, 주머니 모양 집을 만들어 그 속에서 허물을 벗고 알을 낳는다.

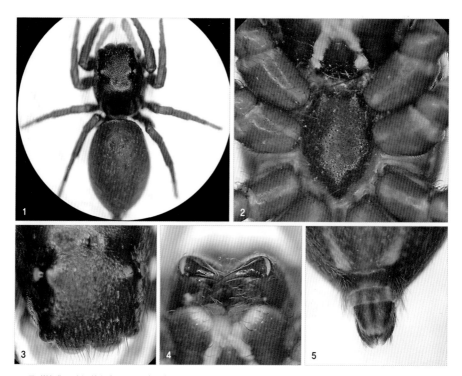

1 등면(암컷) **2** 가슴판(암컷) **3** 눈 배열(암컷) **4** 위턱(암컷) **5** 실젖(암컷)

사층깡충거미

Marpissa pulla (Karsch, 1879)

- *Marptusa pulla* Karsch, 1879: p. 87.
- *Marpissa pulla* Namkung, 2001: p. 571.
- *Menemerus pullus* Namkung, 1964: p. 44.

몸길이 암컷 6~7㎜, 수컷 5~6㎜
서식지 논밭, 강가, 냇가, 산
국내 분포 경기, 충남, 충북, 전남
국외 분포 일본, 중국, 러시아, 대만

주요 형질 배갑은 흑갈색이며 흰 털이 흩어져 있고 머리 뒤쪽에 'U' 자 모양 엷은 무늬가 있다. 배갑 전반이 편평하나 뒤쪽은 경사가 급하다. 다리는 넓적다리마디가 검고 나머지는 황갈색 바탕에 암갈색 고리무늬가 있으며, 가시털이 첫째다리 종아리마디 아랫면에 4쌍, 둘째다리 종아리마디 아랫면에 3쌍 있다. 배는 긴 타원형이며 윗면은 암갈색이고 앞쪽 둘레에 흰 털로 된 테두리가 있다. 가운데 부분에는 주황색 가로무늬 4개가 뚜렷한 층을 이룬다. 수컷은 머리 앞쪽의 주황색 가로띠와 가슴 옆면의 흰색 무늬 1쌍이 선명하다.

행동 습성 풀잎을 접어 주머니 모양 집을 만든다.

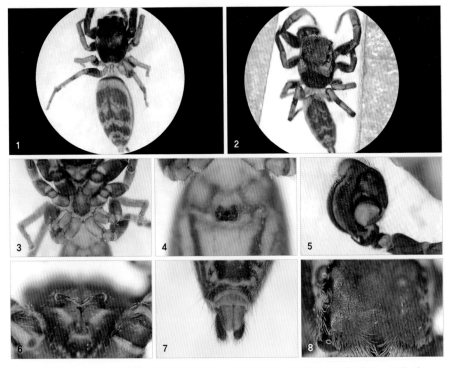

1 등면(암컷) **2** 등면(수컷) **3** 배면(암컷) **4** 외부생식기(암컷) **5** 더듬이다리(수컷) **6** 위턱(수컷) **7** 실젖(수컷) **8** 눈 배열(수컷)

왕깡충거미

Marpissa milleri (Peckham and Peckham, 1894)

- *Marptusa millerii* Peckham and Peckham 1894: p. 91; Namkung, 2001: p. 570
- *Marspissa koreanica* Schenkel, 1963: p. 420.

몸길이 암컷 10~12㎜, 수컷 8~10㎜
서식지 논밭, 풀밭
국내 분포 경기, 충북, 전남, 경남, 경북, 제주
국외 분포 일본, 중국, 러시아

주요 형질 배갑은 편평하며 머리는 흑갈색이다. 가슴은 적갈색이며 흰색, 검은색 털이 많고 가장자리가 검다. 다리는 황갈색이며 흑갈색 고리무늬가 있고 가는 털이 빽빽하다. 가시털이 앞다리 종아리마디 아랫면에 3~4쌍, 발바닥마디 아랫면에 2쌍 있다. 배는 편평한 타원형이며 흑갈색 바탕에 흰색, 검은색 털이 덮이고, 가운데 앞부분에 달걀 모양 흰색 무늬가 3쌍, 그 뒤쪽에는 '八' 자 모양 무늬가 4~5개 늘어선다.
행동 습성 겨울에는 나무껍질 속에 주머니 모양 집을 만들고 지낸다.

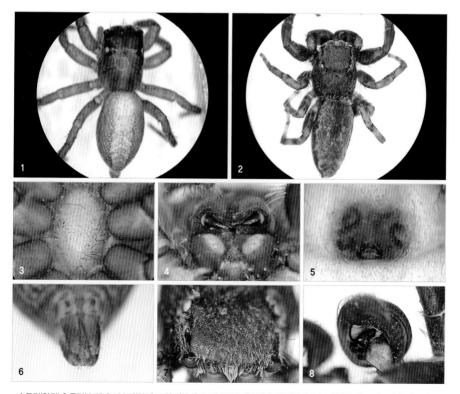

1 등면(암컷) 2 등면(수컷) 3 가슴판(암컷) 4 위턱(암컷) 5 외부생식기(암컷) 6 실젖(암컷) 7 눈 배열(수컷) 8 더듬이다리(수컷)

살깃깡충거미

Mendoza elongata (Karsch, 1879)

- *Icius elongatus* Karsch, 1879: p. 83.
- *Mendoza elongata* Namkung, 2001: p. 106.

몸길이 암컷 8~11㎜, 수컷 6~9㎜
서식지 풀밭
국내 분포 경기, 강원, 충남, 충북,
전북, 경남, 경북, 제주
국외 분포 일본, 중국, 러시아, 대만

주요 형질 배갑은 달걀 모양으로 흑갈색이며 전체에 흰 털이
빽빽하다. 가슴판은 좁아 너비가 길이의 1/2이며 갈색 바탕에
흰 털이 있다. 다리는 황갈색이며 첫째다리가 튼튼하고 크며
무릎마디 아래는 거무스름하고 전체에 흰 털이 많다. 둘째다
리 아래는 대체로 노란색이고 끝 부분이 검은 편이다. 배는 긴
원통형으로 한가운데 부분은 흰색이고 그 양 옆은 암갈색이며
옆면은 회백색이다. 수컷은 색채나 무늬가 암컷과 많이 다르
며 대체로 검은색이 짙고 눈 부위 뒤쪽과 가슴 양 옆쪽에 별처
럼 생긴 흰색 무늬가 있다. 배 윗면에도 흰색 살깃무늬 4쌍이
뚜렷하다.
행동 습성 벼과식물의 잎 위를 돌아다닌다.

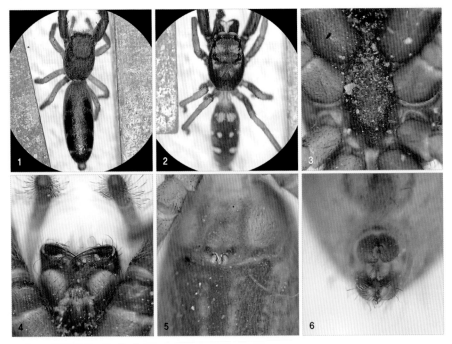

1 등면(암컷) **2** 등면(수컷) **3** 가슴판(암컷) **4** 위턱(암컷) **5** 외부생식기(암컷) **6** 실젖(암컷)

어리수검은깡충거미

Mendoza pulchra (Prószyn'ski, 1981)

- *Marpissa pulchra* Prószyn'ski in Wesolowska, 1981a: p. 66.
- *Mendoza pulchra* Namkung, 2001: p. 574.

몸길이 암컷 9~11㎜, 수컷 7~9㎜
서식지 풀밭
국내 분포 경기, 강원, 충남, 충북,
전북, 경남, 경북, 제주
국외 분포 일본, 중국, 몽고, 러시아

주요 형질 배갑은 암갈색이며 전체에 흰 털이 흩어져 있고, 눈 부위가 검으며 앞쪽 옆에 긴 갈색 털다발이 있다. 첫째다리는 암갈색이고 나머지는 담황색이며 모든 다리에 가는 털이 많다. 배는 긴 타원형이고 윗면은 암갈색으로 가운데에 흰색 무늬, 양 옆에 암갈색 줄무늬가 있으나 그 뒷부분은 끊어졌다 이어지길 반복한다. 옆면은 노란색이고 아랫면에 암갈색 줄무늬가 3가닥 있다. 수컷 배갑에 흰색 점무늬가 3쌍 있고, 배 윗면은 반짝이는 암갈색으로 앞쪽에 뚜렷한 흰색 무늬가 1쌍 있으며 그 뒤쪽으로 '八' 자 모양 흰색 무늬가 3쌍 있다.
행동 습성 벼과식물의 잎 위를 돌아다닌다.

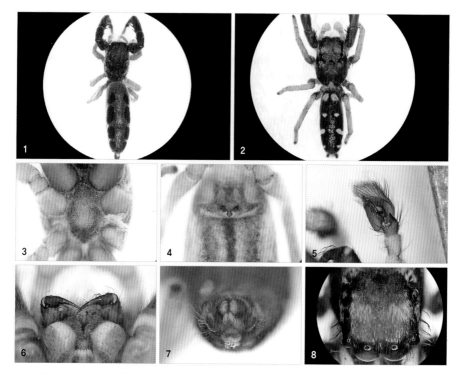

1 등면(암컷) 2 등면(수컷) 3 가슴판(암컷) 4 외부생식기(암컷) 5 더듬이다리(수컷) 6 위턱(수컷) 7 실젖(암컷) 8 눈 배열(수컷)

수검은깡충거미

Mendoza canestrinii (Ninni, 1868)

- *Marpissa canestrinii* Ninni in Canestrini and Pavesi, 1868: p. 866.
- *Mendoza canestrinii* Namkung, 2001: p. 572, 2003.

몸길이 암컷 9~11㎜, 수컷 7~9㎜
서식지 풀밭
국내 분포 경기, 강원, 충남, 충북,
전남, 경남, 경북, 제주
국외 분포 일본, 중국, 베트남,
러시아, 유럽

주요 형질 배갑은 갈색이며 흰 털이 흩어져 나고 눈 부위가
검으며 양 옆에 긴 갈색 털로 이루어진 줄무늬가 1쌍 있다. 가
장자리는 담갈색이다. 가슴판은 노란색이며 흰 털이 나고 앞
쪽이 매우 좁다. 다리는 황색이며 각 넓적다리마디 윗면에 센
털이 있고, 가시털이 첫째다리 종아리마디 아랫면에 4쌍, 발
바닥마디 아랫면에 2쌍 있다. 배 윗면 한가운데 황백색 세로
줄무늬가 뻗었고, 그 양 옆으로 자갈색 줄무늬가 있으며, 그
뒷부분에 검은 토막무늬가 4쌍 있다. 수컷은 몸 전체가 검고,
유체는 배 윗면에 흰색 살깃무늬가 보이지만 다 자라면 완전
히 검어진다.

행동 습성 벼과식물의 잎 위를 돌아다닌다.

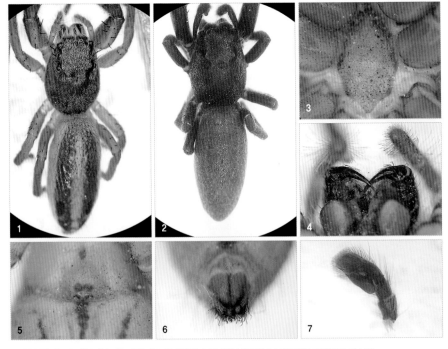

1 등면(암컷) **2** 등면(수컷) **3** 가슴판(암컷) **4** 위턱(암컷) **5** 외부생식기(암컷) **6** 실젖(암컷) **7** 더듬이다리(수컷)

각시개미거미

Myrmarachne inermichelis Bösenberg and Strand, 1906

- *Myrmarachne inermichelis* Bösenberg and Strand 1906: p. 329; Namkung 2001: p. 607.
- *Myrmarachne innermichelis* Cho and Kim, 2002: p. 110.

몸길이 암컷 5~6mm, 수컷 4~5mm
서식지 논밭, 풀밭, 산
국내 분포 충남
국외 분포 일본, 대만, 러시아

주요 형질 몸이 가늘고 길며, 개체마다 적갈색에서 흑자색까지 차이가 있다. 배갑은 길이가 너비의 2배 이상이고 목홈이 길게 파여 가슴이 볼록한 반구형이다. 배는 긴 원통형으로 상반부가 다소 잘록해 보인다.
행동 습성 배회성이다.

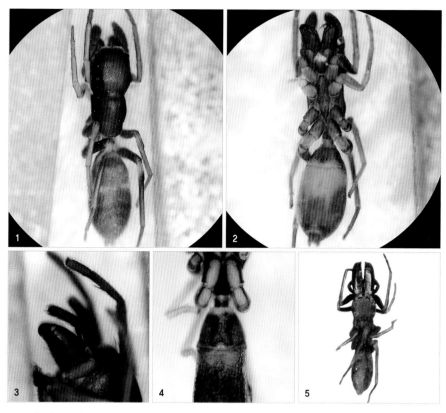

1 등면(암컷) **2** 배면(암컷) **3** 위턱(암컷) **4** 외부생식기(암컷) **5** 등면(수컷)

산개미거미

Myrmarachne formicaria (De Geer, 1778)

- *Aranea formicaria* De Geer, 1778: p. 293.

몸길이 암컷 5~6㎜, 수컷 4~4.5㎜
서식지 논밭, 풀밭
국내 분포 경기, 강원, 충남, 충북,
전남, 전북, 경남, 경북, 제주
국외 분포 일본, 중국, 러시아, 유
럽(구북구)

주요 형질 머리는 암갈색, 가슴부는 적갈색이며 위턱이 앞
쪽으로 길게 뻗었고 위턱 덧니 가지는 중간보다 앞쪽에 있
다. 배는 긴 달걀 모양으로 전반부는 회황색이며, 중앙부에
는 담갈색 가로무늬가 있고 후반부는 흑갈색이나 개체 간
차이가 있다.
행동 습성 배회성이다.

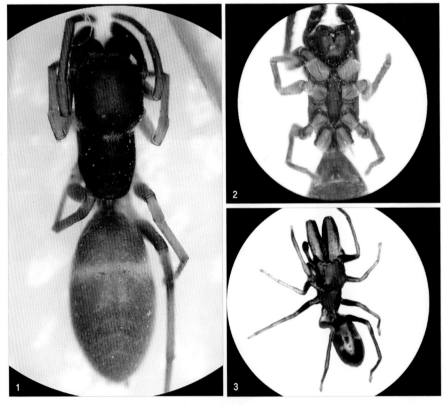

1 등면(암컷) **2** 배면(암컷) **3** 등면(수컷)

부리네온깡충거미

Neon minutus Zabka, 1985

● *Neon minutus* Zabka, 1985: p. 420; Namkung, 2003: p. 584.
● *Neon rostratus* Seo, 1995: p. 324.

몸길이 암컷 2~2.5㎜, 수컷 2~2.5㎜
서식지 산
국내 분포 경기, 경북
국외 분포 일본, 중국, 베트남

주요 형질 배갑은 적갈색이며 가장자리가 거무스름하다. 가슴홈은 작으며 오목한 점 모양이고, 방사홈은 가슴 뒤쪽으로 희미하게 보인다. 가슴판은 달걀 모양으로 적갈색 바탕에 작고 거무스름한 반점이 흩어져 있다. 다리는 적갈색이고 무릎마디와 발끝마디는 노란색이다. 배는 달걀 모양이며 황갈색 바탕에 '山' 자 모양 무늬가 여러 쌍 늘어서고, 옆면으로 빗살무늬가 여러 갈래 뻗으며, 아랫면에는 암갈색 줄무늬가 뻗었다.
행동 습성 주로 돌 밑에서 지낸다.

 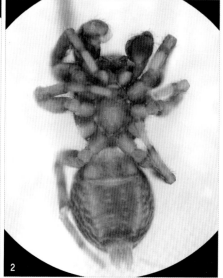

1 등면(수컷) **2** 배면(수컷)

갈색눈깡충거미

Phintella abnormis (Bösenberg and Strand, 1906)

- Jotus abnormis Bösenberg and Strand, 1906: p. 336, Namkung et al., 1972: p. 95.
- Phintella abnormis Seo, 1995: p. 185.

몸길이 암컷 5~6mm, 수컷 4~5mm
서식지 들판, 풀밭, 산
국내 분포 경기, 강원, 충남, 충북,
전남, 전북, 경남, 경북, 제주
국외 분포 일본, 중국, 러시아

주요 형질 배갑은 황갈색이며 옆눈 뒤로 넓은 암갈색 줄무
늬가 뻗었다. 다리는 엷은 황갈색으로 무릎마디 아래로 각
마디 옆면에 검은 줄무늬가 있고, 가시털이 앞다리 종아리
마디 아랫면에 3쌍, 발바닥마디 아랫면에 2쌍 있다. 배는
긴 달걀 모양이며 황갈색이고, 윗면 한가운데에 근점 2쌍과
하트무늬, 양 옆면에 어두운 회갈색 줄무늬가 뻗어 있으며,
뒤쪽에 '八' 자 모양 무늬가 2~3쌍 있다. 아랫면 한가운데에
는 긴 'W' 자 모양 검은 무늬가 있다.
행동 습성 배회성이다.

1 등면(암컷) **2** 등면(수컷) **3** 외부생식기(암컷)

눈깡충거미

Phintella arenicolor (Grube, 1861)

- *Attus arenicolor* Grube, 1861: p. 26.
- *Phintella arenicolor* Namkung, 2001: p. 610; Kim and Cho, 2002: p. 121.
- *Phintella melloteei* Seo, 1995: p. 189.

몸길이 암컷 5~6㎜, 수컷 4~5㎜
서식지 풀밭, 산
국내 분포 경기, 강원, 충남, 충북,
경북, 제주
국외 분포 일본, 중국, 러시아

주요 형질 배갑은 황갈색 또는 회갈색이다. 수컷은 검은색을 많이 띠고 전체가 흑갈색인 것도 있어 개체마다 차이가 크다. 배는 달걀 모양이며 윗면 상반부 중앙에 염통무늬가 있고, 그 뒤쪽으로 '八' 자 모양 무늬 3~4쌍이 있다.
행동 습성 배회성이다.

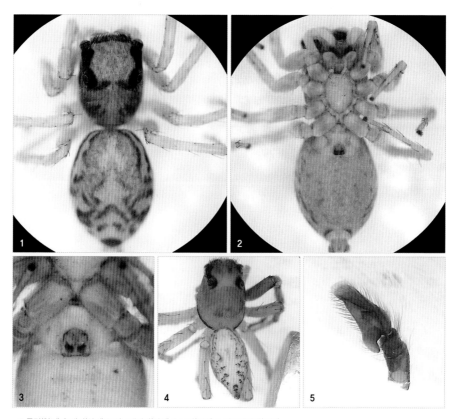

1 등면(암컷) **2** 배면(암컷) **3** 외부생식기(암컷) **4** 등면(수컷) **5** 더듬이다리(수컷)

멋쟁이눈깡충거미

Phintella cavaleriei (Schenkel, 1963)

- *Dexippus cavaleriei* Schenkel, 1963: p. 454.
- *Phintella cavaleriei* Seo, 1995: p. 187; Lee et al., 2004: p. 99.

몸길이 암컷 4.5~5.3㎜
      수컷 4.5~5㎜
서식지 풀밭, 산
국내 분포 경기, 강원, 충남, 경남,
경북
국외 분포 중국

주요 형질 배갑은 황갈색이며 눈 부위가 검고, 가슴홈 뒤쪽에 바퀴살 모양 검은 무늬가 있다. 더듬이다리에 흰 털이 많고, 다리는 담황색이며 별다른 무늬가 없다. 배는 달걀 모양이며, 황갈색 바탕에 실젖 앞쪽으로 검은 줄무늬 2가닥이 뻗어 있다.
행동 습성 배회성이다.

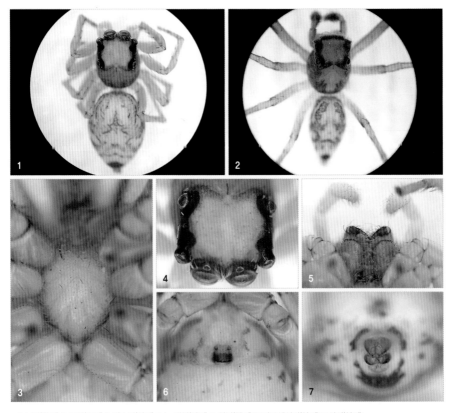

1 등면(암컷) **2** 등면(수컷) **3** 가슴판(암컷) **4** 눈 배열(암컷) **5** 위턱(암컷) **6** 외부생식기(암컷) **7** 실젖(암컷)

묘향깡충거미
Phintella parva (Wesolowska, 1981)

● *Icius parvus* Wesolowska, 1981a: p. 60.
● *Phintella parva* Seo, 1995: p. 190; Kim and Cho, 2002: p. 123.

몸길이 암컷 4~5㎜, 수컷 3.5~4㎜
서식지 풀밭, 산
국내 분포 경기, 강원
국외 분포 중국, 러시아

주요 형질 배갑은 황갈색이며 눈구역이 검고, 가슴 뒤쪽에
흑갈색 방사형 무늬가 있다. 배는 긴 타원형이며 전반부에
길쭉한 염통무늬와 근점 2쌍이 있다. 염통무늬 뒤쪽에 '八'
자 모양 무늬가 4쌍 있다.
행동 습성 배회성이다.

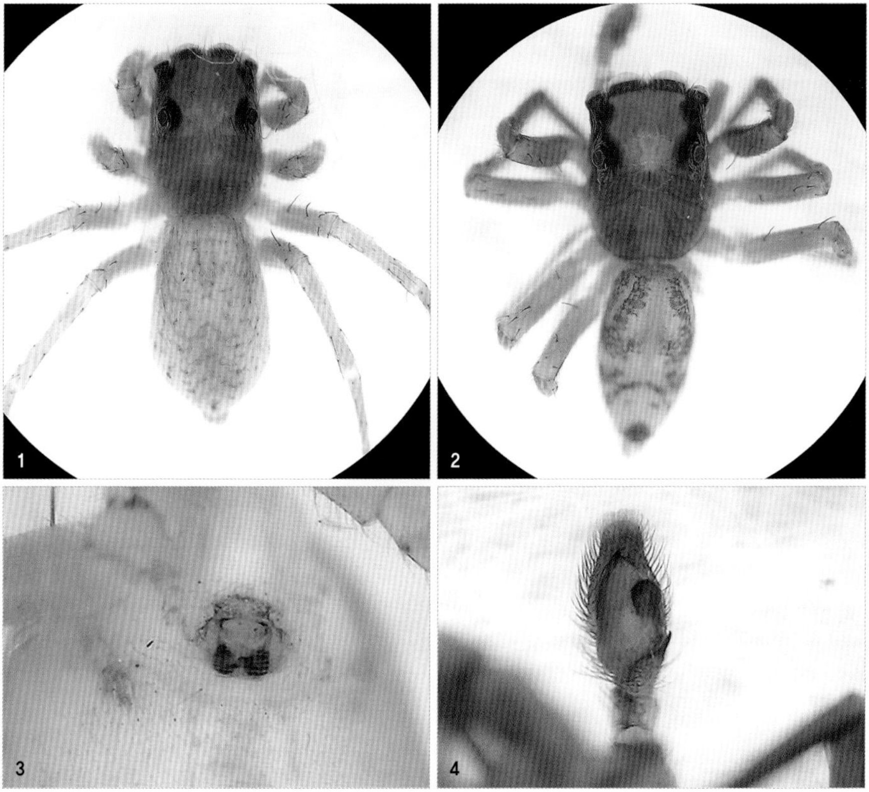

1 등면(암컷) **2** 등면(수컷) **3** 외부생식기(암컷) **4** 더듬이다리(수컷)

살짝눈깡충거미

Phintella popovi (Prószyn'ski, 1979)

- *Icius popovi* Proszyn'ski, 1979: p. 311.
- *Phintella popovi* Seo 1995: p. 190; Cho and Kim, 2002: p. 120.

몸길이 암컷 4.5~5㎜, 수컷 3~4.5㎜
서식지 풀밭, 산
국내 분포 경기, 경북
국외 분포 중국, 러시아

주요 형질 배갑은 길이가 너비보다 크다. 황갈색 바탕에 눈 부위 뒤쪽으로 회색 가로띠가 있고 가장자리는 검다. 가슴홈은 짧고 그 뒤쪽에 검은 '八' 자 모양 무늬가 있다. 가슴판은 노란색이며 타원형이다. 다리는 밝은 노란색이며 앞다리 넓적다리마디, 무릎마디, 종아리마디 끝쪽에 검은 점이 1개씩 있다. 배는 긴 타원형이며 황갈색 바탕에 윗면 양 옆으로 그물눈과 같은 검은 무늬가 있고 뒤쪽에 '八' 자 모양 무늬 2, 3개와 작은 점이 늘어서 있다.
행동 습성 배회성이다.

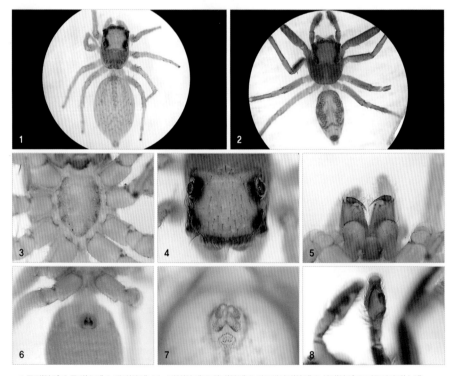

1 등면(암컷) **2** 등면(수컷) **3** 배면(암컷) **4** 눈 배열(암컷) **5** 위턱(암컷) **6** 외부생식기(암컷) **7** 실젖(암컷) **8** 더듬이다리(수컷)

안경깡충거미
Phintella linea (Karsch, 1879)

- *Euophrys linea* Karsch, 1879: p. 90.
- *Phintella linea* Seo, 1995: p. 188; Kim and Cho, 2002: p. 123.

몸길이 암컷 5~6㎜, 수컷 4~5㎜
서식지 풀밭, 산
국내 분포 경기, 충남, 전북, 경남,
경북, 제주
국외 분포 일본, 중국, 러시아

주요 형질 배갑은 황갈색이며 눈 둘레가 검고, 머리 앞쪽
과 목홈 부분에 흰 털이 둘러졌다. 배는 긴 달걀 모양이며
연한 황갈색 바탕에 희미한 갈색 세로무늬와 '八' 자 모양
무늬가 있으나 개체마다 차이가 크다. 수컷은 색깔이나
무늬가 암컷과 많이 달라서 검은색, 흰색으로 된 특이한
무늬가 있다.
행동 습성 배회성이다.

1 등면(암컷) 2 등면(수컷)

황줄깡충거미

Phintella bifurcilinea (Bösenberg and Strand, 1906)

- *Phintella typica* Bösenberg and Strand, 1906: p. 331.
- *Phintella bifurcilinea* Seo, 1995: p. 186; Kim and Cho, 2002: p. 122.
- *Telamonia bifurcilinea* Paik, 1978: p. 443.

몸길이 암컷 4~5㎜, 수컷 3.5~4㎜
서식지 풀밭, 산
국내 분포 경기, 강원, 전북
국외 분포 일본, 중국, 베트남

주요 형질 배갑은 암갈색으로 빛난다. 머리쪽의 색이 진하고 가운데에 밝은 가로띠가 있으며, 가슴 양쪽 가장자리에 노란색 줄무늬가 있다. 더듬이다리와 다리는 모두 노란색이며 가는 털이 많다. 배는 앞끝이 움푹 파인 긴 달걀 모양으로 흑갈색을 띠며 한가운데 노란색 줄무늬가 있고, 양 옆면에도 노란색 줄무늬가 있으나 개체에 따라 흰털이 덮여 있기도 한다. 수컷은 배갑이 큰 편이다. 배는 작고 한가운데 있는 줄무늬 뒤쪽에 흰색 쐐기 모양 무늬가 있으며 다리가 길고 검다.
행동 습성 배회성이다.

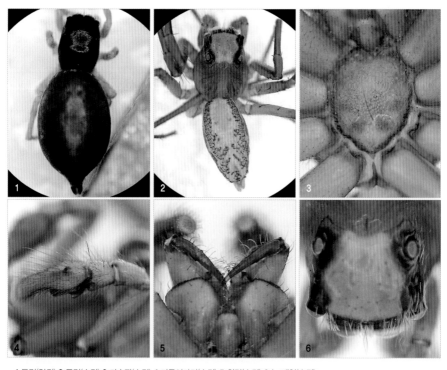

1 등면(암컷) **2** 등면(수컷) **3** 가슴판(수컷) **4** 더듬이다리(수컷) **5** 위턱(수컷) **6** 눈 배열(수컷)

되니쓰깡충거미

Plexippoides doenitzi (Karsch, 1879)

- *Hasarius doenitzi* Karsch, 1879: p. 86.
- *Plexippoides doenitzi* Namkung, 2001: p. 565.

몸길이 암컷 8~9㎜, 수컷 6~7㎜
서식지 풀밭, 산
국내 분포 강원, 충북
국외 분포 일본, 중국

주요 형질 배갑은 황갈색이며 머리쪽이 검고, 가슴 가운데 부분이 회백색을 띠며, 그 뒤쪽에 바퀴살 모양으로 흑갈색 '八' 자 무늬가 2~3쌍 있다. 더듬이다리와 다리는 황갈색이며, 암갈색 털과 가시털이 많고, 첫째다리 종아리마디 아랫면에는 가시털이 3쌍 있다. 배는 황갈색이며 가운데 부분 밝은 줄무늬 뒤쪽은 톱니 모양으로 파였고, 양옆은 암갈색 나뭇잎 같은 무늬를 이룬다. 아랫면은 노란색으로 실젖 앞쪽에서 밥통홈 쪽으로 쇠스랑처럼 생긴 검은 무늬가 있다.

행동 습성 나무껍질 속이나 낙엽층 밑에 주머니 모양 집을 만들고 겨울을 난다.

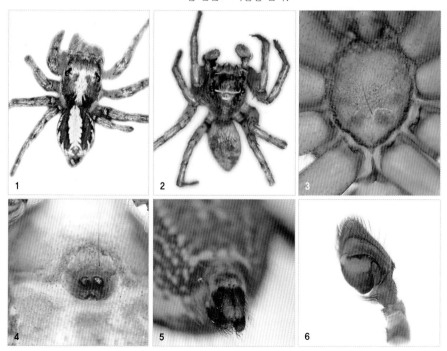

1 등면(암컷) **2** 등면(수컷) **3** 가슴판(암컷) **4** 외부생식기(암컷) **5** 실젖(암컷) **6** 더듬이다리(수컷)

왕어리두줄깡충거미
Plexippoides regius Wesolowska, 1981

- *Plexippoides regius* Wesolowska, 1981: p. 73, Paik, 1985: p. 49; Kim and Cho, 2002: p. 125.
- *Plexippoides joopili* Kim and Yoo, 1997: p. 71.

몸길이 암컷 6.5~7㎜, 수컷 6.5~7㎜
서식지 풀밭, 산
국내 분포 경기, 강원, 충북, 경북,
제주
국외 분포 중국, 러시아

주요 형질 배갑은 황갈색이며 검은 털이 드문드문 나고
눈 부위가 검다. 다리는 황갈색이며 끝쪽으로 갈수록 색
이 짙어지나 특별한 무늬는 없다. 배는 달걀 모양으로 볼
록하고 황갈색 바탕에 검은 털이 드문드문 난다. 양 옆면
에 폭넓은 암갈색 줄무늬가 뻗었고, 가운데 있는 밝은 무
늬의 가느다란 줄무늬가 끊겼다 이어지길 반복하며 뒤쪽
끝의 크고 검은 무늬까지 이어진다.
행동 습성 배회성이다.

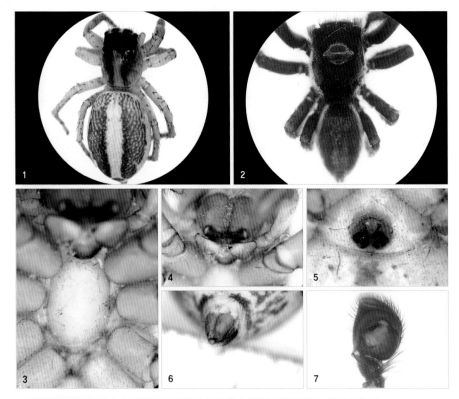

1 등면(암컷) **2** 등면(수컷) **3** 가슴판(암컷) **4** 위턱(암컷) **5** 외부생식기(암컷) **6** 실젖(암컷) **7** 더듬이다리(수컷)

큰줄무늬깡충거미

Plexippoides annulipedis (Saito, 1939)

- *Plexippus annulipedis* Saito, 1939: p. 40.
- *Plexippoides annulipedis* Namkung, 2001: p. 566.

몸길이 수컷 8~9㎜
서식지 풀밭, 산
국내 분포 경기, 강원, 충북, 경남, 경북
국외 분포 일본, 중국

주요 형질 배갑은 달걀 모양으로 볼록하며 황갈색을 띤다. 중앙의 앞쪽과 뒤쪽에 회색 무늬가 있고, 옆쪽에 폭넓은 암갈색 줄무늬가 회색 털과 함께 있다. 다리는 강하며 각 다리 마디 기부와 끝쪽에 검은 고리무늬가 있고 흰색과 암갈색을 띠는 긴 털이 많다. 배는 달걀 모양이며 가운데 부분이 흑갈색이고 양 옆면에 길고 흰 털이 덮여 있다.
행동 습성 나무껍질 속에 자루 모양 집을 만들고 겨울을 난다.

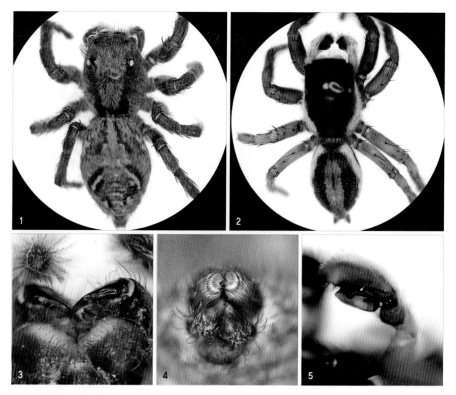

1 등면(암컷) **2** 등면(수컷) **3** 위턱(암컷) **4** 실젖(암컷) **5** 더듬이다리(수컷)

세줄깡충거미

Plexippus setipes Karsch, 1879

● *PPlexippus setipes* Karsch 1879: p. 89; Namkung 2001: p. 569.

몸길이 암컷 7~8㎜, 수컷 6~7㎜
서식지 풀밭, 산
국내 분포 경기, 충남, 경북, 제주
국외 분포 일본, 중국, 베트남,
투르크메니스탄

주요 형질 배갑은 적갈색 또는 암갈색이며 눈 부위가 검고
목홈 뒤쪽 가운데에 밝은 쐐기 모양 무늬가 있다. 배는 갈
색이며 가운데 부분이 황갈색이고, 양 옆에 회갈색 줄무늬
가 3개 있으며, 가운데에 있는 무늬 뒷부분에 살깃무늬가
5~6개 있다. 수컷은 눈 부위 앞쪽에 있는 주황색 털로 된
가로무늬가 특징이고, 배 윗면 가운데 줄무늬의 너비가 넓
으며, 두줄깡충거미와 같은 흰색 반점이 없다.
행동 습성 배회성이다.

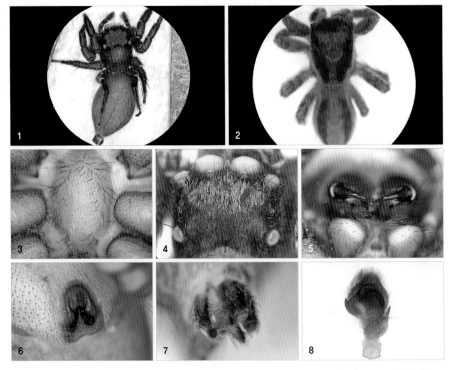

1 등면(암컷) **2** 등면(수컷) **3** 가슴판(암컷) **4** 눈 배열(암컷) **5** 위턱(암컷) **6** 외부생식기(암컷) **7** 실젖(암컷) **8** 더듬이다리(수컷)

검은머리번개깡충거미

Pseudeuophrys iwatensis (Bohdanowicz and Prószyński, 1987)

- *Euophrys iwatensis* Bohdanowicz and Prószyński, 1987: p. 151.
- *Euophrys erratica* Paik, 1987: p. 12 (♀♂ misidentified).
- *Pseudeuophrys erratica* Namkung, 2001: p. 588 (♀♂ misidentified).
- *Pseudeuophrys iwatensis* Kim et al., 2003: p. 93.

몸길이 암컷 3.5~4.5㎜, 수컷 3~4㎜
서식지 풀밭, 산
국내 분포 충남, 경북
국외 분포 일본, 중국, 러시아

주요 형질 배갑은 암갈색이며 머리쪽이 검고 눈 부위에 흰색, 검은색 털이 있다. 다리는 황갈색이며 고리무늬가 없다. 수컷의 첫째다리 종아리마디와 발바닥마디는 검으며, 종아리마디 아랫면에 긴 주홍색 비늘털다발이 발달했고, 종아리마디 윗면과 발바닥마디 윗면과 아랫면에 검은색 비늘털다발이 있다. 배는 암갈색이며 윗면 가운데 부분에 희미한 갈색 '八' 자 무늬가 늘어서며, 양 옆쪽을 향해 검은 빗살무늬가 복잡하게 얽혀 있다.
행동 습성 배회성이다.

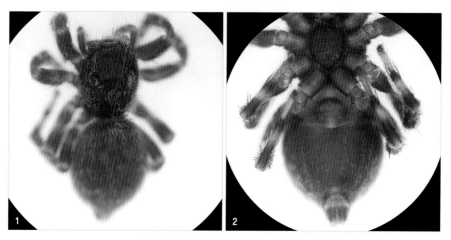

1 등면(암컷) **2** 배면(암컷)

여우깡충거미

Pseudicius vulpes (Grube, 1861)

- *Attus vulpes* Grube, 1861: p. 23
- *Pseudicius vulpes* Namkung, 2001: p. 598.

몸길이 암컷 5~6㎜, 수컷 4~5㎜
서식지 풀밭, 산
국내 분포 경기, 강원, 충남, 충북,
제주
국외 분포 일본, 중국, 러시아

주요 형질 배갑은 긴 사각형으로 흑갈색 바탕에 흰색, 갈색 털이 많이 나 복잡한 무늬를 이루며, 가장자리에도 흰 털이 둘러졌다. 가슴판은 볼록한 달걀 모양으로 긴 털이 빽빽하고 갈색을 띤다. 다리는 황갈색이며 암갈색 고리무늬가 있고, 짧은 가시털이 첫째다리 종아리마디 아랫면에 4개, 발바닥마디 아랫면에 2쌍 있다. 앞다리가 굵직하다. 배는 긴 달걀 모양이며 흑갈색 바탕에 흰 털로 된 가로무늬와 뒤쪽으로 번갯불처럼 생긴 곡선 무늬 2~3개가 있다.

행동 습성 배회성이다.

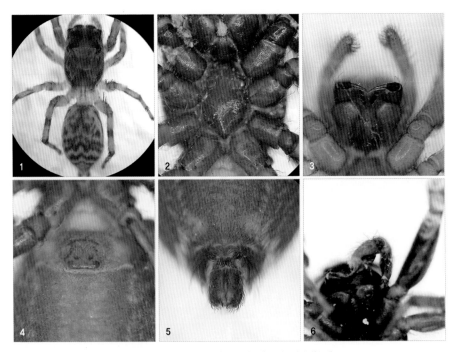

1 등면(암컷) **2** 가슴판(암컷) **3** 위턱(암컷) **4** 외부생식기(암컷) **5** 실젖(암컷) **6** 더듬이다리(수컷)

까치깡충거미

Rhene atrata (Karsch, 1881)

● *Homalattus atratus* Karsch, 1881: p. 39.
● *Rhene atrata* Namkung, 1964: p. 45, 2001: p. 576.

몸길이 암컷 6.5~7.5㎜, 수컷 6~7㎜
서식지 풀밭, 산
국내 분포 경기, 강원, 충남, 충북,
전남, 전북, 경남, 경북, 제주
국외 분포 러시아, 일본, 중국, 대만

주요 형질 배갑은 너비가 넓고 둥그스름하며 어두운 적갈색에 회색 털이 빽빽하다. 다리는 황갈색으로 첫째다리가 길고 그며, 넓적다리마디가 다른 것보다 굵고 검다. 각 다리마디 끝쪽에 갈색 고리무늬가 있다. 배는 큰 달걀 모양이고 윗면은 회황색 또는 암갈색 바탕에 흰 털로 된 가로무늬가 3줄 있다. 수컷은 색이 짙고 배갑과 배 윗면에 커다란 검은색 무늬가 있다.
행동 습성 머리를 좌우로 빙글빙글 돌리며 깡충깡충 뛰어 먹이를 잡아먹는다.

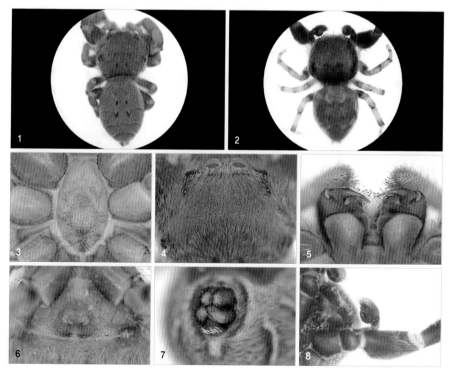

1 등면(암컷) 2 등면(수컷) 3 가슴판(암컷) 4 눈 배열(암컷) 5 위턱(암컷) 6 외부생식기(암컷) 7 실젖(암컷) 8 더듬이다리(수컷)

반고리깡충거미

Sibianor pullus (Bösenberg and Strand, 1906)

- *Bianor pullus* Bösenberg and Strand, 1906: p. 354.
- *Harmochirus pullus* Paik, 1987: p. 9.
- *Sibianor pullus* Kim and Cho, 2002: p. 128.

몸길이 암컷 3.5~4.5㎜
　　　수컷 2.5~3㎜
서식지 풀밭, 산
국내 분포 경기, 충북, 전남, 경북
국외 분포 일본, 중국, 러시아

주요 형질 수컷 배갑은 어두운 적갈색이며 눈구역 둘레가 검다. 첫째다리가 굵고 종아리마디에 특징적인 털다발이 발달했다. 배는 암갈색 달걀 모양으로 윗면 어깨부와 후반부 옆면에 흰색 무늬가 2쌍 있다.
행동 습성 배회성이다.

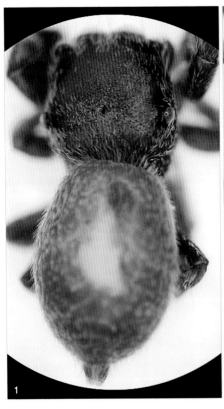

1 등면(암컷) **2** 배면(암컷) **3** 더듬이다리(수컷)

청띠깡충거미
Siler cupreus Simon, 1889

● *Siler cupreus* Simon, 1889: p. 250; Namkung, 2001: p. 584.

몸길이 암컷 5~7㎜, 수컷 5~6㎜
서식지 풀밭, 산
국내 분포 경기, 강원, 충남, 전북,
경남, 경북, 제주
국외 분포 일본, 중국, 대만

주요 형질 배갑은 암갈색이며 눈 부분이 검고, 앞쪽에 가느
다란 청록색 털이 덮여 있다. 다리는 첫째다리가 강하고 크
며 흑갈색을 띤다. 넓적다리와 종아리마디 아디에 털다발
과 가시털 2~3쌍이 있다. 배는 긴 달걀 모양이며 윗면 앞쪽
에 청록색 털이 띠무늬를 이룬다.
행동 습성 첫째다리를 치켜들고 개미 같은 곤충을 습격해 잡
아먹는다.

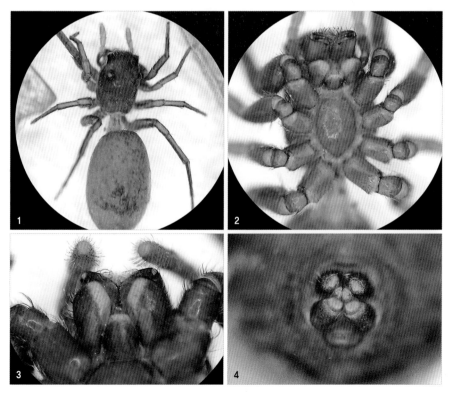

1 등면(암컷) **2** 배면(암컷) **3** 위턱(암컷) **4** 실젖(암컷)

고리무늬마른깡충거미
Sitticus fasciger (Simon, 1880)

- *Attus fasciger* Simon, 1880: p. 99.
- *Sitticus fasciger* Seo, 1985: p. 16; Kim and Cho ,2002: p. 139.

몸길이 암컷 4~5.5mm
　　　　수컷 3.5~4.5mm
서식지 인가 부근, 풀밭, 산
국내 분포 경기, 강원, 경북, 제주
국외 분포 일본, 중국, 러시아, 미국

주요 형질 배갑은 적갈색이며 황색 털이 눈구역, 배갑 측면 가슴홈, 뒤쪽에 걸쳐 빽빽이 있다. 배는 달걀 모양이며 윗면에 황갈색 털이 덮여 얼룩무늬를 이루고 후반부에는 큰 황백색 나비 모양 무늬 1쌍이 있는 것이 특징이다.
행동 습성 벽면이나 기둥 등의 틈새에 알자리를 만들고 6~7월에 산란한다.

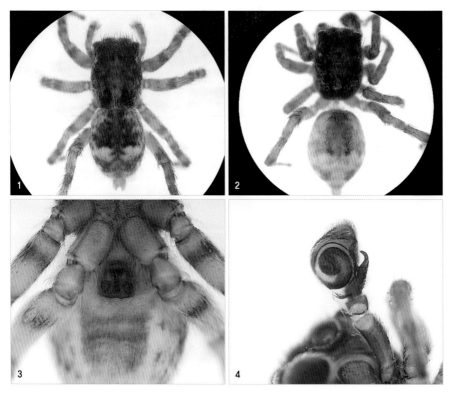

1 등면(암컷) **2** 등면(수컷) **3** 외부생식기(암컷) **4** 더듬이다리(수컷)

다섯점마른깡충거미
Sitticus penicillatus (Simon, 1875)

- *Attus penicillatus* Simon, 1875: p. 92.
- *Sitticus penicillatus* Seo, 1992: p. 181; Cho and Kim, 2002: p. 133.

몸길이 암컷 3.5~4.5㎜
　　　 수컷 2.5~3.5㎜
서식지 풀밭, 산
국내 분포 충북, 전남, 경북, 제주
국외 분포 구북구

주요 형질 배갑은 적갈색이며 흰색과 갈색 털이 촘촘하고 눈구역은 검다. 배는 긴 달걀 모양이며 바탕은 적갈색이고, 윗면 뒤쪽에 빗금무늬가 3~4줄 있다. 수컷의 배는 흑갈색이며 흰 점무늬가 앞쪽에 4개, 가운데에 2개, 뒤끝에 1개씩 뚜렷하다.
행동 습성 배회성이다.

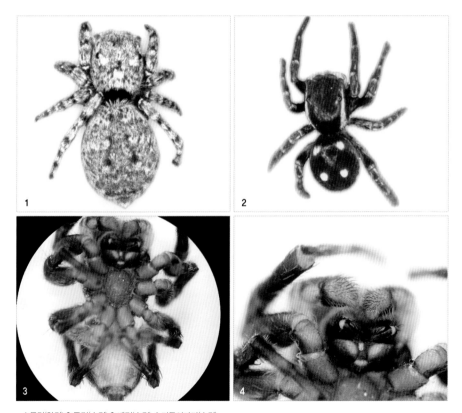

1 등면(암컷) **2** 등면(수컷) **3** 배면(수컷) **4** 더듬이다리(수컷)

홀아비깡충거미

Sitticus avocator (O. P.-Cambridge, 1885)

- *Attus avocator* O. P.-Cambridge, 1885: p. 106.
- *Sitticus avocator* Kim, 1997: p. 205; Kim and Cho, 2002: p. 139.

몸길이 암컷 5~6mm, 수컷 3.5~4.6mm
서식지 인가 주변
국내 분포 경기, 강원, 충북, 제주
국외 분포 일본, 러시아,
중앙아시아

주요 형질 배갑은 적갈색이며 노란색 털이 눈 부위, 배갑 옆면과 가슴홈 뒤쪽에 빽빽하다. 가슴판은 짙은 갈색이며 가느다란 흰 털로 덮여 있다. 다리는 황갈색이며 검은 고리무늬가 있다. 배는 달걀 모양이며 윗면에 짧은 황갈색 털이 덮여 있어 옅은 갈색 얼룩무늬를 이루며, 암갈색 점무늬가 앞쪽과 가운데 부분 그리고 그 뒤쪽에 1쌍씩 있다. 수컷은 배 윗면 회백색 부분 가운데에 줄무늬가 있고, 양 옆면에 흑갈색 무늬가 3쌍 있다.

행동 습성 5~9월에 관찰된다. 벽면이나 기둥 등의 틈새에 알자리를 만들고 6~8월에 산란한다.

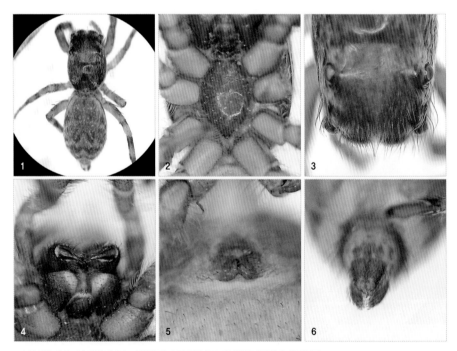

1 등면(암컷) **2** 가슴판(암컷) **3** 눈 배열(암컷) **4** 위턱(암컷) **5** 외부생식기(암컷) **6** 실젖(암컷)

흰줄무늬깡충거미

Sitticus albolineatus (Kulczyn'ski, 1895)

- *Attus albolineatus* Kulczyn'ski, 1895: p. 77.
- *Sitticus albolineatus* Paik, 1985: p. 44; Kim and Cho, 2002: p. 138.

몸길이 암컷 5~6.5mm, 수컷 4.5~5.2mm
서식지 논밭, 강가, 냇가, 산
국내 분포 경기, 강원, 충남, 경북,
제주
국외 분포 중국, 러시아

주요 형질 배갑은 다갈색이며 검은 털과 흰 털이 섞여 나고 눈 둘레가 검다. 다리는 황갈색이며 넓적다리마디 끝쪽 아래로 각 마디에 검은 고리무늬가 있다. 배는 검은 바탕에 갈색 털이 덮이고, 윗면 가운데 부분에 흰 반점이 2쌍 있으며, 뒤쪽에는 검은 '八' 자 무늬가 늘어선다. 수컷은 눈 부위 뒤쪽에 흰색 세로무늬가 있다. 배 윗면 앞의 양쪽 가장자리를 둘러싼 테두리 무늬와 가운데 뒤쪽으로 뻗은 뚜렷한 세로무늬는 흰색이며, 그 양 옆에도 둥근 황백색 점이 1쌍 있다.
행동 습성 7~8월, 돌 밑 등에서 콩알 같은 흰색 알주머니를 어미가 보호한다.

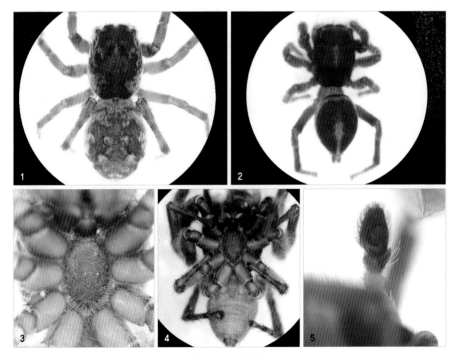

1 등면(암컷) 2 등면(수컷) 3 가슴판(암컷) 4 배면(수컷) 5 더듬이다리(수컷)

어리개미거미

Synagelides agoriformis Strand, 1906

● *Synagelides agoriformis* Strand in Bösenberg and Strand, 1906: p. 330; Namkung and Yoon, 1980: p. 19; Lee et al., 2004: p. 99.

몸길이 암컷 5~6.5㎜, 수컷 4~5㎜
서식지 강가, 냇가, 동굴
국내 분포 경기, 강원, 충남, 충북, 경남, 경북, 제주
국외 분포 일본, 중국, 러시아

주요 형질 배갑은 암갈색으로 편평하며 머리 양 옆이 평행하다. 눈구역이 검고 가슴은 밝은 편이다. 배는 긴 타원형이며 가로무늬가 앞쪽에 1쌍, 가운데에 1개 있으며 뒤쪽에는 '山' 자 모양 무늬가 있다.
행동 습성 어둡고 습기가 많은 곳에서 생활하며 나무껍질 밑에서 겨울을 난다. 걷는 모양이나 생김새가 개미와 비슷하다.

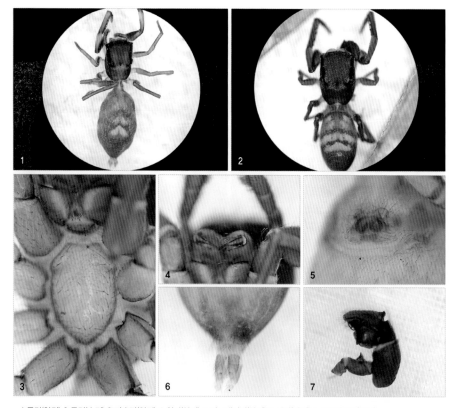

1 등면(암컷) **2** 등면(수컷) **3** 가슴판(암컷) **4** 위턱(암컷) **5** 외부생식기(암컷) **6** 실젖(암컷) **7** 더듬이다리(수컷)

검은날개무늬깡충거미

Telamonia vlijmi Prószynski, 1984

● *Telamonia vlijmi* Prószyn'ski, 1984: p. 423; Kim, 1986: p. 8; Lee et al., 2004: p. 99.

몸길이 암컷 9~11㎜, 수컷 8~10㎜
서식지 논밭, 풀밭
국내 분포 경기, 강원, 충남, 전남, 경남, 경북, 제주
국외 분포 일본, 중국

주요 형질 배갑은 황갈색이며 눈 둘레가 검고 눈 부위 한 가운데에 큰 흑갈색 점무늬와 뒤 옆눈 사이에 '八' 자처럼 생긴 검은 무늬 1쌍이 날개 모양으로 뻗었다. 다리는 황갈색이며 흑갈색 가시털이 있다. 배는 갸름한 달걀 모양이며 가운데에 담황색 무늬가 있고 양 옆면에 적갈색 줄무늬가 뻗었다. 수컷이 암컷보다 홀쭉하며 색과 무늬가 뚜렷하다.

행동 습성 주로 풀숲에서 생활한다.

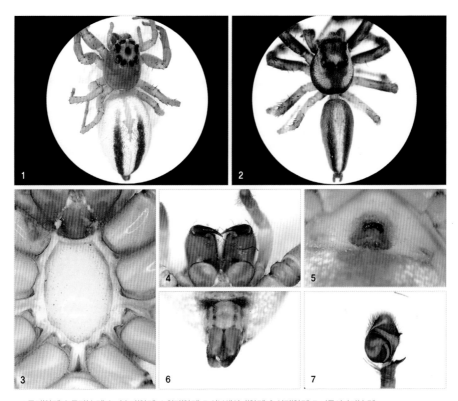

1 등면(암컷) **2** 등면(수컷) **3** 가슴판(암컷) **4** 위턱(암컷) **5** 외부생식기(암컷) **6** 실젖(암컷) **7** 더듬이다리(수컷)

참고문헌

Bösenberg W and E Strand, 1906. Japanische Spinnen. Abh. Senck. naturf. Ges. 30: 93-422.

Blackwall J, 1841. The difference in the number of eyes with which spiders are provided proposed as the basis of their distribution into tribes; with descriptions of newly discovered species and the characters of a new family and three new genera of spiders. Trans. Linn. Soc. Lond. 18: 601-670.

Blackwall J, 1861. Descriptions of several recently discovered spiders. Ann. Mag. nat. Hist. (3) 8: 441-446.

Bohdanowicz A and J Prószyn'ski, 1987. Systematic studies on East Palaearctic Salticidae (Araneae), IV. Salticidae of Japan. Annls zool. Warsz. 41: 43-151.

Cambridge OP-, 1885. Araneida. In Scientific results of the second Yarkand mission. Calcutta, pp. 1-115.

Canestrini G and P Pavesi, 1868. Araneidi italiani. Atti Soc. ital. sci. nat. 11: 738-872.

Canestrini G, 1868. Nuove aracnidi italiani. Annuar. Soc. nat. Modena. 3: 190-206.

Chamberlin RV, 1924. Descriptions of new American and Chinese spiders, with notes on other Chinese species. Proc. U. S. nat. Mus. 63(13): 1-38.

Chikuni Y, 1955. Five interesting spiders from Japan highlands. Acta arachn. Tokyo 14: 29-40.

Cho JH and JP Kim, 2002. A revisional study of family Salticidae Blackwall, 1841 (Arachnida, Araneae) from Korea. Korean Arachnol. 18: 85-169.

Chyzer C and W Kulczyn'ski, 1897. Araneae hungariae. Budapest, 2: 151-366.

Clerck C, 1757. Svenska spindlar, uti sina hufvud-slågter indelte samt under några och sextio särskildte arter beskrefne och med illuminerade figurer uplyste. Stockholmiae, 154 pp.

Dönitz E and W Strand, 1906. In Wosenberg W and E Strand, Japanische Spinnen. Abh. senckenb. naturf Ges., 30: 374-399.

De Geer C, 1778. Mémoires pour servir à l'histoire des insectes. Stockholm, 7(3-4): 176-324.

Doleschall L, 1857. Bijdrage tot de Kennis der Arachniden van den Indischen Archipel. Nat. Tijdschr. Neder.-Ind. 13: 339-434.

Fabricius JC, 1775. Systema entomologiae, sistens insectorum classes, ordines, genera, species, adiectis, synonymis, locis descriptionibus observationibus. Flensburg and Lipsiae, 832 pp. (Araneae, pp. 431-441).

Fickert C, 1876. Verzeichniss der schlesisechen Spinnen. Zeitschr. f. Ent. Breslau (N. F.) 5: 46-76.

Fox I, 1936. Chinese spiders of the families Agelenidae, Pisauridae and Sparassidae. Jour. Wash. Acad. Sci. 26: 121-128.

Fox I, 1937a. A new gnaphosid spider from Yuennan. Lingan Sci. Z95Jour. 16: 247-248.

Fox I, 1937b. Notes on Chinese spiders of the families Salticidae and Thomisidae. Jour. Wash. Acad. Sci. 27: 12-23.

Fuesslin JC, 1775. Verzeichnis der ihm bekannten schweizerischen Insekten, mit einer ausgemahlten Kupfertafel: nebst der Ank?ndigung eines neuen Inseckten Werkes. Zurich and Winterthur, 62 pp. (Araneae, pp. 60-61).

Grube A, 1861. E. Beschreibung neuer, von den Herren L. v. Schrenck, Maack, C. v. Ditmar u. a. im Amurlande und in Ostsibirien gesammelter Araneiden. Bull. Acad. imp. sci. S.-Pétersb. 4: 161-180 [separate, pp. 1-29].

Helsdingen PJ van, 1969. A reclassification of the species of Linyphia Latreille based on the functioning of the genitalia (Araneida, Linyphiidae), I. Zool. Verh. Leiden 105: 1-303.

Hentz N, 1847. M. Descriptions and figures of the araneides of the United States. Boston J. nat. Hist. 5: 443-478.

Herman O, 1879. Magyarország pók-faunája. Budapest, 3: 1-394.

Hu YJ and DX Song, 1982. Notes on some Chinese species of the family Clubionidae. J. Hunan Teachers Coll. (nat. Sci. Ed.) 1982(2): 55-62.

Ikeda H, 1996. Japanese salticid spiders of the genera Euophrys C. L. Koch and Talavera Peckham et Peckham (Araneae: Salticidae). Acta arachn. Tokyo 45: 25-41.

Jäger P and H Ono, 2002. Sparassidae from Japan. II. First Pseudopoda species and new Sinopoda species (Araneae: Sparassidae). Acta arachn. Tokyo 51: 109-124.

Jo TH and KY Paik, 1984. Three new species of genus Pardosa from Korea (Araneae: Lycosidae). Korean J. Zool. 27: 189-197.

Kamura T, 1987. Three species of the genus Drassyllus (Araneae: Gnaphosidae) from Japan. Acta arachn. Tokyo 35: 77-88.

Karsch F, 1879. Baustoffe zu einer Spinnenfauna von Japan. Verh. naturh. Ver. preuss. Rheinl. Westfal. 36: 57-105.

Karsch F, 1879. Baustoffe zu einer Spinnenfauna von Japan. Verh. naturh. Ver. preuss. Rheinl. Westfal. 36: 57-105.

Karsch F, 1881. Diagnoses Arachnoidarum Japoniae. Berl. ent. Zeitschr. 25: 35-40.

Keyserling E, 1886. Die Arachniden Australiens. Nürnberg, 2: 87-152.

Kim BB, Kim JP and YC Park, 2008. Taxonomy of Korean Liocranidae (Arachnida: Araneae). Korean Arachnol. 24: 7-30.

Kim BW and JP Kim, 2000. A revision of the genus Synagelides Strand, 1906 (Araneae, Salticidae) in Korea. Korean J. syst. Zool. 16: 183-190.

Kim BW and JP Kim, 2007. Taxonomic study of the spider subfamily Argyrodinae (Arachnida: Araneae: Theridiidae) in Korea. Korean J. syst. Zool. 23: 213-228.

Kim BW and JP Kim, 2010. A Check List of Korean Spiders (Revised in 2010). Korean Arachnol. 26(2): 121-165.

Kim BW and W Lee, 2006. A review of the spider genus Asiacoelotes (Arachnida: Araneae: Amaurobiidae) in Korea. Integrative Biosci. 10: 49-64.

Kim BW and W Lee, 2007. Spiders of the genus Draconarius (Araneae, Amaurobiidae) from Korea. J. Arachnol. 35: 113-128.

Kim BW and W Lee, 2008. Notes on four corinnid species from Korea, with the description of Trachelas joopili new species (Arachnida: Araneae: Corinnidae). J. nat. Hist. 42: 1867-1884.

Kim BW and W Lee, 2008. The true female of Alloclubionoides kimi (Araneae: Amaurobiidae) from Korea. Zootaxa 1788: 66-68.

Kim BW, 2007. Description of Ambanus jaegeri sp. n. and of the male of A. euini (Paik) from Korea (Arachnida: Araneae: Amaurobiidae). Rev. suisse Zool. 114: 703-719.

Kim BW, Kim JP and JH Cho, 2003. A revision of the genera Euophrys, Pseudeuophrys, and Talavera (Araneae: Salticiadae [sic]) from Korea. Korean Arachnol. 19: 89-102.

Kim JM and JP Kim, 2002. A revisional study of family Araneidae Dahl, 1912 (Arachnida, Araneae) from Korea. Korean Arachnol. 18: 171-266.

Kim JP and BW Kim, 1996a. A new species of the genus Achaearanea (Araneae: Theridiidae) from Korea. Korean Arachnol. 12(2): 27-31.

Kim JP and BW Kim, 1996b. Korean spiders of the genus Atypus Latreille, 1804 (Araneae: Atypidae). Korean Arachnol. 12(2): 55-66.

Kim JP and BW Kim, 2000. A revision of the subfamily Linyphiinae Blackwall, 1859 (Araneae, Linyphiidae) in Korea. Korean Arachnol. 16(2): 1-40.

Kim JP and CH Jung, 1993. A new species of the genus Coelotes (Araneae: Agelenidae) from Korea. Korean Arachnol. 9: 1-6.

Kim JP and JH Cho, 2002. Spider: Natural Enemy and Resources. Korea Research Institute of Bioscience and Biotechnology (KRIBB), 424 pp.

Kim JP and JH Jo, 2002. Spider: Natural enemy and Resources. Daejeon, Korea Research Institute of Bioscience and Biotechnology pp. 384-418.

Kim JP and JS Yoo, 1997. A new species of the genus Plexippoides (Araneae: Salticidae) from Korea. Kor. J. environm. Biol. 15: 71-74.

Kim JP and JS Yoo, 1997. Korean spiders of the genus Pardosa C. L. Koch, 1848 (Araneae: Lycosidae). Korean Arachnol. 13(1): 31-45.

Kim JP and JY Jung, 2001. A revisional study of the spider family Philodromidae O.P.-Cambridge, 1871 (Arachnida: Araneae) from Korea. Korean Arachnol. 17: 185-222.

Kim JP and MS Lee, 1999. A revisional study of the Korean spiders, family Uloboridae (Thorell, 1869) (Arachnida: Araneae). Korean Arachnol. 15(2): 1-30.

Kim JP and SP Gwon, 2001. A revisional study of the spider family Thomisidae Sundevall, 1833 (Arachnida: Araneae) from Korea. Korean Arachnol. 17: 13-78.

Kim JP, 1985. A new species of genus Atypus (Araneae: Atypidae) from Korea. Korean Arachnol. 1(2): 1-6.

Kim JP, 1986. One unrecorded species of salticid spider from Korea. Korean Arachnol. 2(2): 7-10.

Kim JP, 1997. The spider fauna of Kogum-do, Korea. Korean J. syst. Zool. 13: 199-210.

Kim JP, 1998. Taxonomic revision of the genus Araniella (Araneae: Araneidae) from Korea. Korean Arachnol. 14(2): 1-7.

Kim JP, 1998. Taxonomic study of N. adianta and N. doenitzi in the genus Neoscona from Korea. Korean Arachnol. 14(1). 1-5.

Kim JP, Ki LJ and YC Park, 2008. The spider fauna of Cheonggyecheon from Korea. Korean Arachnol. 24: 169-187.

Kim JP, Kim SD and YB Lee, 1999. A revisional study of the Korean spiders, family Tetragnathidae Menge, 1866 (Arachnida: Araneae). Korean Arachnol. 15(2): 41-100.

Kim JP, Namkung J and JR Jun, 1987. A new record species of the genus Alopecosa Simon, 1898 (Araneae: Lycosidae) from Korea. Korean Arachnol. 3: 29-33.

Kim JP, Namkung J, Kim OS and JR Jun, 1988. Spiders of Mt. Kyeryongsan, Chungchongnam-do, Korea. Korean Arachnol. 4: 137-151.

Kim JP, Shin JH and YC Park, 2008. The spider fauna of Heuksan-do and Hong-do. Korean Arachnol. 24: 55-76.

Kim KM, Kim JP and YB Lee, 2008. Taxonomy of Korean Tetragnathidae (Arachnida: Araneae). Korean Arachnol. 24: 31-53.

Kishida K, 1909. [Japanese lycosid spiders (1)]. Hakubutsu-notomo 74: 99-101.

Kishida K, 1920. Araneae. Animals and plants of Mt. Fufi. Kokin-shoin, Tokyo 1(Animals): 1-514.

Koch CL, 1834. Arachniden. In Herrich-Schäffer, G. A. W., Deutschlands Insekten. Heft 122-127.

Koch CL, 1837. Die Arachniden. Nürnberg, Dritter Band, pp. 105-119, Vierter Band, pp. 1-108.

Koch CL, 1838. Die Arachniden. Nürnberg, Vierter Band, pp. 109-144, Funfter Band, pp. 1-124.

Koch CL, 1841. Die Arachniden. Nürnberg, Achter Band, pp. 41-131, Neunter Band, pp. 1-56.

Koch CL, 1844. Die Arachniden. Nürnberg, Eilfter Band, pp. 1-174.

Koch L, 1867. Die Arachniden-Familie der Drassiden. Nürnberg, Hefte 7, pp. 305-352.

Koch L, 1870. Beiträge zur Kenntniss der Arachnidenfauna Galiziens. Jahrb. k. k. Gelerh. Ges. Krakau 41: 1-56.

Koch L, 1872a. Beitrag zur Kenntniss der Arachnidenfauna Tirols. Zweite Abhandlung. Zeitschr. Ferdinand. Tirol Voral. (3) 17: 239-328.

Koch L, 1872b. Die Arachniden Australiens. Nürnberg, 1: 105-368.

Koch L, 1875. Aegyptische und abyssinische Arachniden gesammelt von Herrn C. Jickeli. Nürnberg, pp. 1-96.

Koch L, 1878. Japanesische Arachniden und Myriapoden. Verh. zool.-bot. Ges. Wien 27: 735-798.

Koch L, 1878. Japanesische Arachniden und Myriapoden. Verh.zool.-bot. Ges. Wien 27: 735-798.

Kulczyn'ski W, 1895a. Araneae a Dre G. Horvath in Bessarabia, Chersoneso Taurico, Transcaucasia et Armenia Russica collectae. Termes. Füzet. 18: 3-38.

Kulczyn'ski W, 1895b. Attidae musei zoologic Varsoviensis in Siberia orientali collecti. Rozpr. spraw. wydz. mat. przyrod. Akad. umiej. Cracov 32: 45-98.

Latreille PA, 1802. Histoire naturelle, générale et particuliére des Crustacés et des Insectes. Paris, 7: 48-59.

Latreille PA, 1806. Genera crustaceorum et insectorum. Paris, tome 1, 302 pp. (Araneae, pp 82-127).

Latreille PA, 1819. Articles sur les araignées. N. Dict. hist. nat. Paris. Ed. II, Paris, 22.

Lee JY and JP Kim, 2003. A taxonomic study of family Pholcidae C. L. Koch, 1851 (Arachnida: Araneae) from Korea. Korean Arachnol. 19: 103-132.

Lee YB, Yoo JS, Lee DJ and JP Kim, 2004. Ground dwelling spiders. Korean Arachnol. 20: 97-115.

Lee YK, Kang SM and JP Kim, 2009. A revision of the subfamily Linyphiinae Blackwall, 1859 in Korea. Korean Arachnol. 25: 113-175.

Levi HW, 1980. Two new spiders of the genera Theridion and Achaearanea from North America. Trans. Am. microsc. Soc. 99: 334-337.

Levi HW, 1983. The orb-weaver genera Argiope, Gea, and Neogea from the western Pacific region (Araneae: Araneidae, Argiopinae). Bull. Mus. comp. Zool. Harv. 150: 247-338.

Linnaeus C, 1758. Systema naturae per regna tria naturae, secundum classes, ordines, genera, species cum characteribus differentiis, synonymis, locis. Editio decima, reformata. Holmiae, 821 pp. (Araneae, pp. 619-624).

Mao JY and DX Song, 1985. Two new species of wolf spiders from China (Araneae: Lycosidae). Acta zootaxon. sin. 10: 263-267.

Marusik YM and DV Logunov, 1998. Taxonomic notes on the Evarcha falcata species complex (Aranei Salticidae). Arthropoda Selecta 6(3/4): 95-104.

Mikhailov KG, 1991. The spider genus Clubiona Latreille 1804 in the Soviet Far East, 2 (Arachnida, Aranei, Clubionidae). Korean Arachnol. 6: 207-235.

Namkung J and JP Kim, 1985. On the unreported species of Cyrtarachne bufo (Boes. et Str., 1906) (Arachnida, Araneae) from Korea. Korean Arachnol. 1(1): 23-25.

Namkung J and JP Kim, 1990. A new species of the genus Pholcus (Araneae: Pholcidae) from Korea. Korean Arachnol. 5: 131-137.

Namkung J and KI Yoon, 1980. The spider fauna of Mt. Seol-ak, Kangweon-do, Korea. Korean J. Ent. 10: 19-28.

Namkung J and ST Kim, 1999. Two orb weavers of the genus Neoscona (Araneae: Araneidae) from Korea. Korean J. applied Ent. 38: 213-216.

Namkung J, 1964. Spiders from Chungjoo, Korea. Atypus 33-34: 31-50.

Namkung J, 1985. Addition to spider fauna of Isl. Ulreng-do (Dagelet), Korea. Korean Arachnol. 1(2): 57-62.

Namkung J, 1986. Two unrecorded species of linyphiid spiders from Korea. Korean Arachnol. 2(2): 11-18.

Namkung J, 1987. Two new cave spiders of the genus Leptoneta (Araneae: Leptonetidae) from Korea. Korean Arachnol. 3: 83-90.

Namkung J, 1989. A new species of the genus Agroeca (Araneae: Clubionidae) from Korea. Korean Arachnol. 5: 23-27.

Namkung J, 1991. A new species of the lava cave-dwelling leptonetid spider from Cheju-do, Korea (Araneae: Leptonetidae). Korean Arachnol. 7: 29-33.

Namkung J, 2001. The spiders of Korea. Kyo-Hak Publishing Co., Seoul, 648 pp.

Namkung J, 2003. The Spiders of Korea, 2nd. ed. Kyo-Hak Publ. Co., Seoul, 648 pp.

Namkung J, Im MS and ST Kim, 1996. A rare species of the spider, Steatoda phalerata (Panzer, 1801) from Korea (Araneae: Theridiidae). Acta arachn. Tokyo 45: 15-18.

Namkung J, Paik NK and MC Lee, 1988. Spiders from the southern region of DMZ in Kangwon-do, Korea. Korean Arachnol. 4: 15-34.

Namkung J, Paik WH and JK Yoon., 1971. Spiders from Kwangju, Cholla Namdo. Korean J. Pl. Prot. 10: 49-53.

Namkung J, Paik WH and KI Yoon, 1972. The spider fauna of Mt. Jiri, Cholla-namdo, Korea. Korean J. Pl. Prot. 11: 91-99.

Namkung J, Yoo JS, Lee SY, Lee JH, Paek WK and Kim ST, 2009. Bibliographic Check list of Korean Spiders (Arachnida: Araneae) ver. 2010. Journal of Korean Nature. 2(3): 191-285.

Oi R, 1960. Linyphiid spiders of Japan. J. Inst. Polytech. Osaka Cy Univ. 11(D): 137-244. Oi, R. (1960b). Seaside spiders from the environs of Seto Marine Biological Laboratory of Kyoto University. Acta arachn. Tokyo 17: 3-8.

Oi R, 1960. Linyphiid spiders of Japan. J. Inst. Polytech. Osaka Cy Univ. 11(D): 137-244.Oi, R. (1960b). Seaside spiders from the environs of Seto Marine Biological Laboratory of Kyoto University. Acta arachn. Tokyo 17: 3-8.

Oi R, 1960. Seaside spiders from the environs of Seto Marine Biological Laboratory of Kyoto University. Acta arachn. Tokyo 17: 3-8.

Oi R, 1964. A supplementary note on linyphiid spiders of Japan. J. Biol. Osaka Cty Univ. (D) 15: 23-30.

Ono H, 1985. Eine Neue Art der Gattung Misumenops F. O. Pickard-Cambridge, 1900, aus Japan (Araneae: Thomisidae). Proc. jap. Soc. syst. Zool. 31: 14-19.

Ono H, 1993. Spiders of the genus Clubiona (Araneae, Clubionidae) from eastern Hokkaido, Japan. Mem. natn. Sci. Mus. Tokyo 26: 89-94.

Ono H, 2009. The Spiders of Japan with keys to the families and genera and illustration of the species. Tokai University Press, Kanagawa, xvit 739pp.

Paik KY and H Tanaka, 1986. A new species of genus Arctosa (Araneae: Lycosidae) from Korea. Korean Arachnol. 2(1): 15-22.

Paik KY and J Namkung, 1967. Korean spiders of genus Cybaeus (Araneae, Argyronetidae) 2. Korean J. Zool. 10: 21-26.

Paik KY and JM Kang, 1987. One new record species of the genus Litisedes (Araneae; Agelenidae) from Korea. Korean Arachnol. 3: 91-96.

Paik KY, 1957. On fifteen unrecorded spiders from Korea. Korean J. Biol. 2: 43-47.

Paik KY, 1958. A new spider of the genus Neoantistea. Thes. Coll. Kyungpook Univ. 3: 283-292.

Paik KY, 1962. Spiders of Mt. So-Paik, Korea. Atypus 26-27: 74-78.

Paik KY, 1965a. Five new species of linyphiid spiders from Korea. Thes. Coll. Kyungpook Univ. 9: 23-32.

Paik KY, 1965b. Korean Agelenidae of the genus Agelena. Korean J. Zool. 8: 55-66.

Paik KY, 1965c. Taxonomical studies of linyphiid spiders from Korea. Educ. J. Teach. Coll. Kyungpook Univ. 3: 58-76.

Paik KY, 1966a. Korean Amaurobiidae of genera Amaurobius and Titanoeca. Thes. Coll. Kyungpook Univ. 10: 53-61.

Paik KY, 1966b. Korean spiders of genus Cybaeus (Araneae, Argyronetidae). Korean J. Zool. 9: 31-38.

Paik KY, 1967. The Mimetidae (Araneae) of Korea. Thes. Coll. Kyungpook Univ. 11: 185-196.

Paik KY, 1968. The Heteropodidae (Araneae) of Korea. Thes. Coll. Kyungpook Univ. 12: 167-185.

Paik KY, 1969a. The Oxyopidae (Araneae) of Korea. Thes. Coll. comm. 60th Birth. Dr In Sock Yang: 105-127.

Paik KY, 1969b. The Pisauridae of Korea. Educ. J. Teach. Coll. Kyungpook Univ. 10: 28-66.

Paik KY, 1970a. Spiders from Geojae-do Isl., Kyungnam, Korea. Thes. Coll. grad. Sch. Educ. Kyungpook Univ. 1: 83-93.

Paik KY, 1970b. Spiders from Geojae-do Isl., Kyungnam, Korea. Thes. Coll. grad. Sch. Educ. Kyungpook Univ. 1: 83-93.

Paik KY, 1971. Korean spiders of genus Tegenaria (Araneae, Agelenidae). Korean J. Zool. 14: 19-26.

Paik KY, 1971. Supplemental description of Coelotes songminjae. Educ. J. Teach. Coll. Kyungpook natn. Univ. 13: 171-175.

Paik KY, 1972. One new spider of genus Coelotes. Theses Coll. Grad. Sch. Educ. Kyungpook Univ. 3: 49-52.

Paik KY, 1973a. Korean spiders of genus Tmarus (Araneae, Thomisidae). Thes. Coll. grad. Sch. Educ. Kyungpook natn. Univ. 4: 79-89.

Paik KY, 1973b. Three new species of genus Xysticus (Araneae, Thomisidae). Res. Rev. Kyungpook natn. Univ. 17: 105-116.

Paik KY, 1974a. A new spider of the genus Arcuphantes (Araneae: Linyphiidae) found in Korea. Acta arachn. Tokyo 26: 18-21.

Paik KY, 1974b. Korean spiders of genus Oxyptila (Araneae, Thomisidae). Educ. J. Teach. Coll. Kyungpook Univ. 16: 119-131.

Paik KY, 1974c. Three new spiders of genus Coelotes (Araneae: Agelenidae). Res. Rev. Kyungpook natn. Univ. 18: 169-180.

Paik KY, 1975. Korean spiders of genus Xysticus (Araneae: Thomisidae). Educ. J. Kyungpook Univ. 17: 173-186.

Paik KY, 1976. Five new spiders of genus Coelotes (Araneae: Agelenidae). Educ. J. Teach. Coll. Kyungpook Univ. 18: 77-88.

Paik KY, 1978a. Araneae. Illustrated Flora and Fauna of Korea 21: 1-548 pp.

Paik KY, 1978b. Description of the male of Strandella pargongensis (Paik, 1965). Res. Rev. Kyungpook natn. Univ. 25/26: 213-215.

Paik KY, 1978c. Seven new species of Korean spiders. Res. Rev. Kyungpook natn. Univ. 25/26: 45-61.

Paik KY, 1978d. The Pholcidae (Araneae) of Korea. Educ. J. Kyungpook Univ. 20: 113-135.

Paik KY, 1979. Korean spiders of the genus Philodromus (Araneae: Thomisidae). Res. Rev. Kyungpook Natn. Univ. 28: 421-452.

Paik KY, 1980. The spider fauna of Dae Heuksan-do Isl., So Heuksan-do Isl. and Hong-do Isl., Jeunlanam-do, Korea. Kyungpook educ. Forum Kyungpook natn. Univ. 22: 153-173.

Paik KY, 1983. Description of a new species of the genus Arcuphantes (Araneae: Linyphiidae). J. Inst. nat. Sci. 2: 81-84.

Paik KY, 1984. A new genus and species of gnaphosid spider from Korea. Acta arachn. Tokyo 32: 49-53.

Paik KY, 1985a. A new species of the genus Lepthyphantes Menge, 1866 (Araneae: Linyphiidae, Erigonae) from Korea. Korean Arachnol. 1(2): 7-12.

Paik KY, 1985b. Korean spiders of the genus Oxytate L. Koch, 1878 (Thomisidae: Araneae). Korean Arachnol. 1(2): 29-42.

Paik KY, 1985c. Studies on the Korean salticid (Araneae) I. A number of new record species from Korea and South Korea. Korean Arachnol. 1(2): 43-56.

Paik KY, 1985d. Three new species of clubionid spiders from Korea. Korean Arachnol. 1(1): 1-11.

Paik KY, 1986a. A new record spider of the genus Achaearanea (Araneae: Theridiidae) from Korea. Korean Arachnol. 2(2): 3-6.

Paik KY, 1986b. Korean spiders of the genera Zelotes, Trachyzelotes and Urozelotes (Araneae: Gnaphosidae). Korean Arachnol. 2(2): 23-46.

Paik KY, 1986c. Korean spiders of the genus Drassyllus (Araneae; Gnaphosidae). Korean Arachnol. 2(1): 3-13.

Paik KY, 1987. Studies on the Korean salticid (Araneae) III. Some new record species from Korea or South Korea and supplementary describe for two species. Korean Arachnol. 3: 3-21.

Paik KY, 1988a. Korean spiders of the genus Alopecosa (Araneae: Lycosidae). Korean Arachnol. 4: 85-111.

Paik KY, 1988b. Korean spiders of the genus Lycosa (Araneae: Lycosidae). Korean Arachnol. 4: 113-126.

Paik KY, 1989. Korean spiders of the genus Gnaphosa (Araneae: Gnaphosidae). Korean Arachnol. 5: 1-22.

Paik KY, 1990a. Korean spiders of the genus Cheiracanthium (Araneae: Clubionidae). Korean Arachnol. 6: 1-30.

Paik KY, 1990b. Korean spiders of the genus Clubiona (Araneae: Clubionidae) I. Description of eight new species and five unrecorded species from Korea. Korean Arachnol. 5: 85-129.

Paik KY, 1990c. Korean spiders of the genus Clubiona (Araneae: Clubionidae) II. On the clubionid spiders reported from Korea before the report I. Korean Arachnol. 6: 63-89.

Paik KY, 1991a. Korean spiders of the genus Drassodes (Araneae: Gnaphosidae). Korean Arachnol. 7: 43-59.

Paik KY, 1991b. Korean spiders of the genus Phrurolithus (Araneae: Clubionidae). Korean Arachnol. 6: 171-196.

Paik KY, 1992a. Three new species of the genus Poecilochroa (Araneae: Gnaphosidae) from Korea. Korean Arachnol. 7: 117-130.

Paik KY, 1992b. Korean spiders of the genus Cladothela Kishida, 1928 (Araneae; Gnaphosidae). Korean Arachnol. 8: 33-45.

Paik KY, 1994a. A new species of the genus Lycosa (Araneae: Lycosidae) from Korea. Korean Arachnol. 10: 23-30.

Paik KY, 1994b. Korean spiders of the genus Arctosa C. L. Koch, 1848 (Araneae: Lycosidae). Korean Arachnol. 10: 36-65.

Paik KY, 1995. Korean spiders of the genus Steatoda (Araneae: Theridiidae). I. Korean Arachnol. 11(1): 1-14.

Paik KY, 1996a. A new species of the genus Theridion Walckenaer, 1805 (Araneae: Theridiidae) from Korea. Korean Arachnol. 12(1): 9-14.

Paik KY, 1996b. A newly record species of the genus Nesticus Thorell, 1869 (Araneae: Nesticidae) from Korea. Korean Arachnol. 12(2): 71-75.

Paik KY, 1996c. Korean spider of the genus Anelosimus Simon, 1891 (Araneae: Theridiidae). Korean Arachnol. 12(1): 33-44.

Paik KY, Yaginuma T and J Namkung, 1969. Results of the speleological survey in South Korea 1966 XIX. Cavedwelling spiders from the southern part of Korea. Bull. natn. Sci. Mus. Tokyo 12: 795-844.

Paik WH and J Namkung, 1979. [Studies on the rice paddy spiders from Korea]. Seoul National Univ., 101 pp.

Panzer GEW, 1801. Fauna insectorum germaniae initia. Deutschlands Insekten. Regensburg, hft. 74 (fol. 19, 20), 78 (fol. 21), 83 (fol. 21).

Peckham GW and EG Peckham, 1894. Spiders of the Marptusa group. Occ. Pap. nat. Hist. Soc. Wiscons. 2: 85-156.

Pickard-Cambridge O, 1862. Description of ten new species of British Z80spiders. Zoologist 20: 7951-7968.

Pickard-Cambridge O, 1880. On some new and little known spiders of the genus Argyrodes. Proc. zool. Soc. Lond. 1880: 320-344.

Pickard-Cambridge O, 1885. Araneida. In Scientific results of the second Yarkand mission. Calcutta, pp. 1-115.

Platnick NI and DX Song, 1986. A review of the zelotine spiders (Araneae, Gnaphosidae) of China. Am. Mus. Novit. 2848: 1-22.

Prószyn'ski J, 1979. Systematic studies on East Palearctic Salticidae III. Remarks on Salticidae of the USSR. Annls zool. Warsz. 34: 299-369.

Prószyn'ski J, 1984. Atlas rysunków diagnostycznych mniej znanych Salticidae (Araneae). Wyzsza Szkola Rolniczo-Pedagogiczna, Siedlcach 2: 1-177.

Reimoser E, 1934. The spiders of Krakatau. Proc. zool. Soc. Lond. 1934(1): 13-18.

Rossi FW, 1846. Neue Arten von Arachniden des k. k. Museums, beschrieben und mit Bemerkungen über verwandte Formen begleitet. Naturw. Abh. Wien 1: 11-19.

Saito S, 1934a. A supplementary note on spiders from southern Saghalin, with descriptions of three new species. Trans. Sapporo nat. Hist. Soc. 13: 326-340.

Saito S, 1934b. Spiders from Hokkaido. Jour. Fac. agric. Hokkaido Imp. Univ. 33: 267-362.

Saito S, 1935. Further notes on spiders from southern Saghalin, with descriptions of three new species. Annot. zool. Japon. 15: 58-61.

Saito S, 1939. On the spiders from Tohoku (northernmost part of the main island), Japan. Saito Ho-on Kai Mus. Res. Bull. 18(Zool. 6): 1-91.

Schenkel E, 1936. Schwedisch-chinesische wissenschaftliche Expedition nach den nordwestlichen Provinzen Chinas, unter Leitung von Dr Sven Hedin und Prof. Sü Ping-chang. Araneae gesammelt vom schwedischen Artz der Exped. Ark. Zool. 29(A1): 1-314.

Schenkel E, 1953. Chinesische Arachnoidea aus dem Museum Hoangho-Peiho in Tientsin. Bolm Mus. nac. Rio de J. (N.S., Zool.) 119: 1-108.

Schenkel E, 1963. Ostasiatische Spinnen aus dem Muséum d'Histoire naturelle de Paris. Mém. Mus. natn. Hist. nat. Paris (A, Zool.) 25: 1-481.

Schrank F von P, 1781. Enumeratio insectorum austriae indigenorum. Augustae Vindelicorum, 552 pp.

Schrank F von P, 1803. Fauna Boica. Durch dachte Geschichte der in Baiern einheimischen und Zahmen Tiere. Landshut, 3(1): 229-244.

Scopoli JA, 1772. Observationes zoologicae. In: Annus V, Historico-naturalis. Lipsiae, pp. 70-128 (Araneae, pp. 125-126).

Seo BK, 1985a. Descriptions of two species of the genus Episinus (Araneae: Theridiidae) from Korea. J. Inst. nat. Sci. 4: 97-101.

Seo BK, 1985b. Three unrecorded species of salticid spider from Korea. Korean Arachnol. 1(2): 13-21.

Seo BK, 1986. One unrecorded species of salticid spider from Korea (II). Korean Arachnol. 2(1): 23-26.

Seo BK, 1992a. A new species of genus Evarcha (Araneae: Salticidae) from Korea (II). Korean Arachnol. 7: 159-162.

Seo BK, 1992b. Four newly record species in the Korean salticid fauna (III). Korean Arachnol. 7: 179-186.

Seo BK, 1993. Description of two newly recorded species in the Korean linyphiid fauna (II). J. Inst. nat. Sci. 11: 173-176.

Seo BK, 1995a. A new species of genus Neon (Araneae, Salticidae) from Korea. Korean J. syst. Zool. 11: 323-327.

Seo BK, 1995b. Redescription and multivariate analysis of genus Phintella (Araneae, Salticidae) from Korea. Korean J. syst. Zool. 11: 183-197.

Seo BK, 1996. A new species of the genus Solenysa (Araneae: Linyphiidae) from Korea. J. Inst. nat. Sci. Keimyung Univ. 15: 157-160.

Seo BK, 2002. Description of the male of Chrysso lativentris (Araneae, Theridiidae). Korean J. syst. Zool. 18: 49-52.

Shin HK, 2007. A systematic study of the araneid spiders (Arachnida: Araneae) in Korea (1). Korean Arachnol. 23: 127-171.

Simon E, 1868. Monographie des espéces européennes de la famille des attides (Attidae Sundewall.-Saltigradae Latreille). Ann. Soc. ent. Fr. (4) 8: 11-72, 529-726.

Simon E, 1875. Description des plusieurs Salticides d'Europe. Ann. Soc. ent. Fr. (5) 5(Bull.): 92-95.

Simon E, 1880. Etudes arachnologiques. 11e Mémoire. XVII. Arachnides recueilles aux environs de P?kin par M. V. Collin de Plancy. Ann. Soc. ent. Fr. (5) 10: 97-128.

Simon E, 1885. Etudes sur les Arachnides recuellis en Tunisie en 1883 et 1884 par MM. A. Letourneux, M. Sédillot et Valéry Mayet, membres de la mission de l'Exploration scientifique de la Tunisie. In Exploration scientifique de la Tunisie. Paris, pp. 1-55.

Simon E, 1886a. Arachnides recuellis par M. A. Pavie (sous chef du service des postes au Cambodge) dans le royaume de Siam, au Cambodge et en Cochinchine. Act. Soc. linn. Bord. 40: 137-166.

Simon E, 1886b. Descriptions de quelques espéces nouvelles de la famille des Agelenidae. Ann. Soc. ent. Belg. 30(C.R.): 56-61.

Simon E, 1889. Etudes arachnologiques. 21e Mémoire. XXXIII. Descriptions de quelques espéces receillies au Japon, par A. Mellotée. Ann. Soc. ent. Fr. (6) 8: 248-252.

Simon E, 1893. Histoire naturelle das araignées. Paris, 1: 257-488.

Simon E, 1895a. Arachnides recueillis par M. G. Potanine en Chinie et en Mongolie (1876-1879). Bull. Acad. imp. sci. St.-Petersb. (5) 2: 331-345.

Simon E, 1895b. Histoire naturelle des araignées. Paris, 1: 761-1084.

Simon E, 1897. Arachides recueillis par M. M. Maindron á Kurrachee et á Matheran (prés Bombay) en 1896. Bull. Mus. hist. nat. Paris 1897: 289-297.

Song DX and JP Kim, 1991. On some species of spiders from Mount West Tianmu, Zhejiang, China (Araneae). Korean Arachnol. 7: 19-27.

Song DX, Feng ZQ and JW Shang, 1982. A new species of the genus Chiracanthium from China (Araneae: Clubionidae). Zool. Res. Kunming 3(suppl.): 73-75.

Strand E, 1907. Süd- und ostasiatische Spinnen. Abh. naturf. Ges. Görlitz 25: 107-215.

Strand E, 1917. Arachnologica varia XIV-XVIII. Arch. Naturg. 82(A2): 70-76.

Sundevall JC, 1823. Specimen academicum genera araneidum Sueciae exhibens. Lundae, 1-22.

Sundevall JC, 1830. Svenska spindlarnes beskrifning. Kongl. Svenska Vet.-Akad. Handl. 1829: 188-219 (also as separate, pp. 1-32).

Sundevall JC, 1831. Svenska Spindlarnes Beskrifning. Fortsättning. Separate, published by P. A. Norstedt and Söner, Stockholm (journal version appeared in 1832).

Tanaka H, 1974. Japanese wolf spiders of the [genus] Pirata, with descriptions of five new species (Araneae: Lycosidae). Acta arachn. Tokyo 26: 22-45.

Tanaka, H, 1975. A new species of the genus Pardosa from Japan (Araneae: Lycosidae). Bull. biogeogr. Soc. Japan 31: 21-24.

Tanikawa A, 1992. A revisional study of the Japanese spiders of the genus Cyclosa (Araneae: Araneidae). Acta arachn. Tokyo 41: 11-85.

Tanikawa A, 1995. A revision of the Japanese spiders of the genus Araniella (Araneae: Araneidae). Acta arachn. Tokyo 44: 51-60.

Thorell T, 1870. Remarks on synonyms of European spiders. Part I. Uppsala, pp. 1-96.

Thorell T, 1872. Remarks on synonyms of European spiders. Part III. Upsala, pp. 229-374.

Thorell T, 1890. Studi sui ragni Malesi e Papuani. IV, 1. Ann. Mus. civ. stor. nat. Genova 28: 1-419.

Thorell T, 1894. Förteckning öfver arachnider från Java och närgrändsande öar, insamlade af Carl Aurivillius; jemte beskrifningar å några sydasiatiska och sydamerikanska spindlar. Bih. Svenska. Vet.-Akad. Handl. 20(4): 1-63.

Thorell T, 1895. Descriptive catalogue of the spiders of Burma. London, 406 pp.

Thorell T, 1897. Viaggio di Leonardo Fea in Birmania e regioni vicine. LXXIII. Secondo saggio sui Ragni birmani. I. Parallelodontes. Tubitelariae. Ann. Mus. civ. stor. nat. Genova (2) 17[=37]: 161-267.

Utochkin AS, 1968. Pauki roda Xysticus faunii SSSR (Opredelitel'). Ed. Univ. Perm, pp. 1-73.

Walckenaer CA, 1802. Faune parisienne. Insectes. ou Histoire abrégée des insectes de environs de Paris. Paris 2: 187-250.

Walckenaer CA, 1842. Histoire naturelle des Insects. Apteres. Paris, 2: 1-549.

Wesolowska W, 1981. Salticidae (Aranei) from North China and Mongolia. Annls zool. Warsz. 36: 45-83.

Westring N, 1851. Förteckning öfver de till närvarande tid Kände, i Sverige förekommande Spindlarter, utgörande ett antal af 253, deraf 132 äro nya för svenska Faunan. Göteborgs Kongl. Vet. Handl. 2: 25-62.

Westring N, 1861. Araneae svecieae. Göteborgs Kongl. Vet. Handl. 7: 1-615.

Wider F, 1834. Arachniden. In Reuss, A., Zoologische miscellen. Mus. Senck. (Abh.) 1: 195-276.

World Spider Catalog, 2015. World Spider Catalog. Natural History Museum Bern (http://wsc.nmbe.ch) versioin 16, accessed on 2015. 05. 13

Yaginuma T, 1958. Revision of Japanese spiders of family Argiopidae. I. Genus Meta and a new species. Acta arachn. Tokyo 15: 24-30.

Yaginuma T, 1960. Spiders of Japan in colour. Hoikusha, Osaka, 186 pp.

Yaginuma T, 1963a. A new species of genus Chorizopes (Araneae: Argiopidae) and its taxonomic position. Bull. Osaka Mus. nat. Hist. 16: 9-14.

Yaginuma T, 1963b. A new zoropsid spider from Japan. Acta arachn. Tokyo 18: 1-6.

Yaginuma T, 1964. A new spider of genus Enoplognatha (Theridiidae) from Japan highlands. Acta arachn. Tokyo 19: 5-9.

Yaginuma T, 1967. Revision and new addition to fauna of Japanese spiders, with descriptions of seven new species. Lit. Dep. Rev. Otemon Gakuin Univ. Osaka 1: 87-107.

Yaginuma T, 1969a. A new Japanese spider of the genus Stemmops (Araneae: Theridiidae). Acta arachn. Tokyo 22: 14-16.

Yaginuma T, 1969b. Spiders from the islands of Tsushima. Mem. natn. Sci. Mus. Tokyo 2: 79-92.

Yaginuma T, 1970. Two new species of small nesticid spiders of Japan. Bull. natn. Sci. Mus. Tokyo 13: 385-394.

Yin CM, Wang JF, Xie LP and XJ Peng, 1990. New and newly recorded species of the spiders of family Araneidae from China (Arachnida, Araneae). In Spiders in China: One Z56Hundred New and Newly Recorded Species of the Families Araneidae and Agelenidae. Hunan Normal Univ. Press, pp. 1-171.

Yoo JC and JP Kim, 2002. Studies on basic pattern and evolution of male palpal organ (Arachnida: Araneae). Korean Arachnol. 18: 13-31.

Yoo JS, Framenau VW and JP Kim, 2007. Arctosa stigmosa and A. subamylacea are two different species (Araneae, Lycosidae). J. Arachnol. 35: 171-180.

Yoo JS, Park YC and JP Kim, 2007. Phylogenetic relationships of Korean wolf spider genera (Araneae: Lycosidae) inferred from morpho-anatomical data. Korean Arachnol. 23: 1-34.

Yoshida H, 1993. East Asian species of the genus Chrysso (Araneae: Theridiidae). Acta arachn. Tokyo 42: 27-34.

Zabka M, 1985. Systematic and zoogeographic study on the family Salticidae (Araneae) from Viet-Nam. Annls zool. Warsz. 39: 197-485.

Zhang ZS, Zhu MS and Song DX, 2006. A new genus of Funnel-web Spiders, with notes on relationships of the five geners from China(Araneae: Agelenidae). Oriental Insects 40: 77-89.

Zhu CD and XG Mei, 1982. [A new species of spider of the genus Phrurolithus (Araneae: Clubionidae) from China]. J. Bethune med. Univ. 8: 49-50.

Zhu CD and ZG Wen, 1980. A preliminary report of Micryphantidae (Arachnida: Araneae) from China. J. Bethune med. Univ. 6: 17-24.

Zhu MS, Song DX, Zhang YQ and XP Wang, 1994. On some new species and new records of spiders of the family Araneidae from China. J. Hebei norm. Univ. (nat. Sci. Ed.) 1994(Suppl.): 25-52.

국가 생물종 목록집 '무척추동물-111'. 환경부 국립생물자원관. 2013. 383pp

국명 찾아보기

학명 찾아보기